食品类专业规划教材

编审委员会

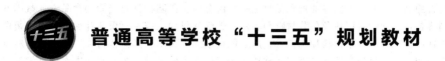

普通高等学校"十三五"规划教材

软饮料加工技术

RUANYINLIAO JIAGONG JISHU

第三版

田海娟　　主　编
张传智　　副主编
朱　珠　　主　审

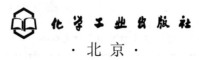

化学工业出版社

·北京·

本书是普通高等学校食品类专业规划教材之一，由全国多所院校具有经验的食品专业教师共同编写完成。主要内容包括：软饮料用料及包装材料和容器、碳酸饮料加工技术、果蔬汁加工技术、蛋白饮料加工技术、冷冻饮品加工技术、茶饮料加工技术、瓶装饮用水加工技术、其他饮料加工技术、高新技术在软饮料加工中的应用、软饮料加工厂质量管理及软饮料加工厂卫生管理等相关知识。本次修订增加了各类饮料加工技能综合实训内容，可提升学生的实践创新技能。

　　本书可作为本科、高职高专食品类专业，成人高等院校相关专业的教学用书，也可供中等职业学校学生及其他有关人员参考使用。

图书在版编目（CIP）数据

软饮料加工技术/田海娟主编. —3 版 . —北京：
化学工业出版社，2018.8（2024.11重印）
ISBN 978-7-122-32370-5

Ⅰ.①软… Ⅱ.①田… Ⅲ.①软饮料-食品加工-教材
Ⅳ.①TS275

中国版本图书馆 CIP 数据核字（2018）第 125639 号

责任编辑：蔡洪伟　于　卉　　　　　　　文字编辑：焦欣渝
责任校对：王素芹　　　　　　　　　　　　装帧设计：王晓宇

出版发行：化学工业出版社（北京市东城区青年湖南街 13 号　邮政编码 100011）
印　　装：三河市双峰印刷装订有限公司
787mm×1092mm　1/16　印张 15¼　字数 399 千字　2024 年 11 月北京第 3 版第 7 次印刷

购书咨询：010-64518888　　　　　　　　售后服务：010-64518899
网　　址：http://www.cip.com.cn
凡购买本书，如有缺损质量问题，本社销售中心负责调换。

定　　价：39.00 元

第三版前言

本书是根据食品专业人才培养目标的要求，精简、重组并整合教学内容，增加典型生产加工技术实训，以"掌握基础理论知识、强化实践性训练、突出实效与创新"为原则，提高学生在实际工作岗位的适应性为目的编写而成。

本教材的主要特点如下。

1. 本教材在学习软饮料用料及包装材料、软饮料加工厂卫生管理等相关知识的基础上，重点学习饮料用水处理加工技术、碳酸饮料加工技术、果蔬汁加工技术、蛋白饮料加工技术、冷饮加工技术、茶类饮料加工技术、瓶装水加工技术、固体饮料加工技术、功能饮料加工技术。

2. 从食品专业知识、技能和现场实际操作入手，采用必要的生产加工实例来进行教学，对常出现的质量问题进行分析、控制。了解典型饮料的加工技术过程，以及软饮料生产中的卫生管理及其他相关知识。

3. 本教材突出实用性，采取典型案例教学方式，理论做到由浅入深，循序渐进；每章前都有"学习目标"，章后都有"思考题"，目的是帮助学生理解每章教学的内容，培养学生综合运用理论知识的能力。

4. 本教材在保持第二版特色的基础上增加了各类饮料加工技能综合实训内容，从实践操作角度对学生掌握加工技术进行详细全面的考核，以提升学生的实践创新技能。

本次修订由田海娟主编、整理并统稿，朱珠主审，并提出许多修改性的意见和建议。在编写中，参考了一些书籍，在此谨向有关学者表示诚挚的谢意。

本书的编写分工为：绪论、第一章、第二章、第九章、第十章由吉林工商学院田海娟编写；第三章、第四章、第五章由吉林工商学院张传智编写；第六章、第七章、第八章、附录由吉林工程职业学院马永芹编写与整理；每章的"生产中常见问题及防止方法"部分由田海娟编写。电子教案由吉林工商学院田海娟、张传智制作。

由于我们水平所限，书中难免存在不妥之处，敬请广大读者批评指正。

编者
2018 年 3 月

目　　录

绪　论

饮料是经过定量包装的，供直接饮用或用水冲调饮用的，乙醇含量不超过0.5%（质量分数）的制品。其酒精含量是指用于溶解香精、香料、色素等有效成分的溶剂——乙醇，或者饮料在加工过程中的副产物。软饮料的主要原料成分可以是饮用水、矿泉水，也可以是果汁、蔬菜汁，或者植物的根、茎、叶、花、果实的抽提液。经过选择性添加甜味剂、酸味剂、香料、食用色素、乳化剂、起泡剂、香精、稳定剂和防腐剂等食品添加剂，最后即可制作成软饮料。它的基本组成成分是水分、碳水化合物和各种风味物质，近年来有些软饮料还含有维生素和矿物质等功能性物质。

一、软饮料的分类

1. 碳酸饮料

碳酸饮料指以食品原辅料和（或）食品添加剂为基础，经加工制成的，在一定条件下充入一定量二氧化碳气体的液体饮料。如果汁型碳酸饮料、果味型碳酸饮料、可乐型碳酸饮料、其他型碳酸饮料等，不包括由发酵自身产生二氧化碳气的饮料。

2. 果蔬汁类及其饮料

果蔬汁类及其饮料指以水果和（或）蔬菜（包括可食的根、茎、叶、花、果实）等为原料，经加工或发酵制成的液体饮料。主要有果蔬汁（浆）、浓缩果蔬汁（浆）、果蔬汁（浆）类饮料。

3. 特殊用途饮料

特殊用途饮料指为人体特殊需要或为特殊人群需要而调制的饮料，通常会添加某些食品强化剂、营养素等成分。主要有运动饮料、营养素饮料、能量饮料、电解质饮料和其他特殊用途饮料。

4. 包装饮用水

包装饮用水指以直接来源于地表、地下或公共供水系统的水为水源，经加工制成的密封于容器中可直接饮用的水。其原料水除允许使用臭氧净化杀菌外，不允许使用其他添加剂，是最为常见的软饮料。主要有饮用天然矿泉水、饮用纯净水、饮用天然泉水、饮用天然水和其他饮用水。

5. 蛋白饮料

蛋白饮料指以乳或乳制品，或其他动物来源的可食用蛋白，或含有一定蛋白质的植物果实、种子或种仁等为原料，添加或不添加其他食品原辅料和（或）食品添加剂，经加工或发酵制成的液体饮料。主要有含乳饮料、植物蛋白饮料、复合蛋白饮料和其他蛋白饮料。

6. 茶（类）饮料

茶（类）饮料指以茶叶或茶叶的水提取液或其浓缩液、茶粉（包括速溶茶粉、研磨茶粉）或直接以茶的鲜叶为原料，添加或不添加食品原辅料和（或）食品添加剂，经加工制成液体饮料，如原茶汁（茶汤）/纯茶饮料、茶浓缩液、茶饮料、果汁茶饮料、奶茶饮料、复（混）合茶饮料，其他茶饮料等。

7. 固体饮料

固体饮料指用食品原辅料、食品添加剂等加工制成的粉末状、颗粒状或块状等，供冲调或冲泡饮用的固态制品，如风味固体饮料、果蔬固体饮料、蛋白固体饮料、茶固体饮料、咖啡固体饮料、植物固体饮料、特殊用途固体饮料、其他固体饮料等。

8. 风味饮料

风味饮料指以糖（包括食糖和淀粉糖）和（或）甜味剂、酸度调节剂、食用香精（料）等的一种或多种作为调整风味的主要手段，经加工或发酵制成的液体饮料，如茶味饮料、果味饮料、乳味饮料、咖啡味饮料、风味水饮料、其他风味饮料等。

9. 咖啡（类）饮料

咖啡（类）饮料指以咖啡豆和（或）咖啡制品（研磨咖啡粉、咖啡的提取液或其浓缩液、速溶咖啡等）为原料，添加或不添加糖（食糖、淀粉糖）、乳和（或）乳制品、植脂末等食品原辅料和（或）食品添加剂，经加工制成的液体饮料，如浓咖啡饮料、咖啡饮料、低咖啡因咖啡饮料、低咖啡因浓咖啡饮料等。

10. 植物饮料

植物饮料指以植物或植物提取物为原料，添加或不添加其他食品原辅料和（或）食品添加剂，经加工或发酵制成的液体饮料。如可可饮料、谷物类饮料、草本（本草）饮料、食用菌饮料、藻类饮料、其他植物饮料，不包括果蔬汁类及其饮料、茶（类）饮料和咖啡（类）饮料。

11. 其他类饮料

1～10之外的饮料，其中经国家相关部门批准，具有特定保健功能的制品为功能饮料。

二、我国软饮料工业现状

随着人民生活水平的日益提高，我国饮料工业发展迅猛。我国软饮料市场的发展是从20世纪80年代开始的，仅用了20多年的时间就几乎走完了欧美国家80年的软饮料发展全过程。目前软饮料工业已经成长为一个庞大、成熟的市场。近年来，随着经济的快速增长、城乡消费者收入水平和消费能力的持续提高，促使饮料消费需求始终处于较快增长的阶段，国内饮料行业拥有了巨大的市场基础和依托，成长空间极大。2013年1～12月份我国累计生产软饮料14926.9万吨，比上年增长11.4%。2014年1～11月我国共生产软饮料15501.50万吨，比上年同期增长了5.9%。2015年包装饮用水表现突出，2015年产销量为8766万吨，同比增长12.15%。

三、软饮料工业发展趋势

未来几年，随着饮料市场需求结构的不断变化调整，软饮料行业整体规模将继续扩大，软饮料行业生产结构会持续调整。包装饮用水仍然占最大比重，茶饮料、蛋白饮料比重将有所提高，健康型饮料将形成新的产业结构主体。在市场需求的推动下，我国软饮料市场今后仍将保持稳定较快的速度向前发展，未来我国软饮料市场结构将呈现以下几个趋势：①从功能型向营养型转变；②销售人群由儿童向中老年转变；③其作用从解渴、避暑向健康、美容转变；④从单一型向复合型转变；⑤从果味型向果蔬型转变。

软饮料消费量继续提升。我国软饮料的消费量处于快速增长势头，但总体消费量依然偏低，尤其是人均消费量，与大多数发达国家相比，消费水平仍然偏低。2013年，我国人均软饮料消费量在100L左右，而日本在2007年已达到140L以上。由于日本和我国的饮食习惯接近，且其饮料行业发展领先于我国，前瞻认为，我国软饮料人均消费量的提升空间依然很大，未来几年软饮料人均消费量将继续保持前几年快速增长的趋势。

多种创新技术联用以提高软饮料产品品质与贮藏稳定性。多种新型的饮料加工技术应运而生。目前饮料工艺加工的技术主要包括冷冻粉碎技术、冷冻干燥技术、超微粉碎技术、膜分离技术、超临界流体萃取技术、微胶囊造粒技术、微波真空干燥技术、超高压杀菌技术等。不同的加工技术各有其特点和优势。例如冷冻粉碎突破了常规粉碎工艺的局限性，使粉体加工食品的制造技术得到了重大改进，最大程度地保留了原料的品质和香气、香味，加工出的饮料具有较高品质和优美香味。同时也有针对冷冻干燥的时间长、喷雾干燥的温度高的弊端，采用微波真空干燥以改善果汁中挥发性风味物质的保存情况。所以多种技术综合应用于软饮料的加工，将大大改善饮料产品的品质，为饮料工业化提供坚实的基础。

第一章　软饮料用料及包装材料和容器

第一节　软饮料主要原辅用料

饮料中 80%～90% 是水，水质的好坏对产品质量的影响很大。全面了解水的各种性能，对于饮料用水的处理工作具有重要意义。

一、水及水处理

水是生产各种饮料最主要的原料。水质的好坏，会直接影响饮料的质量。

1. 水源

饮料生产中的水源一般来自于淡水，包括地上水、地下水和城市自来水。

自来水是经过净水厂的一系列处理后得到的水，虽然其符合生活饮用水的卫生标准，但其中硬度、余氯等指标仍不适合于作为软饮料生产用水，且成本较高。

地面水也称地表水，主要指江、河、湖泊等处的水。由于其流经大地表面，夹杂着悬浮物、有机物和较多量的微生物，被人、动物等污染的程度较高。

地下水主要指泉水、深井水等。含有较多的矿物质，如铁、镁、钙、锰等，其硬度和碱度往往比地面水高。但由于这部分水是地面水通过地壳的土壤、黏土及石灰岩层后渗入地下的，便经过了一个自然的过滤过程，从而去除了水中的悬浮物、颜色、有机物和细菌等，故地下水比较澄清。

2. 天然水中的杂质

无论是自来水、地面水，还是地下水，统称为天然水，即存在于自然界中的水。它在自然界的循环过程中，不断地和外界接触，都有可能受到不同程度的污染。一般来说，天然水中含有多种杂质，大致分为悬浮物、胶体物以及溶解性的杂质。

表 1-1 列出了天然水中所含杂质的种类及对水质的影响。

3. 水的处理

当水质不符合软饮料生产用水标准时，需要对其进行相应的处理。其目的主要是保持水质的优良，去除水中所有的杂质。

（1）水的澄清　把水中的悬浮物和胶体物质去除的过程称为对水的澄清。

① 混凝的原理。在原水中加入混凝剂，使水中的细小悬浮物以及胶体物质互相吸附，并形成较大的颗粒，这样可以使它们较快地从水中沉淀出来，这个过程就叫混凝，也叫凝聚。

表 1-1　天然水所含杂质的种类及对水质的影响

杂 质	种 类			影 响
悬浮物	细菌			包括致病菌和对人体无害的细菌,主要造成水质浑浊和异味
	藻类及原生动物			主要造成水质的臭、味、颜色和浑浊
	泥土、沙粒			造成水质浑浊
	其他不溶物			造成水质浑浊
胶体	溶胶			造成水质的絮状沉淀及浑浊,并使水质带色
	高分子化合物			
溶解物	盐类	钙镁盐	酸式碳酸盐	造成水质碱度、硬度高
			碳酸盐	
			硫酸盐	造成水质硬度高
			氯化物	造成水质硬度、腐蚀性和异味
		钠盐	酸式碳酸盐	造成水质碱度高
			碳酸盐	造成水质碱度高
			硫酸盐	造成水质异味,过量会引起腹泻
			氟化物	过量会引起氟斑牙
			氯化物	造成水有咸味
		铁盐及锰盐		使水有金属味,二价铁、锰氧化后会使水带有颜色
	气体	氧气		造成水质腐蚀性
		二氧化碳		造成水质腐蚀性、酸性
		二氧化硫		造成水质腐蚀性、酸性及臭味
		氯气		造成水质酸性、腐蚀性及异味
	其他有机物			造成水质的异味及色泽

　　混凝的原理是:胶体粒子的特性是其在水中不易沉降而且比较稳定。同一种胶体的颗粒带有相同电性的电荷,彼此间存在着电性斥力,相互间不会结合形成较大的聚团而沉降。天然胶体绝大部分带有负电荷,在水中加入形成正电荷的混凝剂,会使胶体颗粒与混凝剂之间产生电性中和作用,破坏了胶体的稳定性,即胶体之间不再相互排斥,而是聚集在一起形成絮状物。同时悬浮物也会被裹入该絮状体中,促使小颗粒变成大颗粒而下降,使水得到澄清。

　　② 混凝剂与助凝剂。促使简单离子间发生电荷中和所添加的物质称为混凝剂。常用的混凝剂有明矾和硫酸亚铁。

　　在某些水中由于投入了混凝剂,可使水中的 pH 值改变,使混凝作用不够完全。投加多量的混凝剂也不能形成良好的絮状体,这时,就应加入一种促使混凝达到最佳效果的试剂,称为助凝剂。通常使用的助凝剂有海藻酸钠、活性硅酸钠、CMC-Na 等。投加混凝剂的次序,对于不同的水质和不同的水处理系统各不相同,一般按下列顺序投配:

原水→加氯→加膨润土→混凝剂→pH 调节剂→助凝剂

　　(2) 水的过滤　过滤是把水中的沉淀物去除的一种工艺过程。

　　① 过滤原理。原水通过粒状的滤料层,在筛滤(阻力截留)、重力沉淀和接触凝聚一系列过程的综合条件下,使水中的一些悬浮物和胶体物质被截留在孔隙中或介质表面上。这种通过粒状介质层分离不溶性杂质的方法称为过滤。其中,阻力截留发生在滤料表层,而接触凝聚和重力沉淀则是主要发生在滤料深层的过滤作用。

　　② 工艺过程。过滤的工艺过程有过滤和冲洗(反冲)两个过程的循环。生产清水的过程叫过滤,而从滤料表面冲洗掉污物,并使滤料恢复过滤能力的过程叫冲洗。多数情况下,冲洗和过滤的水流方向相反。

　　③ 过滤介质及设备。常见的过滤设备是滤池过滤和砂棒过滤等。

　　a. 过滤介质。过滤介质是保证过滤作用的重要物质。良好的过滤介质必须具备以下几个条件：化学性质稳定，良好的机械强度，不溶于水，能就地取材、廉价，外形接近于球状，不产生有毒有害的物质。常用砂、石英砂、无烟煤、活性炭、玻璃纤维、磁铁矿石以及石棉板等材料。

　　b. 过滤设备

　　i. **滤池**。它是将过滤介质填充于滤池中的一种过滤设备。滤池可分为单层滤池和多层滤池（见图 1-1）。

　　如图 1-1 所示，（a）是滤料粒径上细下粗，其结构的特点是孔隙上小下大，悬浮物截留在表面，底层滤料未充分利用，滤层含污能力低，使用周期短。（c）是滤料粒径上粗下细，其结构特点与（a）相反。由此可见，理想的滤料层结构是粒径沿水流方向逐渐减小。但就单一滤料而言，要达到使粒径上粗下细的结构，实际上是不可能的。因为在反冲洗时，整个滤层处于悬浮状态，粒径大，质量大，悬浮于下层；粒径小者，质量小，悬浮于上层。反冲洗停止后，滤料自然形成上细下粗的分层结构。为了改善滤料的性能，设计了采用两种或多种滤料，造成具有孔隙上大下小特征的滤料层。例如砂滤层上铺一层密度小而粒径大的无烟煤滤层，如图 1-1(b)，这种结构称为双层滤料滤池。

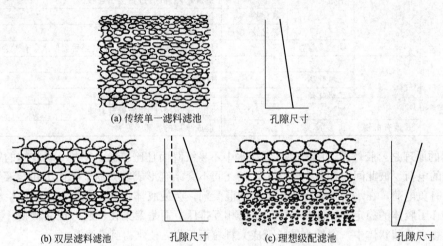

(a) 传统单一滤料滤池　　　　　　孔隙尺寸

(b) 双层滤料滤池　　　孔隙尺寸　　　(c) 理想级配滤池　　　孔隙尺寸

图 1-1　滤料层的结构及孔隙变化

　　此外，还有一种混合滤料滤池，即在双层滤池下再加一层密度更大、粒径更小的其他滤料，如石榴石、磁铁矿等。

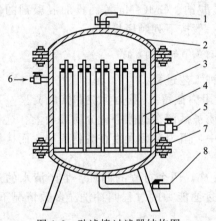

图 1-2　砂滤棒过滤器结构图

1—放气阀；2—滤器盖；3—滤器身；4—砂滤棒；
5—排污口；6—进水口；7—紧固螺栓；8—净水出口

　　为防止过滤时滤料进入配水系统，以及冲洗时能均匀布水，在滤料层和配水系统之间设置垫层（承托层）。垫层一般应在高速水流反冲洗的情况下保持不被冲动，并形成均匀的孔隙，以保证冲洗水的分布均匀；同时，选择的材料不溶于水，且坚固。一般采用碎石和天然卵石。

　　ii. **砂滤棒**。当原水中只含有少量有机物、细菌及其他杂质时，可采用砂滤棒过滤器（见图 1-2）。

　　它是水处理定型设备。其外壳耐压，是由铝合金铸成的锅形的密封容器，中空的砂滤棒 1～10 根紧固于算子上，水在一定压力下进入容器内，经滤棒微小孔隙吸附水杂质，而将杂质隔滤在砂棒表面。净水则由各砂芯底部孔眼流出，完成整个过滤过程。

　　由于砂芯较脆，若水压过高易冲碎，造成污染；

一旦发现压力表值突然下跌应立即停用。当过滤一段时间后，表压会升高，则表明附在滤棒外的污染物堵塞滤孔而使压力增大，此时，应及时将滤棒卸下清洗。

(3) 水的软化与除盐 只降低水中的钙离子和镁离子含量的处理过程称软化；降低水中全部阳离子和阴离子含量的处理过程称除盐。通常采用下列方法：

① 反渗透法。这是一种膜分离技术。选择以醋酸纤维素膜和芳香聚酰胺纤维素膜为代表的半透膜，在被处理水的一侧施压，使水穿过半透膜，而达到除盐的目的（见图 1-3）。

它具有透水量大和脱盐率高的特点，其脱盐率可达 90% 以上。但对原水要求较高，投资较大。

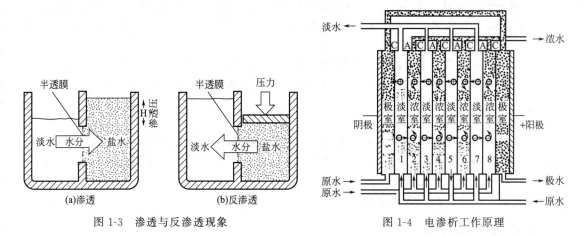

图 1-3 渗透与反渗透现象　　　　　　图 1-4 电渗析工作原理

② 电渗析法。在直流电场的作用下，利用阳离子交换膜和阴离子交换膜，分别选择性地去除原水中的阳离子和阴离子而达到除盐软化的目的（见图 1-4）。

如图，进入第 1、3、5、7 室的水中的离子，在直流电场作用下作定向移动。阳离子向阴极移动，透过阳离子交换膜进入极室以及 2、4、6 室；阴离子向阳极移动，透过阴离子交换膜进入 2、4、6、8 室。因此，从第 1、3、5、7 室流出来的水中，阴、阳离子都会减少，成为含盐量较低的淡水。

进入第 2、4、6、8 室的水中的离子，在直流电场作用下也要作定向移动。阳离子移向阴极，但受阴离子交换膜的阻挡而留在室内；阴离子移向阳极，也会受阳离子交换膜阻挡而留在室内。第 2、4、6、8 室内原来的阴、阳离子均出不去，而第 1、3、5、7 室中的阴、阳离子还都会穿过膜进入 2、4、6、8 室内。故从 2、4、6、8 室中流出来的水中，阴、阳离子数都比原来中的多，成为浓水（含盐量高的水）。

③ 离子交换法。这是利用离子交换树脂来软化水的方法。离子交换树脂是一种球形网状固体的高分子共聚物，不溶于酸、碱和水，但吸水膨胀。其分子中含有极性基团和非极性基团，膨胀后，极性基团上可扩散的离子与水中的离子（如钙离子、镁离子）起交换作用；而非极性基团则是离子交换树脂的"骨架"。由于水中的钙离子、镁离子被树脂置换，水也就得到了软化。

(4) 水的消毒 原水通过混凝、沉淀、过滤、除盐等处理，都能去除一定量的致病微生物。如果上述方法联合使用，能更有效地降低水中致病菌的数量。尽管如此，为了确保消费者健康，还应配置消毒处理。

消毒是指杀灭水中的致病菌，防止因水中的致病菌导致消费者产生疫病，并非将所有微生物全部杀灭。目前，常用的消毒方法如下：

① 氯消毒法。一种简单而有效的消毒方法。它是通过向水中加入氯气或其他含有效氯

的化合物（如漂白粉、次氯酸钠等）。其机理是由于氯原子的氧化作用可破坏细菌的某种酶系统，使细菌无法吸收养分而死亡。

氯消毒的效果以游离余氯为主，在水温为 20～25℃、pH 为 7、一般总投氯量为 0.5～2.0mg/L 达 2h 以上的条件下，其消毒效果较好。

② 臭氧消毒法。臭氧（O_3）很不稳定，在水中易分解成氧气和一个活泼的氧原子，这一活泼的氧原子是一种很强的氧化剂，能与水中的细菌及其他微生物或有机物作用，使其失去活性。因此，臭氧是很强的杀菌剂，其瞬间的杀菌效果优于氯。同时，臭氧还可以去除水臭、水色及铁和锰。但臭氧消毒的设备较复杂，成本较高。

③ 紫外线消毒法。水中的微生物受紫外线照射后，微生物体内的蛋白质和核酸吸收紫外线光谱能量，导致蛋白质变性而引起微生物死亡。由于紫外线对清洁透明的水有一定的穿透能力，所以能使水消毒。

用紫外线对水消毒不会改变水的物理、化学性质；消毒的速度快，几乎在瞬间完成；效率高，操作简单；消毒后的水无异味。而且紫外线杀菌器成本较低，投资也少。

二、二氧化碳

常温下的二氧化碳是一种无色稍有刺激性气味的气体，与水混合可生成碳酸，这种弱酸对人舌头有轻微刺激作用，且易挥发。由于其挥发吸热，则给人以清凉的感觉。饮料工业所用的二氧化碳，其主要来源于发酵工业副产品、天然的二氧化碳、碳酸氢钠与硫酸反应产生的二氧化碳，以及煅烧石灰石的副产品等。

1. 二氧化碳的净化

无论通过任何途径制得的二氧化碳，都含有一定的杂质，因此，若将二氧化碳用于饮料生产中，必须对其进行净化处理。通常采取的净化方法如下：

① 水洗。采用二氧化碳混合气体通过水喷雾的处理方式，去除可溶性杂质。

② 碱洗。当二氧化碳中含有一定的酸时，可用 5％～10％的纯碱溶液洗涤除酸。

③ 活性炭吸附。将二氧化碳混合气体通过活性炭，使活性炭吸附杂质而净化。

此外，还可以采用加 1％～3％（质量分数）高锰酸钾溶液氧化和利用 5％～10％硫酸亚铁溶液还原等方法去除二氧化碳中的杂质。

2. 二氧化碳的安全使用

饮料厂中所使用的二氧化碳通常贮存于钢瓶中，呈液态且压力较高。在使用时应注意以下几点：

① 钢瓶气在使用中，由于减压挥发、吸收周围的热，温度的降低使剩余液态二氧化碳挥发困难，此时可以用流水在钢瓶外加温，促使剩余液态的二氧化碳气化。通常钢瓶内的气不必完全用掉，避免瓶底杂质随最后的二氧化碳挥发出来。

② 使用钢瓶时要放稳，慢慢开启阀门；定期用肥皂水检查整个二氧化碳输送系统，严防泄漏。同时，每年都定期检查钢瓶的安全阀、压力表等。

③ 存有二氧化碳液体的钢瓶在贮存时应放在通风排水良好的地方，温度低于 30℃，并直立；实瓶、空瓶应分别存放，远离危险物品。

④ 在搬运钢瓶时，拧紧盖的螺丝，轻拿、轻放，严禁抛下。同时，严防曝晒、敲击、碰撞、烘烤和接近热源。

三、甜味料

甜味料能赋予饮料甜味。甜味给人以可口感，有增加食欲的效果。绝大多数饮料都有甜味。甜味料是饮料生产中的基本原料，可分为天然甜味料和人工合成甜味料。

1. 天然甜味料

（1）蔗糖　系指由葡萄糖和果糖所组成的一种双糖。是由甘蔗、甜菜制成的白色透明的单斜晶体，易溶于水。在酸性条件下加热水解可分解为等量的葡萄糖和果糖，称为转化糖。

蔗糖浓度10％时，其溶液甜度适口；20％时其甜感不易消散；一般果蔬饮料中其浓度的控制以在8％～14％为宜。

当蔗糖与其他呈味成分混合时，会产生对比、增效或减效作用。例如，与葡萄糖混合可增效；添加少量的食盐可增加甜味感；在酸味强的饮料中增加蔗糖用量时可使酸味减弱等。

蔗糖本身不参与美拉德反应，当生成转化糖后，可因氨基酸的存在而导致褐变。

（2）果葡糖浆　淀粉在淀粉酶的作用下制得糖化液，再经葡萄糖异构酶作用，将42％的葡萄糖转化成果糖，得糖分主要为果糖和葡萄糖的糖浆，称为果葡糖浆（也称异构糖）。其甜度高于蔗糖。因果糖不易结晶，则此糖浆浓度较高，且价格较低，广泛应用于可口可乐等软饮料中。

（3）其他天然甜味料　目前针对特殊消费群体需求开发的饮料已经广泛应用低热量、高甜度的甜味料，包括山梨糖醇、木糖醇、麦芽糖醇、异麦芽糖醇等糖醇类以及甜菊糖苷、二氢查耳酮、索马甜、罗汉果甜苷等糖苷类甜味料。

2. 人工合成甜味料

人工合成甜味料是采用人工合成的方法生产的甜味物质。它具有甜度高、用量少、热量低等优点。目前我国已广泛使用的人工合成甜味料主要有以下几种：

（1）糖精钠　无色透明结晶或粉末，无臭，易溶于水。其钠盐在水中溶解度较高，故目前广泛使用。

糖精钠在分子状态下没有甜味（有苦味），但其分解出来的阴离子有强甜味。糖精钠溶解度大，甜味强，其甜度可达蔗糖的500倍左右。由于其具有无热量、稳定性好、短时间加热不分解、不吸潮、不发酵等特性，可作为糖尿病、心脏病、肥胖症患者的甜味料。

我国食品添加剂使用卫生标准中规定，糖精钠广泛用于酱菜类、调味酱汁、浓缩果汁、蜜饯、配制酒、冷饮类、糕点、饼干、面包。最大使用量为0.15g/kg。

（2）环己基氨基磺酸钠（甜蜜素或糖蜜素）　白色结晶性粉末，无臭，易溶于水，极微溶于乙醇，不溶于氯仿和乙醚。甜味比蔗糖大40～50倍。

根据我国食品添加剂卫生标准GB 2760—2014，本品用于饮料类（包装饮用水除外）、冷冻饮品中，最大使用量为0.65g/kg。

（3）天冬酰苯丙氨酸甲酯（阿斯巴甜）　是一种二肽衍生物，白色结晶，易溶于水。具有氨基酸的一般特性，pH3～3.5时最稳定。干燥状态下可长期保存。其甜度比蔗糖大100～200倍。呈甜味时，必须具有游离的氨基和一个羧基。热稳定性差，高温加热后，可因结构被破坏而使甜味下降或消失。由于本品不增加热量，可作为防龋齿食品以及糖尿病、肥胖症等疗效食品的甜味料。

根据我国食品添加剂使用卫生标准GB 2760—2014，在果蔬汁（浆）类饮料、蛋白饮料、碳酸饮料、茶、咖啡、植物（类）饮料、风味饮料、特殊用途饮料中最大使用量为0.6g/kg。冷冻饮品（食用冰除外）最大使用量为1.0g/kg。

（4）三氯蔗糖（蔗糖素）　通常为白色粉末状产品。物化性质比较接近蔗糖。耐高温、耐酸碱，温度和pH值对它几乎无影响。无热量、不致龋。pH适应性广，适用于酸性至中性食品，对涩、苦等不愉快味道有掩盖效果。易溶于水，溶解时不容易产生起泡现象，适用于碳酸饮料的高速灌装生产线。甜度高，是蔗糖的 600～650 倍。本品用于饮料类（包装饮用水除外）、冷冻饮品中，最大使用量为 0.25g/kg。

（5）乙酰磺胺酸钾（安赛蜜） 易溶于水，增加食品的甜味，口感好，无热量，在人体内不代谢、不吸收，是中老年人、肥胖病人、糖尿病患者理想的甜味剂。其具有对热和酸稳定性好等特点，是当前世界上第四代合成甜味剂。它和其他甜味剂混合使用能产生很强的协同效应，一般浓度下可增加甜度 30%～50%。安赛蜜具有强烈甜味，甜度约为蔗糖的 130 倍，呈味性质与糖精相似。高浓度时有苦味。在饮料类（包装饮用水除外）、冷冻饮品中最大使用量为 0.3g/kg。

四、酸味料

酸味料是软饮料生产中用量仅次于甜味料的一种重要原料。通过酸味的调节，可得到适宜的、风味优良的软饮料制品。其作用是可以使饮料产生特定的酸味，改进饮料的风味，促进蔗糖的转化，通过刺激产生的唾液，可加强饮料的解渴效果，同时，还具有一定的防腐作用。

1. 柠檬酸

无色半透明结晶或白色粉末，无臭，有强酸味，吸湿性强，易溶于水。因存在于柠檬等水果中较多而得名。

本品广泛应用于汽水、汽酒、果酒等产品中，特别适用于柑橘类饮料中。单独或与其他酸味料并用，饮料中一般用量为 0.2%～0.4%。一般将其配制成 50%浓度后使用。

2. 酒石酸

无色透明或白色微细结晶，无臭。与柠檬酸相比，酒石酸具有稍涩的收敛味，酸感强度为柠檬酸的 1.2～1.3 倍。本品多在葡萄饮料中使用，一般用量为 0.1%～0.2%，多与柠檬酸、苹果酸并用。在果蔬汁（浆）类饮料、植物蛋白饮料、复合蛋白饮料、碳酸饮料、茶、咖啡、植物（类）饮料、风味饮料、特殊用途饮料中最大使用量为 5.0g/kg。

3. 苹果酸

白色结晶或粉末，无臭。与柠檬酸相比，苹果酸酸味略带刺激性的收敛味，酸感强度为柠檬酸的 1.2 倍左右。苹果酸的味觉感受与柠檬酸不同，柠檬酸的酸味有迅速达到最高并很快降低的特点；苹果酸则刺激缓慢，不能达到柠檬酸的最高点，但其刺激性可保留较长时间，就整体来说其效果更大。苹果酸可单独或与柠檬酸并用。在果汁、汽水中用量为 0.25%～0.55%。

4. 磷酸

磷酸应用于非果味饮料中，特别广泛用于可乐型汽水中，可提供独特的酸味。磷酸的酸味比酒石酸和柠檬酸强烈，在碳酸饮料中其使用量一般为 0.1%～0.15%。在饮料类（包装饮用水除外）中最大使用量为 5.0g/kg，可单独或混合使用，最大使用量以磷酸根（PO_4^{3-}）计，固体饮料按稀释倍数增加使用量。

5. 乳酸

乳酸是发酵乳制品及其他发酵食品中的主要酸感成分之一，由乳酸菌发酵而制得。其酸感强度是柠檬酸的 1.2 倍，与水果中所含的酸味不同，味涩并收敛。主要用于乳酸饮料，通常与其他酸味剂并用，一般用量为 0.04%～0.2%。

五、香味料

香味料包括香精和香料。按其来源不同，可分为天然香料和人造香料两类。天然香料包括动物、植物香料，饮料中多用植物香料；人造香味料包括单体和合成香味料，而香精是用几种或几十种香味料添加稀释剂调配而成的。香料是配制香精的原料。

1. 常用香料

（1）橘子油　黄色油状液体，具有清甜的橘子香气，易溶于酒精。可直接添加于橘子汁、柠檬汁等饮料中。

（2）柠檬油　鲜黄色澄清透明的油状液体。具有清甜的柠檬果香气，味辛辣微苦，易溶于乙醇。其是柠檬型香精的主要原料。

（3）甜橙油　黄色、橙色或深橙色油状液体。具有清甜的橙子果香及温和的芳香味，易溶于酒精。

2. 常用香精

食用香精大都是由合成香料兑制而成的。在香型方面，大多数香精是模仿各种果香而调和的果味香型。主要有水溶性香精、油溶性香精、乳浊香精及粉末香精等。

（1）水溶性香精　主要由香精基、乙醇、丙二醇、甘油等组成。在水中可迅速分散，适用于各种软饮料、酒类、冰淇淋用量 0.02%～0.1%；果味露中用量 0.3%～0.6%。

（2）油溶性香精　主要由香精基、精炼植物油、甘油、丙二醇等组成。不溶于水，香味浓烈，与水溶性香精比耐热，适合于糖果、焙烤食品等高温处理的食品。

（3）乳浊香精　由香精基、蒸馏水、乳化剂、稳定剂、色素等组成。主要应用于浑浊型果汁饮料、乳性饮料中。

（4）粉末香精　由香精基、糊精、乳化剂等组成，呈粉末状，色泽可用色素按需要调配，加入水中能迅速分散。常用于固体饮料，其运输方便。

3. 加香时应注意问题

饮料中添加香精，对饮料的香气和气味起着决定性的作用。加香时应特别注意以下几点：

（1）用量　用量过多，使产品香味过于浓烈；用量过少，达不到加香的效果。因此，使用量的确定应首先按照参考用量加入，其次，还要通过反复的加香试验，最终按消费者口味来确定其用量。

（2）均匀性　香精在饮料中必须均匀分散，才能使产品香味一致。

（3）温度、时间　温度高时，香精挥发性强；因此，尽量在适宜温度条件下使用香精，使其保香时间延长，减少其损失。

（4）酸甜度　饮料酸甜度适口，不仅可使饮料具有适宜的风味，而且对香味效果可起很大的帮助作用。

（5）环境条件　香精在碱性条件下易被破坏；一旦香精出现悬浮物或沉淀时，可将其置于 35℃以下温水中充分摇动，即可恢复均匀状。一般情况下，香精易盛放在深褐色玻璃瓶内，密封，避免与空气接触。一旦启封，应尽快用完。未启封的香精保存期一般为 1～2 年。

六、着色料

颜色是影响软饮料感官性状的重要因素之一。其颜色悦人，可带给人们好的视觉感受，增进食欲。

着色料按其来源不同可分为天然着色料和人工合成着色料两大类。通常，将着色料称为色素。

1. 天然色素

天然色素是来源于天然动植物及微生物培养的色素，是多种不同成分的混合物。安全、无毒，但稍有异味，易褐变，价格较高。常见的天然色素有以下几种：

（1）紫胶红　紫胶虫分泌的一种色素。鲜红色粉末，溶于水、酒精、丙二醇，酸性条件下对光、热非常稳定，碱性条件下易褪色。与蛋白质反应变成紫色，不易与维生素 C 等还原物质作用。其颜色可随 pH 变化而变化：pH<4 时，黄色；pH=6 时，红色；pH=8 时，紫色。一般用量为 0.005%~0.01%。在果蔬汁（浆）类饮料、碳酸饮料、风味饮料（仅限果味饮料）中最大使用量为 0.5g/kg。

（2）胭脂虫红　是从一种胭脂虫的干燥虫体中提取出来的物质，呈现红色-橙红色。易溶于水，其他性质、用法与紫胶红基本相同。饮料类（包装饮用水除外）最大使用量为 0.6g/kg，固体饮料可按稀释倍数增加使用量。

（3）焦糖色素（普通法）　由糖类溶液加热至 160~180℃ 使之焦化，再加碱中和制得。呈透明的金棕红色泽，固态。黑褐色或红褐色粉状或块状。广泛应用于黑色饮料，如可乐型饮料和汽酒中。在果蔬汁（浆）类饮料、含乳饮料、风味饮料（仅限果味饮料）中按生产需要适量使用。

（4）姜黄素　从黄姜的根茎中提取的黄色色素。橙黄色粉末，易溶于水、酒精、酸或碱溶液。酸性和中性条件下呈黄色，碱性条件下呈红褐色。饮料类（包装饮用水除外）按生产需要适量使用。

2. 人工合成色素

人工合成色素来自于化工产品，以煤焦油为原料，具有色泽鲜艳、着色力强、稳定、使用方便、廉价等特点；但均有一定毒性，故使用时应有一定限量。

（1）苋菜红　水溶性色素，其结晶为紫红色粉末，无臭；0.01% 水溶液呈玫瑰红色，在碱性环境中变成暗红色，对氧化还原作用敏感，故不宜用于发酵饮料。在果蔬汁（浆）类饮料、碳酸饮料、风味饮料中最大使用量为 0.25g/kg。

（2）胭脂红　红色至暗红色颗粒或粉末，无臭，溶于水呈红色，不溶于油脂。对光、酸稳定，遇碱变成褐色。在果蔬汁（浆）类饮料、含乳饮料、碳酸饮料、风味饮料中最大使用量为 0.05g/kg，在植物蛋白饮料中最大使用量为 0.025g/kg。

（3）柠檬黄　水溶性色素，其结晶呈橙黄色，无臭，0.1% 水溶液呈黄色。耐热、酸、光、盐性均好，遇碱变为微红色，还原时褪色。在饮料类（包装饮用水除外）中其最大使用量为 0.1g/kg。

（4）靛蓝　蓝色的粉末状结晶，无臭，0.005% 水溶液呈蓝色。耐光、热、酸、碱性均好；不耐盐，还原时褪色。在果蔬汁（浆）类饮料、碳酸饮料、风味饮料中最大使用量为 0.1g/kg。

（5）日落黄　又称橘黄。橙色的颗粒或粉末，无臭，易溶于水，0.1% 水溶液呈橙黄色，耐光、热、酸性非常强，遇碱呈红褐色，还原时褪色。在果蔬汁（浆）类饮料、含乳饮料、碳酸饮料、风味饮料、特殊用途饮料中最大使用量为 0.1g/kg，在含乳饮料中最大使用量为 0.05g/kg，在固体饮料中最大使用量为 0.6g/kg。

（6）亮蓝　金属光泽的红色颗粒或粉末。无臭，溶于水、甘油、乙二醇和乙醇；耐光、热、酸、碱性均强。在果蔬汁（浆）类饮料、含乳饮料、碳酸饮料、风味饮料（仅限果味饮料）中最大使用量为 0.025g/kg，在固体饮料中最大使用量为 0.2g/kg。

3. 着色料的使用

天然色素由于稳定性较差，难以用来调配不同色调，加上有时有异味、成本较高等，目前尚未普遍使用。饮料生产中使用最多的还是人工合成着色料。

（1）着色料配合　见表1-2。

表 1-2　合成着色料的配合比　　　　　　　　　　　　　单位：%

色调	苋菜红	胭脂红	柠檬黄	日落黄	亮蓝	靛蓝
草莓色	73			27		
蛋黄色	2		93	5		
橙色			25	75		
绿色			65		35	
茶色	7		87		6	
番茄红色		93		7		
葡萄色	77		13		10	
咖啡色	10	25	30	27	8	
可乐色	16		63	10		11
巧克力色	46		48	6		

（2）使用着色料注意事项　必须有检验合格证；使用时要充分溶解于溶剂中方可使用；应避免接触金属容器；调配好的着色料溶液最好一次用完，或在暗处密封保存，避免光线直接照射等。

第二节　软饮料中其他添加剂

一、防腐剂

各类软饮料中可能会带有一定数量的微生物，使饮料在一定的保存时间内发生腐败现象。因此，应加入适量的防腐剂。

1. 苯甲酸及其钠盐

由于苯甲酸难溶于水，一般在饮料中常使用苯甲酸钠盐。苯甲酸钠是白色的颗粒或结晶性粉末，无臭，味微甜而有收敛性。在空气中稳定，易溶于水。其抑菌最适宜的 pH 为 2.5～4.0。浓缩果蔬汁（浆）（仅限食品工业用）中最大使用量为 2.0g/kg，果蔬汁（浆）类饮料、蛋白饮料、茶、咖啡、植物（类）饮料、风味饮料中最大使用量为 1.0g/kg，碳酸饮料、风味饮料中最大使用量为 0.2g/kg。

2. 山梨酸及其钾盐

由于山梨酸在水中溶解度低，一般在饮料中常使用山梨酸钾盐。山梨酸钾是白色或无色的鳞片状结晶或结晶性粉末，无臭或稍带臭味。在空气中不稳定，有吸湿性，易溶于水。其抑菌最适宜的 pH 值为 5～6。饮料类中（包装饮用水除外）最大使用量为 0.5g/kg，浓缩果蔬汁（浆）（仅限食品工业用）中最大使用量为 2.0g/kg，乳酸菌饮料中最大使用量为 1.0g/kg。

二、抗氧化剂

饮料中使用的抗氧化剂主要是水溶性，以减少氧化作用的发生。一般使用抗氧化剂时，常常同时使用金属离子螯合剂，以提高其抗氧化效果。一般称其为抗氧化剂的增效剂。

1. 抗坏血酸及其钠盐（见表1-3）

表1-3　抗坏血酸及其钠盐性质

名　　称	L-抗坏血酸	L-抗坏血酸钠
熔点	187～192℃	218℃（分解）
溶液pH	1%水溶液pH值为2.5	2%水溶液pH值为6.5～8.0
性状	白色-带微黄色结晶或结晶性粉末,无臭,有酸味,易溶于水	白色-带黄白色结晶或结晶性粉末,无臭,盐味,易溶于水

抗坏血酸在果汁饮料中使用量为0.01%～0.05%,其钠盐使用时用量增加一倍。一般应在果实破碎时加入,且加入后应立即与空气隔绝,以防氧化而失效。

2. 异抗坏血酸及其钠盐（见表1-4）

异抗坏血酸是抗坏血酸旋光异构体,也称赤藻糖酸。其抗氧化性质与抗坏血酸一致。使用量及其使用方法均与抗坏血酸一致。

表1-4　异抗坏血酸及其钠盐性质

名　　称	异抗坏血酸	异抗坏血酸钠
熔点	166～172℃（分解）	200℃以上（分解）
溶液pH值	1%水溶液pH值为2.5	2%水溶液pH值为6.5～8.0
性状	白色-带黄白色结晶或结晶性粉末,无臭,有酸味,易溶于水	白色-带黄白色颗粒、细粒或结晶性粉末,无臭,略有盐味,易溶于水

3. 植酸

植酸易溶于乙醇和水,难溶于无水乙醚、氯仿和苯。植酸为淡黄色或褐色糖浆状液体。水溶液为强酸性,1.3%溶液的pH值为0.40,0.7%时为1.70,0.13%时为2.26,0.013%时为3.20。具有调节pH值及缓冲作用。植酸受热会分解,但120℃以下短时间内受热是稳定的。在果蔬汁（浆）类饮料中最大使用量为0.2g/kg,固体饮料按稀释倍数增加使用量。

4. 竹叶抗氧化物

竹叶抗氧化物是一种有独特天然竹香的天然抗氧化剂。其抗氧化作用可替代银杏提取物、茶叶提取物和葡萄籽提取物,已列入国标GB 2760,被卫生部批准作为天然食品抗氧化剂使用。有效成分包括黄酮类、内酯类和酚酸类化合物。在果蔬汁（浆）类饮料、茶（类）饮料中最大使用量为0.5g/kg。

5. 使用抗氧化剂的注意事项

各种抗氧化剂均有其特殊的理化性质,在使用时必须全面考虑,一般应注意以下几点:
① 了解其性能,通过试验确定最适宜的品种。
② 由于抗氧化剂只能阻碍氧化作用,而不能改变已变坏的后果。因此应尽早使用,才能充分发挥其抗氧化作用。
③ 添加量适当,而使其在饮料中均匀分布。
④ 避免光、热、氧及金属离子对抗氧化剂的影响。

三、稳定剂

为改善或稳定食品物理性质或组织状态而加入食品中的添加剂,常用增稠剂和乳化剂。

1. 增稠剂

增稠剂指能改善食品的物理性质或组织状态，使食品黏滑适口的食品添加剂。

（1）果胶　白色或带黄色或浅灰色、浅棕色的粗粉至细粉，几无臭，口感黏滑。溶于20倍水，形成乳白色黏稠状胶态溶液，呈弱酸性。耐热性强，几乎不溶于乙醇及其他有机溶剂。用乙醇、甘油、砂糖糖浆湿润，或与3倍以上的砂糖混合可提高溶解性。在酸性溶液中比在碱性溶液中稳定。在果蔬汁中最大使用量为3.0g/kg。

（2）阿拉伯胶　一种由多种糖类组成的高分子聚合物，无臭，无味，溶于水。在水中可形成清晰而胶黏的溶液。可提高饮料的黏稠性和稳定性。果汁中最大用量为5.0g/kg。

（3）海藻酸钠　从海藻中提取的白色或淡黄色粉末，无臭，无味，溶于水成黏稠状胶体溶液。在饮料中作增稠用，用量为0.1%～0.5%。

（4）羧甲基纤维素钠（CMC-Na）　白色纤维状或颗粒状粉末。无臭，无味，易分散在水中形成透明的胶体溶液。果汁、牛奶中最大用量为1.2g/kg。

（5）黄原胶　微生物发酵提取制成。白色或浅黄棕色粉末，易溶于水。果蔬汁（浆）中按生产需要适量使用，在固体饮料中可按稀释倍数增加使用量。

（6）刺云实胶　白色至黄白色粉末，无臭。刺云实胶含有80%～84%的多糖，3%～4%的蛋白质，1%的灰分及部分粗纤维、脂肪和水。其水溶液不挥发。它是以豆科的刺云实种子的胚乳为原料，经研磨加工而制得的食品添加剂。饮料类（包装饮用水除外）最大使用量2.5g/kg，在固体饮料中可按稀释倍数增加使用量。

（7）β-环糊精　又称环麦芽七糖、环七糊精，简称β-CD。白色或几乎白色的结晶固体或结晶性粉末；无臭，略有甜味；溶于水，难溶于甲醇、乙醇、丙酮等。β-环糊精是由淀粉经微生物酶作用后提取制成的由7个葡萄糖残基以β-1,4-糖苷键结合构成的环状物。在果蔬汁（浆）类饮料、植物蛋白饮料、复合蛋白饮料、其他蛋白饮料、碳酸饮料、茶、咖啡、植物（类）饮料、特殊用途饮料以及风味饮料中最大用量0.5g/kg。

（8）淀粉磷酸酯钠　白色至类白色无味、无臭的淀粉状粉末。饮料类（包装饮用水除外）中，可按生产需要适量使用；在固体饮料中可按稀释倍数增加使用量。

2. 乳化剂

乳化剂指能使互不相容的油和水形成稳定乳浊液的食品添加剂。

（1）蔗糖脂肪酸酯　白色或浅灰色粉末，无臭，可溶于乙醇，水溶液黏度高，乳化效果好。果汁或粉末果汁中添加本品，具有良好的稳定作用。使用量为0～10mg/kg。

（2）山梨醇酐脂肪酸酯　淡黄色或黄褐色的油状或蜡状，可溶于水或油。在椰子汁、果汁、牛乳、麦乳精中最大使用量为3.0g/kg。

（3）木糖醇酐单硬脂酸酯　淡黄色或棕黄色蜡状固体，无异味，不溶于冷水，热水中分散后呈乳状液。在乳化香精中的最大用量为40.0g/kg（在碳酸饮料中的含量≤0.04g/kg）。

（4）海藻酸丙二醇酯　其是从天然海藻中提取的海藻酸深加工制备而得的，是一种白色或淡黄色粉末，水溶后成黏稠状胶体。常作为饮料产品的增稠剂、稳定剂、乳化剂使用。乳制品中最大使用量为3.0g/kg，风味发酵乳与含乳饮料中最大使用量为4.0g/kg，饮料类（包装饮用水除外）中最大使用量为0.3g/kg，果蔬汁（浆）类饮料中最大使用量为3.0g/kg，植物蛋白饮料中最大使用量为5.0g/kg，咖啡（类）饮料中最大使用量为3.0g/kg。

3. 抗结剂

（1）可溶性大豆多糖　其是利用最新生物化学技术，用豆渣通过酶解聚合、分离、精制、杀菌、干燥等工艺制成的水溶性膳食纤维。产品为白色或浅黄色粉末，没有甜味，略带焦糖味，但绝无任何豆腥味；天然、热量低、安全健康。具有低黏度、耐酸、耐盐、耐热的特点。在饮料中最大使用量为 10.0g/kg，在固体饮料中可按稀释倍数增加使用量。

（2）硅酸钙　白色针状结晶。无味。无毒。溶于强酸；不溶于水、醇及碱。在固体饮料中可按生产需要适量使用。

（3）碳酸镁　白色单斜结晶或无定形粉末，无毒，无味，空气中稳定。在固体饮料中最大使用量为 10.0g/kg。

第三节　包装材料及容器

软饮料包装是饮料生产的最后一步，也是十分重要的一步，其主要作用有以下三方面。第一，保护产品，防止微生物侵害；防止产生化学变化；防止受到物理性破坏，在流通过程中包装的饮料要受到各种力的作用。为此，应选用与流通环境相适应的包装材料和包装容器，使其免受物理破坏。第二，促进销售。产品只有为消费者所购买才能产生环境效益，而包装则是诱导消费者购买的最好媒介，是无声的推销员。选用精巧的造型、醒目的商标、得体的文字和明快的色彩作为软饮料包装，将直接激发消费者的购买欲望，并导致其购买行为，从而促进了软饮料的销售。第三，提供方便。包括生产方便、搬运方便、保管方便和使用方便，使消费者在取用饮料时，应能很方便地打开包装并便于携带，如各种便携式包装、易拉罐饮料等。

选择的包装材料应具有以下特点：

① 包装材料中不得含有危及人体健康的成分。

② 具有一定的化学稳定性，不得与盛装物品发生作用而影响食品质量。

③ 加工性能良好，资料丰富，成本低，能满足工业化的需求；同时，便于印刷包装图案、文字和标志。

④ 有优良的综合防护性能，如阻气性、防潮性、遮光性和保香性能等。

⑤ 在保证商品安全方面有很好的可靠性，耐压、强度高、重量轻、不易变形或者破损，且便于携带和装卸。

目前，饮料包装除了传统的玻璃瓶及镀锡薄钢板罐包装外，铝材、铝合金、塑料膜以及各种复合材料相继出现，正在日新月异地发展，形成各自独特的体系。

一、玻璃瓶

饮料包装广泛采用的形式是玻璃瓶。其优点是：造型灵活、透明、美观，具多彩晶莹的装饰效果；化学稳定性高，不透气，易密封；不与盛装的物品发生化学反应，利于保证饮料的纯度和卫生；原料丰富，价格低廉，可多次周转使用；生产自动化程度高。其缺点是：机械强度低，易破损；重量大，给运输造成一定困难。

玻璃瓶的种类繁多，可根据使用情况、制造方法、用途等来分类，但一般可分为：细颈瓶（小瓶口）和粗颈瓶（大口瓶）两大类，常用的饮料包装瓶多为瓶颈内径在 30mm 以下的细颈瓶。

1. 玻璃瓶的玻璃质量要求

① 玻璃应当熔化良好、均匀，尽可能避免结石、条纹、气泡等缺陷。

② 无色玻璃透明度要高，带颜色的玻璃其颜色要稳定，并能吸收一定波长的光线。

③ 玻璃制的饮料应按一定的容量、重量和形状成型，不应扭歪变形、不光滑及有裂纹。玻璃分布要均匀，不允许有局部过薄或过厚现象。特别是瓶口部要圆滑平整，以保证密封的质量。

2. 饮料玻璃瓶的生产

玻璃是一种无规则结构非晶态固体。因为它是由熔融体经过冷却而得到的，因此，也可以将其理解为过冷液体。

饮料玻璃瓶生产工艺过程分以下三个工序：

（1）玻璃配合料的制备　按所设计的玻璃化学组成，用各种原料配成均匀的、能高温熔制的材料。

（2）玻璃的熔制　将配制好的粉料经高温加热形成无气泡、无条纹并且符合成型要求的、均匀的液体。

（3）成型　玻璃瓶罐的成型可以分人工成型、半机械化及自动化成型。原理是利用玻璃在一定范围内具有可塑性并且能随温度的下降而硬化的特点，采用各种方式将其塑成所需要的形状。

（4）退火　成型后的饮料玻璃瓶应进行退火。由于在成型过程中，由于剧烈温度变化引起的热应力会降低玻璃瓶的热稳定性和机械强度，并很可能在冷却、存放、加工过程中自行破裂，因此，玻璃应通过退火炉来完成退火，以保证产品的质量。工艺流程如下：

玻璃制瓶机→输瓶机→推瓶机→退火炉（燃料）→检验→包装→玻璃瓶

3. 玻璃瓶常见缺陷及检验

玻璃瓶在生产中，只要某一环节有疏忽就将产生缺陷。主要表现为以下几点：

（1）玻璃本身缺陷　原料加工、配方不当、熔化不当产生的，造成结石（固体夹杂物）、条纹（玻璃态夹杂物）、气泡（气体夹杂物）。可通过物理、化学方法来检测。实际生产中，一般凭经验用肉眼观察也是一种有效的鉴别方法。

（2）瓶子生产缺陷　成型、退火不当产生的。造成裂纹、厚薄不均、变形、皱纹。

目前，对于玻璃瓶的检验，在国外用自动检验机检测；但我国国内仍以人工为主，靠肉眼挑出不合格产品。

4. 发展趋势

针对玻璃饮料瓶机械强度低、易破损和盛装单位物品重量大等主要弱点，今后玻璃瓶生产将主要考虑增加强度及实现轻量化，以保持玻璃瓶作为传统饮料包装的地位。

（1）增加强度

① 通过物理淬火或化学离子交换的手段，在玻璃表面产生均匀的压力层。

② 用无机或有机涂料喷涂在玻璃表面以消除微裂纹，减小擦伤，提高强度。

③ 发泡聚苯乙烯膜或聚乙烯膜包在瓶上，起到增强保护的作用。

（2）实现轻量化　薄壁轻量瓶的瓶壁由于玻璃分布均匀，厚薄一致，机械强度高，重量比普通瓶轻 15%～40%，且可以像新型包装材料那样实行一次性使用。

二、金属包装材料及金属罐

金属包装材料是传统包装材料之一，其应用虽然只有 100 多年的历史，但发展快、品种多。目前在各类包装材料中，金属材料约占 14%。在日本、欧洲仅次于纸和塑料占第三位，在美国则比塑料多，占第二位。

1. 金属材料的分类

金属包装材料按其成分主要分钢材和铝材两大类，按使用形式分则主要包括板材和箔材。板材主要用于制作各种硬质包装容器；箔材则是复合包装材料的主要组成部分，是当今重要的软包装材料。

（1）钢材　包装用的主要是低碳薄钢板。优点：具有良好的塑性，制罐工艺性好。缺点：冲拔性能不如铝材，耐蚀性差，易锈。则使用时常采用表面镀膜和涂料等处理方法。按表面镀层成分和用途的不同，钢制包装材料主要有以下几种：

① 锡薄钢板。锡薄钢板又称马口铁，是制罐的主要材料，大量用于罐头工业，亦可用来制其他食品罐和非食品罐。

② 镀锌薄钢板。镀锌薄钢板又称白铁皮，是制罐材料之一，主要制作工艺产品包装容器。

③ 镀铬薄钢板。镀铬薄钢板又称无锡薄钢板，可部分代替马口铁，主要制作饮料罐。

（2）铝材　铝制材料使用的历史较短，但由于它具有一些比钢优异的性能，故发展很快。优点：重量轻，无毒无味，可塑性优良，压延冲拔性能好；在大气和水汽中化学性质稳定；不生锈，表面洁净有光泽。缺点：在酸碱盐介质中不耐腐蚀，故也需在表面涂料才可用作饮料容器。包装用铝材可以按下面几种形式使用：

① 铝板。铝板为纯铝或铝合金薄板代替部分马口铁，主要制饮料罐。

② 铝箔。铝箔由铝板进一步压延而成，厚度在 0.2mm 以下，用做多层复合包装材料的阻隔层。

③ 镀铝薄膜。在塑料膜和直板上镀上极薄的铝层，可部分代替铝箔复合材料。

2. 金属罐的罐型

金属罐的罐型是指它的结构和形状。按结构分，包括：三层罐和两层罐。按形状分，包括：圆罐，方罐，梯形罐，椭圆罐等。按开启方法分，包括：普通罐，钥匙拉线罐，易开罐等。

（1）三层罐（三片罐）　由一个焊接的圆筒罐身、一层罐底和一层罐盖构成。三层罐是传统的罐型，工艺上较容易实现，且已十分成熟，对材料的冲压性能要求低，而且制罐设备便宜，在连续自动制罐生产线上速率可达 600 罐/min。特点：用料多，接缝多，产生渗漏污染的可能性较大。

（2）两层罐（两片罐）　一种新型罐，整个容器由两层材料组成，故得名两层罐。一层是罐底和无缝罐身合成的一个整体；另一层是罐盖。两层罐的出现是制罐工业一个变革。特点：简化了制罐工艺，节约制罐材料，但对板材的成型性和拉拔技术都有较高的要求；罐身无缝，用料省，无泄漏，减少了锈蚀的危险和焊锡、铅的污染；而且制罐工业先进，印刷美观，图案完整，但设备昂贵，投资大，技术要求高。

（3）易开罐　在三层罐和两层罐结构的基础上，为了方便使用而改革了罐的开启方式。易开罐采用了铝制易开罐盖，其上有一个易开启的封口，形式有拉环式或按钮式等；消费者不需另备开罐工具即可方便地开罐。易开罐多为饮料罐。

三、塑料及复合包装材料

塑料是以合成树脂为主要原料，添加稳定剂、着色剂、润滑剂及增塑剂等组分而得到的合成材料。由于合成材料迅速发展取代了大量的天然资源材料，包装领域中大量应用各种塑料薄膜、塑料容器及复合材料。但究竟塑料及复合包装材料有什么性能，为什么能在包装业上发展如此迅速，还需从其性能特点上分析。

1. 塑料材料的包装

（1）特点　防潮、隔氧、保香、避光；制成复合薄膜；质轻，不易破损，有利于运输及携带。

（2）性能

① 保护性能。防止变质，保证质量。

② 操作性能。易包装，易充填，易封合，适应机械自动包装机与操作。

③ 商品性能。造型和色彩美观，能产生陈列效果，提高商品价值和购买欲。

④ 方便使用性能。便于开启和提取内容物，便于再封闭。

2. 主要塑料复合材料

（1）聚乙烯（PE）　PE 是世界上产量最大的合成树脂，也是消耗量最大的塑料包装材料，约占塑料包装材料的 30%。分为低密度聚乙烯（LDPE）、中密度聚乙烯（MDPE）、高密度聚乙烯（HDPE）。密度是衡量结晶度的尺度，密度高，结晶度高，聚乙烯水蒸气渗透率和油脂渗透率随之降低。其特性如下：

① 低密度聚乙烯。透明度好，柔软，伸长性大，抗冲击性与耐低温性比高密度聚乙烯优；在各类食品包装中用量仍较大。

② 高密度聚乙烯，又叫显形聚乙烯。耐高温，硬度、气密性、机械强度及耐化学腐蚀性均好。一般大量采用其吹塑成型，制成瓶子等中空容器。

（2）聚丙烯（PP）　聚丙烯是由丙烯聚合而成。通常将其制成薄膜来使用。用聚丙烯复合材料制作的容器可用于饮料包装。

（3）聚酯（PET 或 PETP）　聚酯通常是聚乙二醇对苯二甲酸酯的简称。其无色透明，极为坚韧；具有玻璃外观；无臭，无味，无毒；其薄膜具防潮和保香特征。聚酯薄膜价格较贵，热封困难，不单独使用，而是制成复合薄膜。聚酯可制成塑料瓶；通常制成可口可乐、百事可乐等饮料瓶。

（4）聚碳酸酯（PC）　聚碳酸酯是拥有碳酸酯结构的树脂的总称。无色透明，外观很像有机玻璃，光泽美观；无毒，无异味，阻止紫外线透过性能好，保香性能好；透气透湿率低，耐温范围广（$-180 \sim -130 \, ^\circ\mathrm{C}$），利用其冲击性能、成型性好等特点，制成瓶、罐及各种形状的容器，用于包装饮料、酒类、牛奶等流体介质。

（5）杀菌袋（软罐头）　杀菌袋是一种能在高温下灭菌的复合薄膜食品包装袋。最初是美国为了配合宇航员的需要而研制的。其特点是与罐头相比，杀菌袋也能灭菌和杀菌，且封口牢固，冲击性能好，运输、携带方便。根据灭菌温度和保存期限，可分为以下两种：

① 普通杀菌袋。$120 \, ^\circ\mathrm{C}$ 加热灭菌，由 $2 \sim 3$ 层复合材料制成，食品的货架寿命为半年以上。

② 超高温杀菌袋。$135 \, ^\circ\mathrm{C}$ 灭菌，制袋材料在 3 层以上，中间夹有铝箔，货架寿命为两年。有的也使用 $4 \sim 5$ 层复合材料。

为了保证杀菌袋的强度，外层材料多采用聚酯薄膜，厚度为 $10 \sim 16 \mu\mathrm{m}$。中层材料的主要作用是隔绝气体与水分，遮避光线，要求用 $11 \sim 12 \mu\mathrm{m}$ 的铝箔。内层材料直接接触食品，并要求有良好的加热封口性能，所以对内层材料的要求除了必须符合包装卫生标准外，还要化学性质稳定，一般采用无毒的聚丙烯，厚度为 $70 \sim 80 \mu\mathrm{m}$（也可采用高密度聚乙烯薄膜）。软罐头主要包装食品，在日本及欧洲各国也用于包装饮料、果汁之类。

四、纸容器

纸容器可分为复合纸盒、纸杯、组合罐等，在饮料包装方面应用广泛。可盛装饮用牛乳、乳饮料、发酵乳、果汁饮料及多种冰制品。

1. 纸容器的优点

① 纸容器成本低，比较经济。
② 最容易适应合理的流通。
③ 无金属溶出现象。
④ 重量轻。
⑤ 无公害等。

2. 纸容器的缺点

① 纸容器不透明，看不清饮料情况，如消费者不熟悉商品，则不利于销售。
② 密封精度和耐压性差。
③ 不适合进行加热杀菌。

纸容器在保存时，为了经济性操作，含水量应控制在 5％～6％。特别是预成型纸盒，要求在室温 21～27℃、相对湿度 30％的条件下保存 10～14 天，达到规定含水量后再使用。

纸容器存在一些问题，加之纸容器市场存在不足，对纸容器在饮料包装中的使用造成一定影响。如对纸容器不足加以改造创新，则碳酸饮料和啤酒的包装将为纸容器开辟广阔的市场。

另外，根据包装物的不同，还可有长方形的包装箱、胶合板箱、瓦楞纸箱、塑料成型箱、金属箱、胶合板用于饮料的外包装。

思 考 题

1. 饮料生产用水如何处理？
2. 饮料生产中常用的甜味剂和酸味剂有哪些？
3. 饮料的包装材料有哪些要求？
4. 饮料的金属包装材料主要包括哪些？
5. 塑料包装的特点是什么？
6. 用于软包装的超高温杀菌复合袋有几层？分别是什么？起什么作用？

第二章　碳酸饮料加工技术

第一节　概　述

碳酸饮料是指在水中配入甜味料、酸味料、香料，并加入 CO_2，制成的饮料。通常将 CO_2 气称为碳酸气；碳酸饮料就是人们日常称的汽水。汽水因含有大量的 CO_2 气体，能将人体内的热量带走，产生清凉爽快的感觉，所以在炎热的夏天人们很喜欢喝汽水，它有助于消除疲劳、开胃、助消化，是一种很好的清热解渴的健身饮料。

一、碳酸饮料分类

根据生产用料来进行分类：

① 果汁型碳酸饮料。含有 2.5% 以上的天然果汁的碳酸饮料。主要有橘汁碳酸饮料、菠萝碳酸饮料等。

② 果味型碳酸饮料。含有 2.5% 以下天然果汁或以食用香精香料为主来增加香味的碳酸饮料。主要有柠檬碳酸饮料、橘汁碳酸饮料等。

③ 可乐型碳酸饮料。含有可乐果、古柯叶浸膏、白柠檬或带有其辛香型果香味的碳酸饮料。主要有可口可乐、百事可乐等。

④ 其他型碳酸饮料。除上述三种以外的碳酸饮料，主要有含盐碳酸饮料、苏打水等。

二、碳酸饮料特点

根据上述分类，各类碳酸饮料的特点如下：

1. 果汁型碳酸饮料

果汁型碳酸饮料具有果品特有的色、香、味。其不仅具有清凉消暑作用，更具有营养作用。一般含有可溶性固形物 8%～10%，含酸 0.2%～0.3%，含二氧化碳 2～2.5 倍。通常作为高档碳酸饮料。此类饮料主要包括浑浊型和澄清型。

2. 果味型碳酸饮料

果味型碳酸饮料主要是利用蔗糖、酸味剂、色素以及食用香味剂等配成的各种果味型产品。具有清凉消暑作用。一般含糖 8%～10%，含酸 0.1%～0.2%，含二氧化碳 3～4 倍。

3. 可乐型碳酸饮料

可乐型碳酸饮料是世界上碳酸饮料生产工业的主要产品之一，历史悠久，销量不衰，是碳酸饮料中发展较快的品种。此类饮料可分为辛香型、白柠檬香型两大类。

第二节　碳酸饮料加工工艺

一、工艺流程

制造碳酸饮料的方法有一次灌装法和二次灌装法。

1. 一次灌装法

一次灌装法是将水、甜味料混合后制成糖液，其中加入酸味料和香料，制成糖浆；然后把糖浆和水用定量混合机按一定比例进行连续混合，充入 CO_2 气，一次灌入瓶中。

2. 二次灌装法

二次灌装法是将配好的糖浆液先灌入瓶中后，再用注水机将碳酸水注入瓶中。目前国内用得最普通、最普遍的是二次灌装工艺。

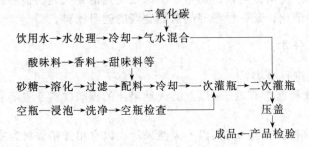

碳酸饮料生产车间主要工艺流程概括如下：

<table>
<tr><td>自来水</td><td>白砂糖</td><td>空瓶</td></tr>
<tr><td>电渗析机</td><td>夹层锅</td><td>碱水槽</td></tr>
<tr><td>活性炭过滤</td><td>糖浆</td><td>清水槽</td></tr>
<tr><td>砂棒过滤器</td><td>泵过滤</td><td>刷瓶</td></tr>
<tr><td>紫外线消毒</td><td>配料桶</td><td>消毒池</td></tr>
<tr><td>冷却机←冷水箱</td><td>灌浆机←滴水机←冲洗机</td><td></td></tr>
<tr><td>气、水混合机　→</td><td>装水机→压盖机→检验→成品</td><td></td></tr>
<tr><td>二氧化碳钢瓶</td><td></td><td></td></tr>
</table>

二、操作要点

汽水生产中，水占 90%，水质的好坏会直接影响到饮料的外观和味道。

自来水首先通过电渗析机处理（也可用离子交换器或反渗透方法，对水进行软化及除盐处理）。将水中的杂质和溶解的固体物质大部分除去。除盐率约在 90% 左右。一般自来水的含盐量约为 350mg/L，处理后水中含盐量约为 50mg/L。

处理后的水用泵加压进入活性炭过滤器，以去掉水中的不良味道，再经砂棒过滤后进一步除去水中的悬浮物和杂质，砂棒过滤也有除菌的作用。最后流经紫外线杀菌器。冷却之后就成为品质优良的饮料水了。

将甜味料、酸味料、香料和防腐剂等分别加入配料桶并混合后得到黏稠性物质，即为制糖浆过程。将制好的糖浆与碳酸水混合后，即得终产品。糖浆和其他调味料构成了饮料的主体风味，糖浆配制成分不同，也就生产出不同的饮料。显然，糖浆的配制是汽水生产中极为关键的一个环节。下面详细介绍一下糖浆的配制。

（1）原糖浆的制备

① 化糖。把定量的砂糖加入定量的水溶解制得糖浆称为化糖。化糖方法分为冷溶法和热溶法。

冷溶法的唯一优点是节约燃料。冷溶糖所用容器一般采用内装搅拌器的不锈钢桶，在桶底部有排放的管道，便于彻底洗涤。其生产过程较简单，把糖和水按一定量配比好，放入桶内搅拌。搅拌不宜过于激烈，以免卷入太多的空气，使糖浆受到来自空气的污染。待完全溶化，过滤去除杂质，即成为具有一定浓度的糖浆。这种糖液的浓度一般配成 45～65°Bx，如要存放一天者，则必须配成 65°Bx。采用这种溶糖方法来生产糖浆，必须有非常严格的卫生控制措施。

热溶法所用的溶糖锅，一般采用不锈钢夹层锅（双重锅），并备有搅拌器，锅底部有放料管。其生产过程是将糖和水按一定量配比，用蒸汽加热至沸点，同时不断搅拌，在加热时，表面有凝固物浮出，必须用筛子除去。否则会导致饮料变味，甚至会产生瓶头的环形物。将糖浆煮沸 5min，便于杀菌，其浓度一般为 65°Bx。

在溶解糖液时，糖液的溶解度与糖液温度的关系是温度越高，溶解度越大（见表 2-1）。

表 2-1 蔗糖在水中的溶解度

温度/℃	溶解度/%	温度/℃	溶解度/%
0	64.18	55	73.20
5	64.87	60	74.18
10	65.58	65	75.18
15	66.23	70	76.22
20	67.09	75	77.27
25	67.89	80	78.36
30	68.70	85	79.46
35	69.55	90	80.61
40	70.42	95	81.77
45	71.32	100	82.97
50	72.25		

一般热溶糖都以蒸汽加热，如果直接用火加热，则锅底局部过热，会造成糖浆焦煳。

② 糖浆浓度的概念

a. 相对密度。相对密度是单位体积物质的质量。一般情况下，温度高体积膨胀，单位体积内物质含量相对减少，即相对密度减小；当温度低时，体积收缩，单位体积内物质含量相对增加，相对密度增大。各种不同浓度的糖浆，其相对密度不同，浓度越高，相对密度越大，反之则越小。生产配料时，不需很精确，温度影响可忽略不计。

b. 浓度。浓度是指溶液中含溶质的质量分数，饮料所用的浓度单位有以下两种：

°Bx 是白利度（也称糖锤度）单位。白利度是我国及英国等其他国家通过检测含量的标度，是指含糖量的质量分数。溶液的白利度 55°Bx 表示 100g 糖液含糖 55g、含水 45g。

60°Bx 表示 100g 糖液中含糖 60g、含水 40g。白利度随温度而变化，在配制糖浆时一般以20℃时的白利度来进行计算。

°Bé 为波美度单位。波美度为译音，它和白利度（糖锤度）的关系为：

$$波美度×1.8≈白利度$$

③ 糖液配制。生产各种浓度的糖浆，只需知道糖与水的质量，或知道糖浆浓度及容积，即能求出所需的糖与水的质量。

【例 2-1】 生产 55°Bx 的糖浆，1kg 糖需多少水？

解：糖与水的质量比 55∶(100−55)＝1kg 糖∶X g 水

则 X＝45×1/55＝0.818

答：需 0.818kg（或 0.818L）的水。

【例 2-2】 糖浆 23L 其浓度 55°Bx，计算其中糖与水各多少？

解：查表得知，55°Bx 在 20℃时密度为 1.26kg/L。密度 1.26kg/L 表示：单位体积 1L（20℃时）的糖浆其质量为 1.26kg。而 23L 糖浆的质量应为：

$$23L×1.26kg/L＝28.98kg（体积×密度＝质量）$$

即，23L 糖浆在 20℃时其质量为 28.98kg

28.98kg 糖液中，含糖应为：

$$28.98×55\%＝15.939kg（糖质量）$$

而 28.98kg 糖液中，含水应为：

$$28.98×(100−55)\%＝13.041kg（水质量）$$

答：糖的质量 15.939kg，水的质量 13.041kg。

软饮料所用的甜味料为蔗糖、异构糖、糖精、甜菊苷等。后两种非糖甜味料特别适合于配制低热量饮料（生产适宜糖尿病人、肥胖者饮用的功能饮料）。

白糖在配料前，通常先制成单纯糖浆。即制成白利度 55°Bx（或 30°Bé）左右的溶液。此糖度保存性最好，且容易稀释。

若白利度小于 55°Bx，较稀（糖度低），则糖浆易腐败变质；若白利度大于 55°Bx，则糖度高，较浓，虽然保存性好，但冷却后黏度太大，有时会有糖析出，在装瓶时还会影响加入量的准确性。

通常情况下，单纯糖浆的糖度由最终制品的糖度决定。在制造单纯糖浆时，首要问题是根据配方，确定糖与水的配比。

④ 糖浆过滤。砂糖加水溶解后，必须进行过滤，滤法有自然滤法和加压滤法两种。

a. 自然滤法。采用锤形厚绒布滤袋，内加纸浆滤层，操作极简单；但滤速流量太慢，一般不适于工厂使用。

b. 加压滤法。采用不锈钢板框压滤设备，每块滤板上配有细帆布，糖浆经溶化后，用泵加压通过滤板，去除杂质得到澄清透明的糖浆。

如果生产中采用质量较差的砂糖，则会导致饮料产生絮状物、沉淀物，以致产生异味等，还会使装瓶时出现大量泡沫，影响产品质量。因此，较差的砂糖必须采用活性炭的净化处理。处理方法是把活性炭加入热糖浆中，用量为糖质量的 0.5%~1%，边添加边用搅拌器不断搅拌。活性炭与糖溶液接触 15min，温度保持在 80℃。为了避免活性炭堵塞过滤器面层，在过滤前加一些助滤剂（硅藻土），用量为糖质量的 0.1%。过滤时活性炭和助滤剂吸附在过滤面层，使糖浆反复通过过滤器，达到过滤出来的糖浆纯净透明为止。

(2) 果味糖浆的制备　为了制出不同风味的汽水,需在原糖浆的基础上加入一些其他辅料,主要种类如下:

① 防腐剂。在糖浆中加入防腐剂,其作用是防止食品产品受到细菌的污染而造成腐败;但首先保证产品在生产过程中的卫生,才能保证防腐剂的防腐效果。

大部分碳酸饮料中所用的防腐剂为苯甲酸钠,它具有抗菌性,加入产品中,可防止微生物生长。

一般工厂都将苯甲酸钠溶化成浓度25%的溶液使用。

② 酸味料。酸味料被广泛地用于水饮料中,产生酸味,调整糖的甜度,并突出或补充相关联的香味。因此,一种饮料特有的香味,部分是通过正确的酸化作用来提高。酸味料还有助于防止饮料腐败菌的生长。经常使用的酸味料有柠檬酸、苹果酸、酒石酸、磷酸、乳酸等,柠檬酸最常用。一般用量不限。

③ 甜味料。以增加饮料的甜度为目的。

④ 果汁。许多果汁被广泛用于碳酸饮料中,如柑橘汁、苹果汁、沙棘汁、桦树汁等。无论榨取何种果汁,必须将榨出的果汁立即进行瞬时巴氏杀菌,目的是破坏其中果胶酶的活性。否则,果胶酶会破坏果汁中的果胶,使果汁浑浊。由于果汁中大部分是水,如长途运输,浪费了包装及运费。为此,一般可将果汁制成浓缩果汁;采用真空浓缩法,可浓缩3~6倍,采用大罐包装,装罐后再经高温杀菌处理。

⑤ 色素。由于消费者喜欢饮料外观应与原果或植物色调相似,因而需要使用各种着色剂,以吸引消费者。碳酸饮料中使用的色素(着色剂)分天然色素和人工合成色素两种。

⑥ 香精。香精在饮料中是不可缺少的。由于各种香精的溶解度与使用量有关,使用过量时,会造成不透明以及香味过重的现象,因此每次使用新规格的香精时,必须先经过试制,然后方可投产。

(3) 糖浆的配合　果味糖浆(或称加香糖浆)是指已经配合好各种原料,可进行灌装的糖浆。其配合过程即指投料顺序。配料桶(罐)应为不锈钢容器,内装有搅拌器,并有容积刻度。当原糖浆加一定容积时,在不断搅拌下,将辅料按顺序逐一加入(如辅料为固体,必须先用水溶解后再加入)。其加入顺序为:

原糖浆→25%苯甲酸钠→糖精钠溶液→50%柠檬酸溶液→果汁→溶性香精→色素(热水溶化)→定容(加水)

注意:要在不断搅拌下逐一投入,顺序不能颠倒。苯甲酸钠易溶于水,使用方便,但若直接与酸性糖浆相接触,苯甲酸钠容易转化成难溶于水的苯甲酸,可沉淀于容器底部(絮状物)。

根据我国消费者口味的要求,按下列配方设计(见表2-2)。

表2-2　不同品种饮料的糖、酸及香精用量

名　　称	含糖量/%(kg/100L)	柠檬酸/(g/L)	国内香精参考用量/(g/L)
苹果	9~12	1	0.75~1.5
香蕉	11~12	0.15~0.25	0.75~1.5
樱桃	10~12	0.65~0.85	0.75~1.5
可乐	11~12	磷酸 0.9~1	0.75~1.5
白柠檬	9~12	1.25~3.1	0.75~1.5
柠檬	9~12	1.25~3.1	0.75~1.5

名　　　称	含糖量/%(kg/100L)	柠檬酸/(g/L)	国内香精参考用量/(g/L)
橘子	10～14	1.25	0.75～1.5
鲜橙	11～14	1.25～1.75	0.75～1.5
芒果	11～14	0.425～1.55	0.75～1.5
冰淇淋	10～14	0.425	0.75～1.5
菠萝	10～14	1.25～1.55	0.75～1.5
梨	10～13	0.65～1.55	0.75～1.5
草莓	10～14	0.65～1.55	0.75～1.5
黑加仑	10～14	1	0.75～1.5
葡萄	11～14	1	0.75～1.5
石榴	10～14	0.85	0.75～1.5

　　以上数据可作为参考用量，目前有人还开发出许多新配方：如茶汁汽水、松汁汽水、保健功能性汽水（加入一定中药等），可根据人们口味标准来定含糖量及柠檬酸等用量。其配方不是固定的，而是从实践经验中摸索出来的。

三、碳酸化

　　将 CO_2 与水混合的过程称为碳酸化过程。碳酸化程度直接影响产品的质量和品味，是饮料生产中的重要步骤之一。碳酸化的过程是一个化学过程。CO_2 与等物质的量的水作用，化合成碳酸。碳酸是一种弱酸。其酸度仅在舌头产生碳酸化饮料的轻微刺激。影响碳酸化的因素如下：

1. 温度、压力的影响

　　饮料碳酸化程度是依单位体积液体所溶解的 CO_2 体积而定的，而 CO_2 溶解情况与温度、压力有关（见表2-3）。

表 2-3　100 体积水内溶解的 CO_2 体积 （101.325kPa 条件下）

温度/℃	0	10	20	25	60
CO_2 的体积(100 体积水中)	171	119	88	75.5	36

　　由表 2-3 可见，当压力一定时，温度愈低，CO_2 的溶解度愈大。则在实际生产中，为了达到所要求的碳酸化程度，通常碳酸化过程除要控制一定的压力外，还需配备一套冷却设备——冷冻机等。一般饮料碳酸化温度采用 3～5℃，CO_2 的压力在 29.4～39.2kPa 范围。应选用水与 CO_2 接触面积大的设备。主要有薄膜式碳酸化罐、喷雾式碳酸化罐等。

　　在开机时，应先用水排除空气后，用 CO_2 排除机内的水分，再开始灌水。所用的 CO_2 钢瓶有时在输出管处易发生结霜现象，管内 CO_2 温度低，外界温度高，造成反霜，可在管壁外壳装上自来水的喷淋器装置，以防止管道堵塞。

2. 空气的影响

　　空气在水中也可稍微溶解。在单位体积的水中，所溶解的空气体积同样也与温度、压力有关，但影响程度不同。实验证明：溶解 2％空气所产生的压力相当于溶解 100％ CO_2 所产生的压力。故溶解少量的空气会排斥大量的 CO_2。则完善的碳酸化工艺过程，只有在水中不含空气，且 CO_2 不含空气杂质时才能做到。

　　一般情况下，空气的来源主要为：CO_2 气不纯；气路有漏隙；水中有溶解氧、气泡；抽水管线有漏隙；糖浆中的溶解氧、气泡；混合机内及管线中存在的空气。

水中的空气可以用脱气机处理。在制备糖浆时应避免过量、过激的搅拌，以防止混入空气，且可以通过静置除去糖浆中的气泡。

3. 各种液体对碳酸气体的吸收

不同的液体对某种气体的吸收能力是有区别的。

CO_2 在 0℃ 水中的溶解度为 1.713；而同样的温度，溶解在酒精中则是 4.23g。要制作含一定碳酸气的成品，需严格控制水温和压力。一般来讲，碳酸气的损失仅是灌装时在瓶口处有逸出。因此，要节约碳酸气，提高混合效果，应采取下列措施：

① 降低水温。

② 排净水中的及 CO_2 容器中的空气。

③ 提高 CO_2 的纯度。

④ 选用优良的混合设备，并配有冷却水及排气装置。

⑤ 保持 CO_2 供气过程中的压力稳定平衡。

⑥ 进入混合机与 CO_2 的比例适当。

最早采用的方法是将糖浆和水按一定比例加入配料罐中，搅拌均匀，然后经过冷却、碳酸化、再灌装。这种方法需要大容积的配料罐。

四、灌装生产工艺

1. 洗瓶工序

（1）洗瓶要求　在软饮料生产中，玻璃瓶仍为主要的包装材料，瓶子洗刷得干净与否直接影响到产品的质量和卫生指标，因此，瓶子的洗涤必须符合下列要求：

① 空瓶内、外清洁无味。

② 空瓶不残留余碱及其他洗涤剂。

③ 瓶内经微生物检验，不得发现大肠菌群，细菌菌落数不超过 2 个。

（2）洗瓶过程　在汽水生产中所用的瓶子一般是多次性使用的玻璃瓶，回收的瓶子几经周折，往往比较脏，再加上残留着的汽水，所以各种微生物很多，若洗刷不好，必将影响汽水质量。为了达到洗瓶的要求，需要使用专门的洗涤剂和杀菌剂。

① 洗涤剂的要求。洗涤剂应当是渗透性强的，对有机物溶解性大，对洗涤物有很好的亲和力，可以乳化油脂，同时不易附着在瓶表面。容易完全溶于水中，而被水冲去。对设备无腐蚀、无毒、价廉。

目前洗液仍以烧碱为主。单纯用烧碱液的一般浓度为 2%～3.5%，碱液温度为 55～65℃，时间为 10～20min（烧碱浓度在 4% 以上或温度超过 77℃ 时，对玻璃瓶有损害）。在洗瓶过程中，工人应带胶皮手套，以防烧碱腐蚀皮肤。

目前大多数厂家在烧碱中加入其他碱作为混合洗液较为常见，如加入纯碱，以改进污染物的易洗去性；加入磷酸钠以改进硬水的结垢；避免使用过硬的水使洗出的瓶壁有结垢；加入葡萄糖酸钠以除去瓶口铁锈等。

② 洗涤过程。在瓶子进入洗瓶机前，必须先经人工挑选，将脏瓶、带圈瓶和有油迹的瓶子选出放入池中，先经特别洗涤后再进入洗瓶机。

进入洗瓶机的瓶子，一般经过以下操作过程：

a. 浸泡。先将瓶子浸泡，第一浸泡槽水温以在 35～45℃ 为宜，第二、三洗涤液浸泡槽一般温度在 65℃ 左右。

b. 喷淋。以大量的温水或洗涤液对瓶子内、外进行喷淋，将脏物带走。

c. 冲洗。经过洗涤剂洗涤后的瓶子，使用符合饮料用水标准的清洁水来进行冲洗，喷眼应保持水流畅通，维持一定的压力，以达到清洗的目的。

（3）消毒　将污水倒净，放入漂白粉消毒池中，浸泡 5min 以上，其有效氯浓度为200mg/kg。也可不用漂白粉水消毒而直接用 60℃水浸泡、冲洗。最后将瓶口向下倒置，去除水分。

（4）验瓶　已清洗过的瓶子在灌装前要经过检验，检出那些不清洁和有损坏、裂纹及瓶形不合要求的瓶子，一般采用肉眼检查方法，看是否有异物附着。空瓶检查是一项很重要的工作，要安排认真负责、眼力好、两眼视力在 0.7 以上的人员担任。

空瓶检查在传送带上进行，光线应充足，玻璃瓶在传送带上通过的速度，要调整到可以充分检查的程度。

肉眼检查是项很容易疲劳的工作，工作时间长，就会出现漏检；因此，检瓶人员连续工作一段时间后应换人。一般连续工作 40～60min。肉眼检查的速度每分钟不得超过 200～250 瓶。

（5）洗瓶中的其他问题　在洗瓶过程中，需每 0.5h 检查一次温度，每班需检测两次碱液，来确保浓度在需要范围之内。必要时需补充碱。

洗瓶一般是在洗瓶机中进行，但小厂使用半手工洗瓶机，要特别注意碱对皮肤的腐蚀。不要用手直接接触碱液。除应在接触时戴胶皮手套外，还应千万注意勿使碱液溅入眼中。

碱浸泡后的瓶，最好使用无菌水冲淋，即经过砂滤器和紫外线杀菌器的水，冲掉瓶内外的碱液。

2. 灌装

（1）灌装系统　指灌糖浆、灌碳酸水和封盖的组合。小型设备无论是手工式的或机械化的，都是有三个独立的机构完成。三个工序可以用手工传递，也可以用传送带连接。

灌装系统是装瓶线的心脏，它是保证产品质量的关键工序。通过灌装系统要完成碳酸饮料的主要质量要求，包括如下几个方面：

① 糖浆和水的正确比例。在两次灌装法中要求保证灌装糖浆量的准确和控制灌装高度。

② 达到预期的二氧化碳含气量。成品的含气量不仅由混合机所决定，灌装系统也是一个主要的决定因素。

③ 保持合理的灌装高度和一致的水平。饮料的灌装高度，除去两次灌装法中会影响糖浆和水的比例以外，还要考虑到其他因素。如太满则在温度升高时会由于饮料膨胀导致压力增加，容易漏气和破裂，太低则不适应市场要求。

④ 瓶子顶端空隙处应保持最低的空气含量。空气量多，会使饮料的香味易于发生氧化作用。

⑤ 保证产品的稳定。饮料中如存有空气、固体杂质或含气量过高，含气量过饱和，都会在灌装过程中造成喷涌，使灌装困难。

（2）灌装方式　目前常采用等压式灌装。等压式灌装是先往瓶中充气，使瓶内的气压与料液和上部气压相等，然后再进行灌装（见图2-1）。通往瓶中有三条通路，这三条通路的启闭是由等压灌装阀控制的，灌装阀在回转中通过装在环形导轨上的液阀关闭凸块及排气凸块，完成工艺要求的四个过程，即：充气反压；灌装回气；排除进气；排除料管余液。其工艺过程如下：

① 瓶口被橡胶垫圈密封，瓶开始摆动摆杆，当凸块拨动开闭板时，灌装阀上部的气阀打开，CO_2 经 A 管进入瓶内，使瓶内 CO_2 压力与料液上部 CO_2 压力相等（即等压）。

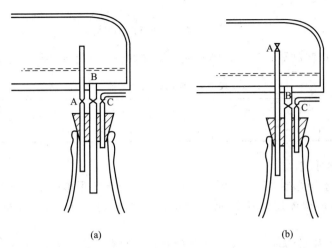

图 2-1 等压式灌装示意图 [(a)、(b) 阀门位置不同]

A—料液和上部气室相通的进气管；B—与料液相连的料管；C—与大气相通的排气管

② 由于瓶内 CO_2 产生的压力，自动打开 B 管的弹簧阀，依靠位能，料液通过 B 管流入瓶中，同时瓶内 CO_2 气经由 A 管返回到料液上部。当瓶内料液面上升至 A 管下端时，饮料堵住气体返回通道，剩余的气体则积存在瓶颈内，使液体和气体处于平衡状态，实现瓶内液体等高度定量。

③ 灌装阀被关闭时，打开排气管 C，使瓶内与大气相通，瓶内气体排出，泄出瓶中压力，使气管 A 和料管 B 阀门下端的余料液流入瓶中，完成整个灌装过程。

3. 压盖及喷码（贴标）

（1）压盖 灌装完毕后瓶子被送至压盖机。压盖机的作用是用压力把瓶盖压紧在瓶嘴锁环上。压盖要密封不漏气，又不能太紧而损坏瓶嘴，这样对盖子要求较严，一般采用的盖子称为皇冠盖。

压盖好坏与玻璃也有关，例如瓶高度、瓶口尺寸都影响压盖质量。

压盖前，首先应对瓶盖进行消毒。消毒方法是采用酒精擦洗、高压蒸汽灭菌或水蒸气熏蒸三种方法。第三种方法简便、有效，为常用的方法。熏蒸时间为 15～20min。应保持皇冠盖清洁，不变形。

（2）验瓶贴标 采用专用瓶子，灌装完、检验后就可立即装箱。但目前，就我国国内来看，主要是采用通用瓶，为了给产品一个标志，就需要贴商标。

贴标前，应将成品汽水在灯火下目视检验，有的厂子在检验前，使瓶子倒竖，进一步观察有无杂质和漏气现象。凡液位高度不够、有杂质、破嘴瓶、密封不严的，一律检出。

贴标一般都讲究美观、协调、牢固。贴商标所用的胶黏剂要具有优良的胶黏性，一般是高分子化合物，有天然胶黏剂和人造胶黏剂。多数厂子目前用动物性胶或合成树脂。

五、加工中的注意事项

碳酸饮料加工中，应注意以下几方面：

① 配方设计时的注意事项。各种碳酸饮料都有其独特的风味，配方是决定风味的关键。其核心是甜酸比。因此，配方的设计可决定碳酸饮料的质量。

甜酸比是指碳酸饮料中甜度与酸度之比。甜度指总甜度（按蔗糖计）；酸度指总酸度（按柠檬酸计）。其计算公式如下：

$$甜酸比 = \frac{甜度（按蔗糖计）}{酸度（按柠檬酸计）}$$

甜酸比越大，口味越甜；反之，则越酸。不同饮料其甜酸比不同，见表2-4。

表 2-4　碳酸饮料甜酸比

名称	柑橘	苹果	葡萄	菠萝	柠檬	山楂	草莓	香蕉
甜酸比	100~130	100~150	80~120	80~110	80~110	150~220	150~220	200~300

② 原辅料的预处理。

a. 配制25%苯甲酸钠溶液。用天平准确称取25g苯甲酸钠放入50mL的小烧杯中，加温水20mL，用玻璃棒搅拌使其充分溶解，将溶液转入100mL容量瓶中进行定量后备用。

b. 配制50%柠檬酸溶液。用天平准确称取50g柠檬酸，放入到100mL的小烧杯中，加温水50mL，用玻璃棒搅拌使其充分溶解，将溶液转入100mL容量瓶中进行定量后备用。

c. 加入的柑橘原汁应以干物质量计，若使用液体原果汁，需要按照干物质质量计算原果汁溶液的量再加入。

d. 配制10%日落黄色素溶液和0.5%胭脂红色素溶液。用天平准确称取10g日落黄放入50mL的小烧杯中，加温水20mL，用玻璃棒搅拌使其充分溶解，将溶液转入100mL容量瓶中进行定量后备用。用天平准确称取5g胭脂红色素放入50mL的小烧杯中，加温水20mL，用玻璃棒搅拌使其充分溶解，将溶液转入1000mL容量瓶中进行定量后备用。

③ 称量准确。

④ 配制溶液要使用蒸馏水或冷开水，尽可能不用金属器皿。

⑤ 用糖度表测定糖度的方法如下：

糖浆的浓度通常以百分浓度表示，即100g溶液中所溶解的砂糖的质量（g）。这种表示也称为白利度，简写为°Bx。糖浆的白利度可直接用糖度表测得，其测定方法为将糖液盛放于玻璃量筒中，使糖度表浮于糖液上，不要使糖度表与容器壁接触，糖液面在糖度表上所显示出的读数即为糖浆浓度。若测定碳酸饮料中糖的浓度时，必须使饮料中的二氧化碳气完全逸出，然后再测定。在读数时，检验人员的视线要与液面在同一平面上，读取弯月面最低点上的刻度读数。

测定的程序：a. 把糖液倒入量筒内，要静置片刻以使空气排出；b. 把糖度表轻轻放入糖液中，让其慢慢自然下沉达到液面，要留心不要使它沉到超过读数点，因为若糖度表的液面上部黏附糖液，会影响读数，所以不能把糖度表往下推后再使其自然上浮；c. 从糖度表读刻度数；d. 用温度计测温度；e. 按温度差查表校正（见表2-5）。

表 2-5　糖度、温度更正表（20℃）

温度 /℃	观察糖度/°Bx									
	1	2	3	4	5	6	7	8	9	10
	应　减　表　中　值									
0	0.34	0.38	0.41	0.45	0.49	0.52	0.55	0.59	0.62	0.65
5	0.38	0.40	0.43	0.47	0.49	0.51	0.52	0.54	0.56
10	0.33	0.34	0.36	0.37	0.38	0.39	0.40	0.41	0.42	0.43

温度 /℃	观察糖度/°Bx									
	1	2	3	4	5	6	7	8	9	10
	应 减 表 中 值									
11	0.32	0.33	0.33	0.34	0.35	0.36	0.37	0.38	0.39	0.40
12	0.30	0.30	0.31	0.31	0.32	0.33	0.34	0.34	0.35	0.36
13	0.27	0.27	0.28	0.28	0.29	0.30	0.30	0.31	0.31	0.32
14	0.24	0.24	0.24	0.25	0.26	0.27	0.27	0.28	0.28	0.29
15	0.20	0.20	0.20	0.21	0.22	0.22	0.23	0.23	0.24	0.24
16	0.17	0.17	0.18	0.18	0.18	0.18	0.19	0.19	0.20	0.20
17	0.13	0.13	0.14	0.14	0.14	0.14	0.14	0.15	0.15	0.15
18	0.09	0.09	0.10	0.10	0.10	0.10	0.10	0.10	0.10	0.10
19	0.05	0.05	0.05	0.05	0.05	0.05	0.05	0.05	0.05	0.05
	应 加 表 中 值									
21	0.04	0.04	0.05	0.05	0.05	0.05	0.05	0.06	0.06	0.06
22	0.10	0.10	0.10	0.10	0.10	0.10	0.10	0.11	0.11	0.11
23	0.16	0.16	0.16	0.16	0.16	0.16	0.16	0.17	0.17	0.17
24	0.21	0.21	0.22	0.22	0.22	0.22	0.22	0.23	0.23	0.23
25	0.27	0.27	0.28	0.28	0.28	0.28	0.29	0.29	0.30	0.30
26	0.33	0.33	0.34	0.34	0.34	0.34	0.35	0.35	0.36	0.36
27	0.40	0.40	0.41	0.41	0.41	0.41	0.41	0.42	0.42	0.42
28	0.46	0.46	0.47	0.47	0.47	0.47	0.48	0.48	0.49	0.49
29	0.54	0.54	0.55	0.55	0.55	0.55	0.55	0.56	0.56	0.56
30	0.61	0.61	0.62	0.62	0.62	0.62	0.62	0.63	0.63	0.63
31	0.69	0.69	0.70	0.70	0.70	0.70	0.70	0.71	0.71	0.71
32	0.76	0.77	0.77	0.78	0.78	0.78	0.78	0.79	0.79	0.79
33	0.84	0.85	0.85	0.85	0.85	0.85	0.86	0.86	0.86	0.86
34	0.91	0.92	0.92	0.93	0.93	0.93	0.93	0.94	0.94	0.94
35	0.99	1.00	1.00	1.01	1.01	1.01	1.01	1.02	1.02	1.02
36	1.07	1.08	1.08	1.09	1.09	1.09	1.09	1.10	1.10	1.10
37	1.15	1.16	1.16	1.17	1.17	1.17	1.17	1.18	1.18	1.18
38	1.25	1.25	1.26	1.26	1.27	1.27	1.28	1.29	1.29	1.30
39	1.34	1.34	1.35	1.35	1.36	1.36	1.37	1.38	1.38	1.38
40	1.43	1.43	1.44	1.44	1.45	1.45	1.46	1.46	1.47	1.47

温度 /℃	观察糖度/°Bx									
	11	12	13	14	15	16	17	18	19	20
应 减 表 中 值										
0	0.67	0.70	0.72	0.75	0.77	0.79	0.82	0.84	0.87	0.89
5	0.58	0.60	0.61	0.63	0.65	0.67	0.68	0.70	0.71	0.73
10	0.44	0.45	0.46	0.47	0.48	0.49	0.50	0.50	0.51	0.52
11	0.41	0.42	0.42	0.43	0.44	0.45	0.46	0.46	0.47	0.48
12	0.37	0.38	0.38	0.39	0.40	0.41	0.41	0.42	0.42	0.43
13	0.33	0.33	0.34	0.34	0.35	0.36	0.36	0.37	0.37	0.38
14	0.29	0.30	0.30	0.31	0.31	0.32	0.32	0.33	0.33	0.34
15	0.24	0.25	0.25	0.26	0.26	0.26	0.27	0.27	0.28	0.28
16	0.20	0.21	0.21	0.22	0.22	0.22	0.22	0.23	0.23	0.23
17	0.15	0.16	0.16	0.16	0.16	0.16	0.16	0.17	0.17	0.18
18	0.10	0.10	0.11	0.11	0.11	0.11	0.11	0.12	0.12	0.12
19	0.05	0.05	0.06	0.06	0.06	0.06	0.06	0.06	0.06	0.06
应 加 表 中 值										
21	0.06	0.06	0.06	0.06	0.06	0.06	0.06	0.06	0.06	0.06
22	0.11	0.11	0.12	0.12	0.12	0.12	0.12	0.12	0.12	0.12
23	0.17	0.17	0.17	0.17	0.17	0.17	0.18	0.18	0.19	0.19
24	0.23	0.23	0.24	0.24	0.24	0.24	0.25	0.25	0.26	0.26
25	0.30	0.30	0.31	0.31	0.31	0.31	0.31	0.32	0.32	0.32
26	0.36	0.36	0.37	0.37	0.37	0.38	0.38	0.39	0.40	0.40
27	0.42	0.42	0.43	0.44	0.44	0.44	0.45	0.45	0.46	0.46
28	0.49	0.50	0.50	0.51	0.51	0.52	0.52	0.53	0.53	0.54
29	0.57	0.57	0.58	0.58	0.59	0.59	0.62	0.60	0.61	0.61
30	0.64	0.64	0.65	0.65	0.66	0.66	0.67	0.67	0.68	0.68
31	0.72	0.72	0.73	0.73	0.74	0.74	0.75	0.75	0.76	0.76
32	0.80	0.80	0.81	0.81	0.82	0.83	0.83	0.84	0.84	0.85
33	0.87	0.88	0.88	0.89	0.90	0.91	0.91	0.92	0.92	0.93
34	0.95	0.96	0.96	0.97	0.98	0.99	1.00	1.00	1.01	1.02
35	1.03	1.04	1.05	1.05	1.06	1.07	1.08	1.08	1.09	1.10
36	1.11	1.12	1.13	1.13	1.14	1.15	1.16	1.16	1.17	1.18
37	1.19	1.20	1.21	1.21	1.22	1.23	1.24	1.24	1.25	1.26
38	1.31	1.32	1.32	1.33	1.33	1.34	1.35	1.35	1.36	1.36
39	1.39	1.40	1.41	1.41	1.42	1.43	1.44	1.44	1.45	1.45
40	1.48	1.49	1.50	1.50	1.51	1.52	1.53	1.53	1.54	1.54

⑥ 各种添加剂分别添加，边加边搅拌。但是，不能过分搅拌，以免混入过多的空气而影响碳酸化过程。

⑦ 染色适度。着色剂溶液最好现配现用。使用混合着色剂时，要用溶解性、浸透性、染着性等性质相近的着色剂。

⑧ 配料完毕后，即测定糖浆的浓度，其测定方法与测定原糖浆时相同。同时抽出少量糖浆加碳酸水，观察其色泽，评味，检查是否与标准样相符合。

⑨ 苯甲酸钠应在加酸前加入，否则该物质在酸性糖浆中会析出，很难再溶解。

⑩ 配制好的调和糖浆应立即进行装瓶，尤其是浑浊型原料，果糖浆贮存时间过长，会发生分层。装瓶时应经常对糖浆加以搅拌。

⑪ 安全使用二氧化碳。二氧化碳本身无毒，但空气中的二氧化碳过量也会影响人体健康。在碳酸饮料生产中使用二氧化碳时，由于其多用钢瓶贮存，压力较高，应严格防止其漏气或爆炸。使用和贮存时应注意以下几点：

a. 定期用肥皂水检查整个二氧化碳输送系统，严防漏气。

b. 贮存二氧化碳的钢瓶绝不可以与电弧、氧炔焰等接触，不可倒置；避免阳光直射或接近明火、热源等；保证良好通风。

c. 使用时应将钢瓶放稳，且慢慢开启阀门；并应对安全阀、压力表进行定期检查。使用完毕及时关紧阀门，严防二氧化碳渗漏。

d. 钢瓶专用，空瓶和实瓶要分别存放；特别实瓶贮存温度不可超过 30℃，并应直立。

e. 严防曝晒、严禁撞击、严防接近热源；搬运时用绳子捆紧，不能摇晃。

⑫ 碳酸化操作时的注意事项。碳酸化程度的好坏，对碳酸饮料质量影响很大，因此在碳酸化时应注意：

a. 确定充气量，根据不同品种的要求，确定并维持合理的充气量；

b. 碳酸化前，应排除混合罐中的空气，以防空气排斥大量的二氧化碳气体；

c. 控制搅拌速度，化糖或调配糖浆时，防止搅拌速度过快，以免混入大量空气；

d. 温度控制，保证冷却水的温度较低，并确保水的清洁；

e. 保证水或产品中无杂质；

f. 保证恒定的灌装压力。

此外，还应注意在整个生产过程中保持所有设备、容器、管道的清洁卫生，保证水质的安全卫生，以及包装时的容器、人员的卫生。

⑬ 一般工厂使用的糖浆其浓度在 50～67°Bx，通常用 1 份糖浆和 5 份碳酸水或 4 份碳酸水的配比来生产汽水。

第三节 生产中常见问题及防止方法

碳酸饮料生产中出现的质量问题是多种多样的，归纳起来有以下几种：杂质、没"压力"、成糊状、有辣味（异味）等。

一、存在杂质

汽水中杂质指肉眼可见，有一定形状的非化学反应产物。杂质一般不影响口味，但影响产品的商品价值。一般可区分为：不明显杂质、明显杂质和使人厌恶杂质。

① 不明显杂质。包括数量极少的和体积极小的灰尘、小白点、小黑点等。

② 明显杂质。包括数量较多的小体积杂质。

③ 使人厌恶杂质。包括刷毛、大片商标纸、草棍、苍蝇、蚊子及其他昆虫。

造成这些杂质的原因有以下几方面：

1. 瓶子或瓶盖不干净

洗瓶工序的目的除了得到洁净的空瓶外，还包括对瓶子进行内外杀菌。瓶子或瓶盖不干净时，会使汽水出现细微的浑浊和沉淀。若洗瓶用水硬度过高，水中镁离子和洗液中的碱发生作用会生成非常微细的沉淀物，附着在瓶子的内外表面，表现为有时洗完的瓶子表面有模糊的一层，即使最后充分冲洗也难除净。为防止此种情况出现，除对洗瓶用水进行软化处理外，还可在洗瓶中添加磷酸钠（用量为洗瓶剂的5%～20%）。

2. 砂糖

细微浑浊物的出现与使用的砂糖关系最大。由于砂糖中多少带有一些杂质或是遇到不符合标准的砂糖，由于砂糖中杂质的存在，使汽水产生沉淀。为保证质量，要求砂糖蔗糖含量≥99.6%，水分≤0.4%，嗜温性细菌＜2000个/100mg糖，无异味、杂味，对糖液必须进行严格过滤。

3. 原料水

水质引起汽水沉淀的重要原因如下：

① 水质硬度过高。所含钙离子、镁离子与柠檬酸起反应，生成难溶于水的盐类，从而产生白色、微细状沉淀，并且使风味变坏。

② 水中铜、铁等金属离子的存在。这些离子的含量若超过一定的限度，就会促使维生素和油脂（主要来自于香精）氧化而引起沉淀。同时，这些过量的金属离子本身被还原，而产生所谓的金属味（铁腥味）。

一般情况下，工厂在原料用水稳定的情况下，采用化学试剂软化、活性炭过滤等工艺是能够解决上述问题的。采用的原料用水以硬度不超过4°为最佳。

4. 香精

汽水生产中一般使用的是水溶性香精，其主要是以蒸馏水、乙醇、丙二醇为稀释剂调和香精而成。含香的主体物质是醇、酯、醛、酮、酚等，在阳光照射、温度变化、氧气等因素的影响下，会发生氧化、聚合、水解等化学变化，而改变产品风味，失去良好的风味。有时也会造成产品的浑浊或沉淀。

5. 其他

① 必须注意防腐剂和柠檬酸的投料顺序，配料时，应先加入防腐剂苯甲酸钠，待其充分溶解于糖液中后，再加入柠檬酸、浑浊剂、色素等其他物质的水溶液。否则，苯甲酸钠直接与酸性液体接触易转化成难溶于水的苯甲酸，形成絮状物沉淀。

② 碳酸饮料生产时一般采用的呈色物质是合成的食用色素。有的品种耐氧化性较差，当热、光及金属离子等存在时，易使其褪色并失去原有的色泽。

二、含气量不足

碳酸饮料含气量不足，一般是指"没劲"或"没气"，主要是二氧化碳的含量不足。由于二氧化碳溶于水后呈微酸性，有一定的灭菌作用；且其代替氧存在时，可抑制需氧微生物的生长与繁殖，有一定的防止变质的作用。所以二氧化碳含量低，还可造成一些汽水后来的变质，因此，必须认真对待。造成二氧化碳含量不足的主要原因如下：

① 二氧化碳不纯，特别是酒厂液体发酵回收的，未经分离、净化，杂质较多。

② 碳酸化时水温过高，混合的效果不好，或有空气混入。

③ 混合机有漏隙或管路漏气。

④ 压盖不严、不及时或瓶口和盖的大小不配套。

一旦二氧化碳含量不足时，应查明原因，及时找出解决的办法。

三、产生糊状物

有时生产出的汽水放置几天后，变成了乳白色胶体状态，形成糊状物。主要原因如下：

① 原料中糖的质量差，含有较多的蛋白质和胶体物质。

② 二氧化碳含量不足或空气混入过多，使一些好氧微生物生长繁殖。

③ 瓶子清洗不彻底，残留有细菌，细菌利用饮料中的营养繁殖而形成糊状物。

为防止这种现象，生产时应选用优质的白砂糖，洗瓶要彻底，充入的二氧化碳量要足。可避免饮料中出现糊状物。

四、有辣味

有的汽水甜味、香味不足，辣味有余，喝下去之后很快返气（打嗝）。主要是由于汽水原料的添加量不足，或减少糖浆的用量造成的。辣味主要是二氧化碳的味道。由于少料、无料，汽水的黏度低，二氧化碳向外逸出的阻力小，遇热分解得快。饮用后二氧化碳很快便从体内逸出，使人感觉有辣味。

解决的方法是注意添加足量的糖浆。

第四节　碳酸饮料质量标准

一、感官指标

1. 色泽
产品色泽应与品名相符，果汁、果味汽水应具有新鲜水果近似的色泽或习惯认可的颜色。可乐型汽水应有焦糖色泽或类似焦糖的色泽，其他汽水应有与品名相同的色泽，同一产品色泽一致，无变色现象。

2. 香气与滋味
具有本品应有的香气，柔和协调，酸甜适口，有清凉感，不得有异味。

3. 外观形态
果汁、果味汽水的清汁类，应澄清透明，不浑浊，不分层，无沉淀；其混汁类应具有一定浑浊度，均匀一致，不分层，允许有少量果肉沉淀；可乐汽水澄清透明，无沉淀。

4. 液面高度
液面与瓶口的距离 2～4cm。

5. 瓶盖
不漏气，不带锈。

6. 杂质
无肉眼可见外来的杂质。

二、理化指标

碳酸饮料理化指标见表 2-6。

表 2-6 碳酸饮料理化指标

项 目	果汁、果味型			可乐型	其他型
	高糖型	中糖型	低糖型		
可溶性固性物(20℃,折光法)	>10	6.5~9.9	4.0~6.4	>7.0	
糖精钠/(g/kg)	不含	<0.15	<0.15		
总糖(以单结晶柠檬酸计)/%	>0.12	>0.1	>0.06	0.08	<0.30
二氧化碳(15.5℃)/倍		>2.5		>3.0	>2.5
苯甲酸钠/(g/kg)		<0.2			
其他食品添加剂		GB 2760—1996			
砷(以 As 计)/(mg/kg)		<0.5			
铅(以 Pb 计)/(mg/kg)		<1.0			

三、微生物指标

① 细菌数<100 个/mL。

② 大肠杆菌总数<6 个/100mL。

③ 致病菌不得检出。

第五节　碳酸饮料加工技能综合实训

一、实训内容

【实训目的】

1. 本实训重点在于学会制备碳酸饮料的基本工艺流程，并且正确使用各种添加剂，同时注意投料顺序，要求进行分组对比实验（安排一组不按投料顺序进行配料实验），观察发生的现象并记录。

2. 写出书面实训报告。

【实训要求】

4~5 人为一小组，以小组为单位，从选择、购买原料及选用必要的加工机械设备开始，让学生掌握操作过程中的品质控制点，抓住关键操作步骤，利用各种原辅材料的特性及加工中的各种反应，使最终的产品质量达到应有的要求。

【材料设备与试剂】

（1）材料设备　天平、糖度表、量筒、烧杯、玻璃棒、移液管、容量瓶、锥形厚绒布滤袋、碳酸化仪器、饮料玻璃瓶、等压灌装机、压盖机。

（2）试剂　白砂糖、原果汁、苯甲酸钠、柠檬酸、糖精钠、香精、色素、浑浊剂、碳酸水。

【参考配方】

橘子碳酸饮料配方见表 2-7。

表 2-7　橘子碳酸饮料配方（每 1L）

原料名称	含量	配方用量	原料名称	含量	配方用量
白砂糖	10%	500g	橘子香精	0.15%	7.5g
柠檬酸	0.13%	6.5g	制作糖浆量		1L
柑橘原汁粉	2%	10g	每瓶注入调味糖浆量		50mL
苯甲酸钠	0.02%	1g	每组生产碳酸饮料数量		4瓶(250mL/瓶)
日落黄色素	0.002%	0.1g	调味糖浆每组使用量		200mL
胭脂红色素	0.0001%	0.005g	CO_2 含量		6g/L

【工艺流程示意图】

1. 一次灌装法流程示意图

饮用水→水处理→冷却→气水混合←CO_2

糖浆→调配→冷却→混合→灌装→密封→检验→成品饮料

容器→清洗→检验

2. 二次灌装法流程示意图

饮用水→水处理→冷却→气水混合←CO_2

糖浆→调配→冷却→灌浆→灌装→密封→混匀→检验→成品饮料

容器→清洗→检验

　　二次灌装法又称为现调式灌装法、预加糖浆法或后混合（post mix）法，是先将调味糖浆定量注入容器中，然后加入碳酸水至规定量，密封后再混合均匀。

【操作要点】

1. 洗瓶

　　将空瓶浸泡入 30～40℃ 清水内，然后放入 2%～3.5% 氢氧化钠溶液，在 55～65℃ 条件下保持 10～20min 浸泡处理，再放入 20～30℃ 清水内进行刷瓶、冲瓶、控水处理。

2. 原糖浆的制备

　　(1) 糖的溶解和糖液的配制　按照配方的要求精确称取白砂糖 500g，加水 409mL，搅拌使其充分溶解，制成 55°Bx 浓度的糖液（温度为 20℃）。

　　(2) 糖浆浓度的测定——糖度表或折光计测定　用糖度表测定糖浆的浓度，同时需要检测糖液温度，若糖液温度在 20℃ 以上，则加上校正系数；若在 20℃ 以下，则应减去校正系数（表 2-5）。

　　(3) 糖液的过滤　将配制的糖液通过锥形厚绒布滤袋（内加纸浆滤层），过滤澄清后备用。

3. 调味糖浆的制备

　　调和糖浆是指已经调配有各种添加剂、可供装瓶的糖浆（又称加香糖浆）。其调配过程为将所需的已过滤的原糖浆投入配料容器中（容器应为不锈钢材料，内装有搅拌器，并有体积刻度），当原糖浆加到一定体积刻度时，在不断搅拌下，将各种所需添加剂逐一加入。如果是固体添加剂则需经加水溶解后再加入。其加入顺序如下：

　　(1) 原糖浆　测定其浓度为 55°Bx，用量筒量取原糖浆 200mL。

　　(2) 苯甲酸钠　用移液管移取 4mL 浓度为 25% 的苯甲酸钠溶液，加入到原糖浆中。

　　(3) 酸溶液　用移液管移取 13mL 浓度为 50% 的柠檬酸溶液，加入到原糖浆中。

　　(4) 原果汁粉　加入 10g。

（5）香精　按说明书要求使用。

（6）色素　用移液管依次移取 1mL 浓度为 10% 的日落黄溶液和 1mL 浓度为 0.5% 的胭脂红色素溶液，加入到原糖浆中。

4. 灌浆

量取 50mL 调味糖浆加入到洗净的饮料瓶中备用。

5. 碳酸化及调和灌装

制作碳酸水，并且进行调和灌装。二次混合法将调和糖浆与碳酸水按照 1∶4 的比例进行灌装，加入 200mL 的碳酸水。

6. 密封

用手工压盖机压盖密封，应封闭密封，保证内容物的质量。

【注意事项】

参见第二节五。

二、实训质量标准

质量标准参考表列于表 2-8。

表 2-8　质量标准参考表

实训程序	工作内容	技能标准	相关知识	单项分值	满分值
一、准备工作	（一）清洁卫生	能发现并解决卫生问题	操作场所卫生要求	3	10
	（二）准备并检查工器具	(1)准备本次实训所需所有仪器和容器 (2)仪器和容器的清洗和控干 (3)检查设备运行是否正常	(1)本次实训内容整体了解和把握 (2)清洗方法 (3)不同设备操作常识	7	
二、备料	（一）砂糖的选择	按照要求等级选择	砂糖的质量标准	3	10
	（二）原果汁的选择	按配方要求选择相应类型的果汁粉或浓缩果汁	(1)果汁类型 (2)浓缩果汁干物质的量确定	3	
	（三）食品添加剂的选择	(1)能按照产品特点选择合适的食品添加剂 (2)能够对选择的食品添加剂进行预处理	(1)食品添加剂的使用卫生标准 (2)食品添加剂溶液的配制方法,定量的方法	4	
三、原糖浆的制备	（一）配料	能按产品配方计算砂糖和水的实际用量	计算原料的方法	10	30
	（二）溶糖	要求掌握 1～2 种溶糖方法	溶糖搅拌的注意事项	5	
	（三）糖度测定	(1)能正确使用糖度表或折光计 (2)能对糖度进行校正	(1)糖度表和折光计的使用方法 (2)糖度的校正方法	10	
	（四）糖浆过滤	能使用锥形厚绒布袋	过滤注意事项	5	
四、调味糖浆制备	（一）添加辅料	能根据配方确定经预处理辅料的加入量和加入顺序	(1)食品添加剂溶液加入量确定方法 (2)加入顺序对产品的影响	10	15
	（二）搅拌	能解决搅拌过程中出现的一般问题	搅拌的注意事项	5	
五、制碳酸水与调和灌装	调和灌装	(1)掌握碳酸水的制备方法 (2)会使用碳酸化设备	(1)CO_2 的制备技术 (2)碳酸化设备的使用方法以及注意事项	5 10	15

续表

实训程序	工作内容	技能标准	相关知识	单项分值	满分值
六、封盖	压盖密封	能使用压盖机对瓶装饮料压盖密封	压盖机的使用方法	5	5
七、实训报告	(一)实训内容	实训完毕能够写出实训具体的工艺操作	—	5	15
	(二)注意事项	能够对操作中应注意的问题进行分析比较	—	5	
	(三)结果讨论	能够对实训产品进行客观的分析、评价、探讨	—	5	

三、考核要点及参考评分

(一)考核内容

考核内容及参考评分见表 2-9。

表 2-9　考核内容及参考评分

考核内容	满分值	水平/分值		
		及格	中等	优秀
清洁卫生	3	1	2	3
准备并检查工器具	7	4	5	7
砂糖的选择	3	1	2	3
原果汁的选择	3	1	2	3
食品添加剂的选择	4	1	2	4
配料	10	7	8	10
溶糖	5	3	4	5
糖度测定	10	7	8	10
糖浆过滤	5	3	4	5
添加辅料	10	7	8	10
搅拌	5	3	4	5
CO_2 制备	5	3	4	5
使用碳酸化设备	10	7	8	10
压盖密封	5	3	4	5
实训内容	5	3	4	5
注意事项	5	3	4	5
结果讨论	5	3	4	5

(二)考核方式

实训地现场操作。

四、实训习题

1. 什么是糖度？如何表示？

答：糖浆的浓度通常以百分浓度表示，这种表示在饮料行业称之为白利糖度或白利度，简写为°Bx。用糖度表（或称锤度表）可以直接测定其百分浓度。此外，可以用相对密度、折射率换算成白利度。

① 密度　密度是单位体积物质的重量。一般情况下，温度高体积膨胀，单位体积内物质含量相对减少，即密度减小；当温度低时，体积收缩，单位体积内物质含量相对增加，密

度增大。各种不同浓度的糖浆，其密度不同，浓度越高，密度越大，反之则越小。生产配料时，不需很精确，温度影响可忽略不计。

② 浓度　浓度是指溶液中含溶质的质量分数，饮料所用的浓度单位有以下两种：

a. 白利度（也称糖锤度，°Bx）是我国及英国等其他国家通过检测含量的标度，是指含糖量的质量分数。

溶液的白利度 55°Bx 表示 100g 糖液含糖 55g，含水 45g。

60°Bx 表示 100g 糖液中含糖 60g，含水 40g。

白利度随温度而变化，在配制糖浆时一般以 20℃来计算。

b. 波美度　单位°Bé，它和白利度（糖锤度）的关系为：

$$波美度 \times 1.8 \approx 白利度$$

2. 测定糖度时为什么要同时测定其温度然后校正其测定的糖度？

答：一般液体浓度因温度不同而异。温度变化，则液体之容积亦随之发生变化。糖度表以 20℃为标准，检测之液温如在 20℃以上，则加上校正值；如在 20℃以下，则减去校正值。

3. 糖浆为什么要过滤？

答：如果生产中采用质量较差的砂糖，则会导致饮料产生絮状物、沉淀物，以致产生异味等，还会使装瓶时出现大量泡沫，影响产品质量。

4. 二氧化碳在碳酸饮料中起什么作用？

答：二氧化碳是碳酸饮料不可缺少的成分。二氧化碳在碳酸饮料中的主要作用是碳酸在人体内吸热分解，把体内热量带出来起到清凉作用；二氧化碳还能抑制好气性微生物的生长繁殖；当二氧化碳从汽水中逸出时，能带出香味，增强风味；另外，一种使人舒服的刹口感，也是由二氧化碳形成的。

5. 配制过程中物料加入顺序的原因是什么？

答：配料时，应先加入防腐剂苯甲酸钠，待其充分溶解于糖液中后，再加入柠檬酸、浑浊剂、色素等其他物质的水溶液。否则，苯甲酸钠直接与酸性液体接触易转化成难溶于水的苯甲酸，形成絮状物而沉淀。

6. 二次混合法制作碳酸饮料的特点是什么？

答：优点：加料机比调和机结构简单，管道有各自的系统，容易分别清洗；灌水机漏水时不损失糖浆。缺点：糖浆与混合机中出来的水温不一致，容易起泡沫；糖浆事先未被碳酸气饱和，必须提高碳酸水的含气量。

思 考 题

1. 写出一次灌装生产工艺、两次灌装生产工艺流程。
2. 写出果味糖浆配料顺序流程。
3. 影响碳酸化的主要因素有哪些？
4. 请简述等压式灌装的工艺过程。
5. 汽水瓶在洗涤后应达到哪些标准与要求？
6. 汽水中出现质量问题应采取何种解决方式？

第三章　果蔬汁加工技术

【学习目标】

1. 掌握果蔬澄清汁、果肉饮料的生产工艺、注意事项。
2. 理解果蔬汁在生产、贮运中的常见问题和预防措施。
3. 了解果蔬饮料的分类、营养价值及果蔬汁的主要质量指标。

第一节　概　　述

一、果蔬汁加工的意义

新鲜果品和蔬菜经挑选、分级、洗涤、压榨取汁或浸提取汁，再经过滤、装瓶、杀菌等工序制成的汁液称为果蔬汁，也称为"液体水果或蔬菜"。以果蔬汁为基料，添加糖、酸、香料和水等物料调配而成的汁液称为果蔬汁饮料。

由于果蔬汁富有最近似新鲜果蔬的风味和营养价值，素有"液体水果蔬菜"之称，现已成为风靡世界的营养饮料。我国拥有丰富的水果和蔬菜资源，很适宜发展果蔬饮料。

果蔬汁生产迅速发展，其原因在于果蔬汁生产和保藏技术的进步，以及果蔬汁加工设备和技术的进展。首先，果蔬汁的生产技术已达到很高的水平，如超滤技术、冷冻技术、反渗透浓缩技术、浑浊果汁稳定技术、高压提取芳香油技术、电渗析水处理技术、无菌包装技术、为提高出汁率的带式榨汁技术等，这些先进技术对果蔬汁的发展起着重要作用。生产工艺中的关键工序——过滤，已进入膜技术时代，如苹果澄清汁生产中膜超滤技术已在美国、德国得到应用。其次，果蔬汁的理论研究也不断深入，如酚类化合物对果蔬汁品质的影响，维生素C在工艺中的作用和变化，果胶物质、亲水胶体在现代果蔬汁生产中的地位和作用，果蔬汁的流变特性对工艺的影响，酶制剂的功效等研究都有了新的进展；存在于果蔬汁中参与人体生命进程、增加人体抗病能力的特殊物质已引起人们的重视；果蔬汁健体养颜强精的功效已被人们认识；果蔬汁已由单一原料向多种原料复合的方向发展，果蔬混合汁在营养和口感上相互取长补短，对人体消化系统具有"润滑油"作用；特别是果蔬乳酸发酵汁，对人体肠道具有"清洁"作用。目前在日本、美国等发达国家更加注意营养组合，如美国的复合蔬菜汁，日本及德国将苹果、葡萄、樱桃、橙子等与蔬菜混合制汁，预示着果蔬汁研究方向的重要变化。

二、果蔬汁的分类

目前，世界各国果蔬汁分类方法并不相同，其中欧洲各国大体相同，但与美国、日本等国的分类方法相差很大。我国果汁饮料的分类有许多方法，有的按加工方法进行分类，有的按原果汁的含量进行分类，有的按果品蔬菜的种类进行分类，现简述如下：

1. 按果蔬汁制品状态和加工工艺分类

果蔬汁可以分为人工配制果汁和天然果汁两大类。

（1）人工配制果汁　是用糖、柠檬酸、食用色素、食用香精和水模拟天然果汁的状态配制而成的制品。

（2）天然果汁　是以果品蔬菜为原料经过各种加工而制成的饮料。

天然果汁按制品的状态和加工工艺可分为：不浓缩果汁、浓缩果汁、果汁粉等几类。不浓缩果汁又称直接果汁，是从果蔬原料榨出的原果汁略加稀释或加糖调整及其他处理后的果汁。不浓缩果汁又可分为透明果汁和浑浊果汁两种。

① 透明果汁（澄清果汁）。在制作时经过澄清、过滤这一特殊工序，汁液澄清透明，无悬浮物，稳定性高。因果肉颗粒、树胶质、果胶质等被除去，故其风味、色泽和营养都因部分损失而变差。这种果汁常见的有苹果汁、葡萄汁、樱桃汁等。

② 浑浊果汁。制作时经过均质、脱气这一特殊工序，使果肉变为细小的胶粒状态悬浮于汁液中，汁液呈均匀浑浊状态。因汁液中保留有果肉的细小颗粒，故其色泽、风味和营养都保存得较好。习惯上常用甜橙、橘子、杏、李子、番茄、胡萝卜等制作浑浊果汁。

（3）浓缩果汁　是由原果汁浓缩而成，一般不加糖或用少量糖调整，使产品符合一定的规格，浓缩倍数有 4 倍、5 倍、6 倍等几种。其中含有较多的糖分和酸分，可溶性固形物含量可达 40％～60％。浓缩橙汁通常浓缩 4 倍，沙棘汁浓缩 5 倍，饮用时应稀释相应的倍数。浓缩果汁除饮用外，还可用来配制其他饮料。

（4）果汁粉　又称果汁型固体饮料。系用原果汁或浓缩果汁脱水而成，在加工过程中经过脱水干燥工序，含水量在 1％～3％，一般需加水冲溶后饮用，如山楂晶、橘子粉等。

2. 按原果汁的含量进行分类

（1）果蔬原汁　又称天然果蔬汁，是由新鲜果蔬直接提取得到的汁液（或原汁）。原汁分为果蔬澄清汁和果蔬浑浊汁两种。

（2）果蔬浓缩汁　经蒸发或冷冻或其他适当方法，使果蔬原汁浓度提高到 20°Bx 以上得到浓缩汁，不得加糖、色素、防腐剂、香料、乳化剂及人工甜味剂等添加剂。按其浓缩程度而称为：二倍浓缩汁、四倍浓缩汁、六倍浓缩汁。

（3）带肉果蔬汁　果蔬经过打浆、磨细、粗滤、加入适量的糖、水、柠檬酸等辅料调整，并经脱气、均质、灌装、杀菌而成。一般要求成品的原汁含量不少于 45％，糖度 13％，非可溶性固形物（很细的果肉层）20％以上，具有本品种果蔬汁特有的风味。适于生产带肉果蔬汁的品种有桃、苹果、杏、洋梨、香蕉、胡萝卜等。

（4）加糖果蔬汁　也称为果蔬汁糖浆，是由原汁或浓缩汁加入糖及柠檬酸，调整至总糖含量在 60％以上，总酸量 0.9％～2.5％（以柠檬酸计），加热溶解，过滤制成。任何品种的成品中原汁含量（质量计）应在 50％以上，不含色素、防腐剂、乳化剂及人工甜味剂。可以直接按倍数稀释后饮用，也可配制其他饮料。

（5）果蔬汁饮料　含新鲜原汁在 20％以下，6％以上，允许加入色素、防腐剂、乳化剂及香料的果蔬汁称之为饮料或软饮料，其添加剂的种类、添加量也应在规定的范围内。

3. 按国标分类（GB/T 31121—2014《果蔬汁类及其饮料》）

（1）果蔬汁（浆）　以水果或蔬菜为原料，采用物理方法（机械方法、水浸提等）制成的可发酵但未发酵的汁液、浆液制品；或在浓缩果蔬汁（浆）中加入其加工过程中除去的等量水分复原制成的汁液、浆液制品。可使用糖或酸味剂或食盐调整果蔬汁（浆）的口感，但不得同时使用糖和酸味剂调整果蔬汁（浆）的口感。可回添通过物理方法从同一种水果和（或）蔬菜中获得的香气物质和挥发性风味成分、纤维、囊胞（来源于柑橘属水果）、果粒、蔬菜粒。具有原水果果汁（浆）或蔬菜汁（浆）的色泽、风味和可溶性固形物含量。

① 原榨果汁（非复原果汁）　以水果为原料，采用机械方法直接制成的可发酵但未发酵的、未经浓缩的汁液制品。采用非热处理方式加工或巴氏杀菌制成的原榨果汁（非复原果

汁）可称为鲜榨果汁。

② 果汁（复原果汁） 在浓缩果汁中加入其加工过程中除去的等量水分复原而成的制品。

③ 蔬菜汁 以蔬菜为原料，采用物理方法制成的可发酵但未发酵的汁液制品，或在浓缩蔬菜汁中加入其加工过程中除去的等量水分复原而成的制品。

④ 果浆/蔬菜浆 以水果或蔬菜为原料，采用物理方法制成的可发酵但未发酵的浆液制品，或在浓缩果浆或浓缩蔬菜浆中加入其加工过程中除去的等量水分复原而成的制品。

⑤ 复合果蔬汁（浆） 含有不少于两种果汁（浆）或蔬菜汁（浆）的制品。

（2）浓缩果蔬汁（浆） 以水果或蔬菜为原料，从采用物理方法制取的果汁（浆）或蔬菜汁（浆）中除去一定量的水分制成的、加入其加工过程中除去的等量水分复原后具有果汁（浆）或蔬菜汁（浆）应有特征的制品。可回添香气物质和挥发性风味成分，但这些物质或成分的获取必须通过物理方法，且只能来源于同一种水果和（或）蔬菜。可添加通过物理方法从同一种水果和（或蔬菜）中获得的纤维、囊胞（来源于柑橘属水果）、果粒、蔬菜粒。含有不少于两种浓缩果汁（浆）或浓缩蔬菜汁（浆）的制品为浓缩复合果蔬汁（浆）。

（3）果蔬汁（浆）类饮料 以果蔬汁（浆）、浓缩果蔬汁（浆）、水为原料，添加或不添加其他食品原辅料和（或）食品添加剂，经加工制成的制品。可添加通过物理方法从水果和（或）蔬菜中获得的纤维、囊胞（来源于柑橘属水果）、果粒、蔬菜粒。

① 果蔬汁饮料 以果汁（浆）、浓缩果汁（浆）或蔬菜汁（浆）、浓缩蔬菜汁（浆）、水为原料，添加或不添加其他食品原辅料和（或）食品添加剂，经加工制成的制品。

② 果肉（浆）饮料 以果浆、浓缩果浆、水为原料，添加或不添加果汁、浓缩果汁、其他食品原辅料和（或）食品添加剂，经加工制成的制品。

③ 复合果蔬汁饮料 以不少于两种果汁（浆）、浓缩果汁（浆）、蔬菜汁（浆）、浓缩蔬菜汁（浆）、水为原料，添加或不添加其他食品原辅料和（或）食品添加剂，经加工制成的制品。

④ 果蔬汁饮料浓浆 以果汁（浆）、蔬菜汁（浆）、浓缩果汁（浆）或浓缩蔬菜汁（浆）中的一种或几种、水为原料，添加或不添加其他食品原辅料和（或）食品添加剂，经加工制成的，按一定比例用水稀释后方可饮用的制品。

⑤ 发酵果蔬汁饮料 以水果（或蔬菜）、果蔬汁（浆）或浓缩果蔬汁（浆）经发酵后制成的汁液、水为原料，添加或不添加其他食品原辅料和（或）食品添加剂的制品。如苹果、橙、山楂、枣等经发酵后制成的饮料。

⑥ 水果饮料 以果汁（浆）、浓缩果汁（浆）、水为原料，添加或不添加其他食品原辅料和（或）食品添加剂，经加工制成的果汁含量较低的制品。

第二节 果蔬汁加工工艺

世界各国生产的果蔬汁以柑橘汁、菠萝汁、苹果汁、葡萄汁、胡萝卜汁和浆果类果汁为多。我国生产的果蔬汁有柑橘汁、菠萝汁、苹果汁、葡萄汁、番石榴汁等。果蔬汁生产的基本原理和过程大致相同。其生产的一般流程如下：

原料选择→洗涤→预处理→取汁→粗滤→原果汁→
- 澄清、过滤→调配→杀菌→装瓶（澄清果汁）
- 均质、脱气→调配→杀菌→装瓶（浑浊果汁）
- 浓缩→调配→装罐→杀菌（浓缩果汁）
- 浓缩→脱水干燥→粉碎（果汁粉）

一、原料预处理

原料预处理包括原料选择、洗果和检果等工序，是果汁生产的基础工序，是保证果汁生产质量的重要环节。

1. 原料的选择

选择优质的制汁原料，是果蔬汁生产的重要环节。

（1）选择制汁果实的质量要求

① 果蔬原料的新鲜度。果实的新鲜度是影响果蔬汁风味的重要因素，加工用的原料越新鲜完整，成品的品质就越好。采摘存放时间太长的果蔬由于水分蒸发损失，新鲜度降低，酸度降低，糖分升高，维生素损失较大。另外，果蔬堆放时间长，品温升高，易腐烂变质。因此，果蔬汁加工应以新鲜果蔬为原料。

② 果蔬原料的品质。选用汁液丰富、提取果蔬汁容易、糖分含量高、香味浓郁的果蔬是保证出汁率和风味的另一重要因素。

③ 果蔬的成熟度。果蔬的成熟度对果实的汁液含量、可溶性固形物含量及芳香物含量都有影响，果蔬汁加工要求成熟度在九成左右，酸低糖高，榨汁容易。

（2）适宜于加工果蔬汁的原料种类　大部分果品及部分蔬菜适合于制汁，如苹果、葡萄、菠萝、柑橘、柠檬、葡萄柚、杨梅、桃、山楂、番石榴、猕猴桃、番茄、胡萝卜、芹菜、菠菜以及野生果品沙棘、刺梨、醋栗、酸枣等均能用来制取果蔬汁。

2. 原料的洗涤

榨汁前原料首先要充分清洗干净，并除去腐烂发霉部分，洗涤一般采用浸泡洗涤、鼓泡清洗、喷水冲洗或化学溶液清洗。采用鼓泡清洗、喷水冲洗和化学溶液清洗的方式，一般用 0.5%～1.0% 的稀酸溶液、0.5%～1.0% 的稀碱溶液或 0.1%～0.2% 的洗涤剂处理后再用清水洗净，洗涤效果较佳。某些原料还需要用漂白粉或高锰酸钾等杀菌剂进行消毒处理。果实原料的洗涤方法，可根据原料的性质、形状来选择设备。

3. 检果

洗涤之后由专人将病虫果、未成熟果实和受机械损伤的果实剔除，以确保产品质量。

二、果蔬原料取汁前的预处理

含果汁丰富的果实，大都采用压榨法提取果汁；含汁液较少的果实，如山楂等可采用浸提的方法提取汁液。为了提高出汁率和果蔬汁的质量，取汁前通常要进行破碎、加热和加酶等预处理。某些果蔬原料根据要求还要进行去梗、去核、去籽或去皮等工作。

1. 原料的破碎

除了柑橘类果汁和带肉果汁外，一般在榨汁前都先进行破碎，组成破碎-压榨工序，以提高原料的出汁率。

（1）破碎程度　果蔬的破碎程度直接影响出汁率，要根据果蔬种类、取汁方式、设备、汁液的性质和要求选择合适的破碎度。如果破碎的果块太大，榨汁时汁液流速慢，降低了出汁率；破碎粒度太小，在压榨时外层的果汁很快被榨出，形成了一层厚皮，使内层果汁流出困难，也会影响汁液流出的速度，降低出汁率，同时汁液中的悬浮物较多，不易澄清。苹果、梨、菠萝、芒果、番石榴以及某些蔬菜，其破碎粒度以 3～5mm 为宜；草莓和葡萄以 2～3mm 为宜；樱桃为 5mm。对于葡萄、草莓等浆果可选用桨叶型破碎机，使破碎与粗滤一起完成；对于肉厚且致密的苹果、梨、桃等，可选用锤碎机、辊式破碎机；生产带果肉果蔬汁时可选择磨碎机等；对于桃和杏等水果，可以用磨碎机将果实磨成浆状，并将果核、果皮除掉；许多种类的蔬菜，如番茄可采用打浆机加工成碎末状再行取汁，打浆机是由带筛眼的圆筒体及打浆器构成的，原料进入打浆机内，由于打浆器的浆或刷子的旋转，使果肉浆从筛眼中渗出，而种子、皮、核从出渣口中出去，筛眼的大小可根据产品要求调节。对于山楂果汁，按工艺要求，宜压不宜碎，可以选用挤压式破碎机，将果实压裂而不使果肉分离成细粒时最合适；对葡萄等浆果也可选用挤压式破碎机，通过调节辊距大小，使果实破裂而不损伤种子。果实在破碎时常喷入适量的氯化钠及维生素 C 配成的抗氧化剂，防止或减少氧化作用的发生，以保持果蔬汁的色泽和营养。

（2）破碎方式的选择　按破碎的原料是否加热，可将破碎分为冷破碎和热破碎。

① 冷破碎是在常温下进行的，由于果蔬中果胶酯酶和半乳糖醛酸酶等果胶分解酶的活性较强，在短时间内就能降解果胶，从而使果蔬汁稠度降低。实验表明，冷破碎的番茄浆放置 5min，盐酸可溶解性果胶明显减少，接着水溶性果胶也显著减少。对于澄清汁型的果蔬，采用冷破碎具有明显的优越性。由于果蔬汁的黏稠性较热破碎低，因此有利于榨汁，同时更有利于过滤、澄清等操作，可以降低果蔬汁澄清所需的酶制剂的用量。

② 热破碎是在破碎前用热水或蒸汽将果蔬加热，然后进行破碎。目前的热破碎大多是在破碎后立即将破碎物或浆体加热的。例如高稠度番茄汁的制造，是在番茄破碎成流动性的浆状液后立即用连续式预热器加热至 85~87℃，保持 5~10s。由于加热抑制了引起稠度降低的酶的活性，用这种方法得到的番茄汁较冷破碎有较高的稠度，在饮用时倒入容器内不会出现浆汁分离现象。对于果蔬浆等的生产，为了保留较多果胶，使果胶浑浊汁或果肉汁保持一定的黏稠度，增加浑浊汁的稳定性，采用热破碎方式是比较理想的。

2. 榨汁前预处理

预处理的目的是改变果蔬细胞通透性，软化果肉，破坏果胶质，降低黏度，提高出汁率。果蔬品种不同，采用的预处理方式也不相同，一般有以下两种处理方法：

（1）加热处理　由于在破碎过程中和破碎以后果蔬中的酶被释放，活性大大增加，特别是多酚氧化酶会引起果蔬汁色泽的变化，对果蔬汁加工极为不利。加热可以抑制酶的活性，使果肉组织软化，使细胞原生质中的蛋白质凝固，改变细胞膜的半透性，使细胞中可溶解性物质容易向外扩散，有利于果蔬中可溶性固形物、色素的提取。适度加热可以使胶体物质发生凝聚，使果胶水解，降低液汁的黏度，从而提高出汁率。

果胶含量较低的水果原料，特别是多酚类物质含量较低的果浆可以加热，例如红色葡萄、红色西洋樱桃、番茄、李子等果蔬，在破碎之后需进行加热处理。一般热处理条件为温度 70~75℃，时间 10~15min。也可采用管式热交换器进行间接加热。

（2）加果胶酶处理　果胶含量少的果实容易取汁，而果胶含量高的果实如苹果、樱桃、猕猴桃等黏性较大，榨汁困难。果胶酶可以有效地分解果肉组织中的果胶物质，使汁液黏度降低，容易榨汁过滤，缩短积压时间，提高出汁率。因此，在榨汁前有时需要在果浆中添加果胶酶，对果蔬浆进行酶解。

添加果胶酶制剂时，要使之与果肉均匀分布在果浆中；也可以用水或果汁将酶配成 1%~10% 的酶液，用计量泵按需要量加入。酶处理时要合理控制加酶量、酶解时间与温度。果胶酶制剂的添加量一般按果蔬浆质量的 0.01%~0.03% 加入，酶反应的最佳温度为 45~50℃，反应时间 2~3h。若酶量不足或时间过短则达不到目的，反之分解过度；保持作用时的温度不仅影响分解速度，而且影响产品质量。例如用以黑曲霉为培养基的果胶酶处理破碎后的苹果果肉，用量 2.1%（活性不低于 70%）37℃/2~4h 效果较好，可提高出汁率 10% 左右，而不影响质量；若延长时间则会因醇和酸含量的增加而降低成品质量。为了防止酶处理阶段的过分氧化，通常将热处理和酶处理相结合。简便的方法是将果浆在 90～95℃下进行杀菌，然后冷却到 40～50℃时再用酶处理。果胶酶对出汁率的影响如图 3-1 所示。

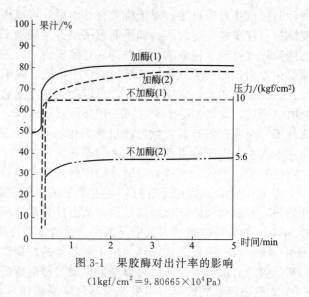

图 3-1　果胶酶对出汁率的影响
$(1kgf/cm^2 = 9.80665 \times 10^4 Pa)$

三、取汁

在预处理过程中通过破碎、加热的操作，破坏了原生质的生理功能，使果蔬细胞中的汁液及可溶性物质渗透到细胞外面。生产上一般采用压榨取汁。对于果汁含量少、取汁困难的原料，可采用浸提法取汁。

1. 压榨法

利用外部的机械挤压力，将果蔬汁从果蔬或果蔬浆中挤出的过程称为压榨。对于大多数果实，通过破碎就可榨取果汁，但有些水果，如柑橘类果实和石榴果实等都有一层很厚的外皮，榨汁时外皮中的不良风味物质和色素物质会一起进入到果汁中；同时柑橘类果实外皮中的精油含有极容易变化的苎萜，容易生成萜品物质而产生萜品臭，果皮、果肉皮及种子中存在柚皮苷和柠檬碱等导致苦味的化合物，为了避免上述物质进入果汁中，这类果实不宜采用破碎压榨法取汁，应该采用特殊榨汁方法取汁。石榴皮中含有大量单宁物质，故应先去皮后进行榨汁。

（1）榨汁机　榨汁机的种类很多，主要有杠杆式压榨机、螺旋式压榨机、液压式压榨机、带式压榨机、切半锥汁机、柑橘榨汁机、离心分离式榨汁机、控制式压榨机、布朗 400 型榨汁机等。目前国际流行的榨汁机主要有以下几种：

① 液压式压榨机。适合多种果蔬的榨汁，并能达到固液分离的要求。在压榨室内装入果蔬浆，当压榨头工作时，挤压浆料，汁液通过滤网和滤板进入贮汁槽。压榨结束后，卸渣油缸工作，开始出渣，完成一个压榨循环。滤板孔径一般为 50 目筛左右，生产能力最大可达 2t/h 浆料。可用于仁果类（苹果、梨）、核果类（樱桃、桃、杏、梨）、浆果类（葡萄、草莓）、某些热带水果（菠萝、芒果）和蔬菜类（胡萝卜、芹菜、白菜）等的榨汁。出汁率达 82%～84%。

液压式压榨机的缺点是：榨汁过程是间歇式的，而且榨出的浑浊汁在贮藏过程中易产生褐变，因而适合于果蔬澄清汁的生产。

② 带式榨汁机。带式榨汁机是连续式的榨汁设备，可连续出汁和出渣，自动化程度高，出汁率高；结构紧凑，占地面积小；设备投资少，动力消耗低；但因敞开式压榨作业，果汁易氧化，卫生状况也较差。

③ 离心式压榨机。离心式压榨机是利用离心力的原理使果汁与果肉分离的。在离心力的作用下，果汁从锥形转鼓的筛孔中甩出，流至出汁口，果渣从出渣口排出，出汁率（苹果）67%左右。这种榨汁机自动化程度高，工作效率高，常用于预排汁作业。

④ 卧式螺旋沉降离心机。简称卧螺，又称滗析器，也被用作预排汁操作。该机榨汁时间短，可以减少果蔬汁的酶褐变反应，还可以减少果汁中的淀粉含量；但其缺点是噪声大。

⑤ 柑橘榨汁机。对于柑橘类果实，榨汁是为了避免存在于囊瓣、脉络组织和海绵层中的苦味物质进入果汁中，常采用切半锥汁机和全果榨汁机。切半锥汁机由锥汁头、锥碗、锥

碗转鼓、倾斜进料槽、刀架、切刀、挡板、挡汁板、接汁槽、出渣口等组成，其工作原理如图 3-2 所示。

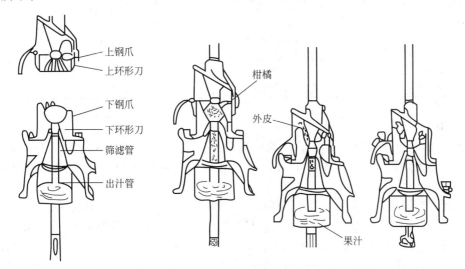

上钢爪
上环形刀
下钢爪
下环形刀
筛滤管
出汁管
柑橘
外皮
果汁

图 3-2　柑橘榨汁机

柑橘进入摆动的倾斜进料槽，在前后两块挡板作用下，沿斜槽进入刀架的托叉处，被锥碗转鼓托起，同时被固定的切刀切分为两半，分别倾向两侧的锥碗中，当转到一定位置时，由凸轮控制并做旋转的锥汁头压入锥碗，锥汁头迅速退出，被锥出的果汁经接汁槽流出。果皮由锥碗转鼓带至机架下输出。

在榨汁过程中，由于造成果汁不良风味的柑橘皮和种子被分离出来，而且是在管内与大气隔绝的状态下榨汁的，因此能保持柑橘的香气成分，果汁黏性小。榨汁机的后过滤器及其输送管道是封闭式的，因此卫生条件较好，可保证果汁的质量。一个工人可操纵 20 多台榨汁机，可以节省劳力。

（2）果实的出汁率　果实的出汁率取决于果实的质地、品种、成熟度、新鲜度、加工季节、榨汁机的效能、压榨饼的孔隙度、挤压力、积压速度、果蔬破碎程度、挤压层厚度等因素。研究表明，在一定的压力范围内，出汁率与压榨力成正比，增加压力可以提高出汁率。但过高的压力会使出汁速度变慢，对出汁率并无明显影响。果蔬压榨取汁的最佳压力范围为 $1.0 \sim 2.0$MPa。果蔬浆渣的挤压层厚度越大，出汁阻力越大，排汁时间越长。为此在保证生产能力和经济性的原则下，应尽可能减少料层厚度，以缩短排汁时间。此外，果蔬种类和品质对出汁率也有很大影响。一般以浆果类出汁率最高，柑橘类和仁果类略低。常见果蔬种类出汁率见表 3-1。

表 3-1　常见果蔬种类出汁率参考表

原料名称	取汁方法	出汁率/%
湖南黄皮柑	螺旋压榨法	42.6（以原汁计）
四川红柑	螺旋压榨法	50.7（以原汁计）
湖南广柑	螺旋压榨法	47.4（以原汁计）
	切半锥汁法	45.8（以原汁计）
四川广柑	螺旋压榨法	46.8（以原汁计）
	切半锥汁法	47.8（以原汁计）
蕉柑	打浆机取汁法	50~55（以原汁计）
温州蜜柑	螺旋压榨法	58~60（以原汁计）
		75~80（以果肉计）

续表

原料名称	取汁方法	出汁率/%
菠萝	螺旋压榨法	50～60(以果芯计)
苹果	破碎压榨取汁法	70～80(以原汁计)
葡萄	破碎压榨取汁法	70～80(以原汁计)
番茄	破碎压榨取汁法	≥80(以不齐整后果料计)
厦门文旦柚	果肉破碎后螺旋压榨	55～56(以果肉计)
广西酸柚	果肉破碎后螺旋压榨	50(以果肉计)

2. 浸提法

山楂、酸枣、梅子等含水量少、难以用压榨法取汁的果蔬需要用浸提法取汁，对于苹果、梨等通常用压榨法取汁的水果，为了减少果渣中有效物质的含量，有时也用浸提法。

（1）浸提法原理 浸提法通常是将破碎的果蔬原料浸于水中，由于果蔬细胞中的可溶性固形物含量与浸汁（溶剂）之间存在浓度差，果蔬细胞中的可溶性固形物就要透过细胞进入浸汁中。根据斐克（Fick）扩散定律，通过浸汁从果蔬中扩散的可溶性固形物的量为 S，与浸提时的浓度差 c_0-c、浸提时间 t 和浸提面积 A 成正比，与扩散途径（果肉厚度）x 成反比。用公式表示为：

$$S=D\times A(c_0-c)t/x$$

式中，D 为扩散系数，表示单位浓度差时，通过单位面积和单位距离，在单位时间内所扩散的可溶性物质的量。

浸提效果具体表现在出汁量和汁液中可溶性固形物的含量两个指标。浸提率与出汁率是不同的。浸提率是单位质量的果蔬原料被浸出的可溶性固形物的量与单位质量果蔬中所含可溶性固形物的比值，用公式表示为：

$$浸提率=\frac{单位质量果蔬中被浸出的可溶性固形物量}{单位质量果蔬中的可溶性固形物量}\times100\%$$

$$=\frac{浸汁浓度\times浸汁质量}{果蔬可溶性固形含量\times果蔬质量}\times100\%$$

出汁率即为浸汁质量占浸提果蔬质量的百分数。出汁率与浸提时的加水量有关，加水量多，出汁率亦多，但汁液中的可溶性固形物含量就会降低。为了提高浸提率，在浸提时间一定的条件下，出汁量和浸提汁浓度这两个指标应有一个合理和实用的范围。果蔬浸提汁不是果蔬原汁，是果蔬原汁和水的混合物，即加水的果蔬原汁，这是浸提与压榨取汁的根本区别。

浸提时的加水量直接表现为出汁量的多少。浸提时依据浸汁的用途，确定浸汁的可溶性固形物的含量，从而控制合理的出汁率的范围。对于制作浓缩果蔬汁，浸汁的可溶性固形物含量高，出汁率就不会太低，因而加水量要合理控制。以山楂为例，浸提时果蔬与水的质量比一般以 1∶（2.0～2.5）为宜，一次浸提后，浸汁的可溶性固形物的浓度为 4.5～6.0°Bx，出汁率为 180%～230%。

浸提温度除了影响出汁率外，还影响到果蔬汁的质量。高温可以增加分子运动的动能，提高扩散速度，有利于出汁，同时也抑制微生物的生长繁殖。但高温会影响到果蔬汁的色泽和营养等，因而，浸提温度一般选择 60～80℃，最佳温度 70～75℃。浸提时间越长，可溶性固形物的浸提就越充分，但时间过长，浸提速率变慢，能量消耗大，而且，时间过长可能引起微生物的繁殖。一般情况下，一次浸提时间为 1.5～2.0h。

果实压裂后，果肉表面积增大，与水接触机会增加，扩散距离变小，有利于可溶性固形物的浸提。因此，果蔬在浸提时，常用破碎机压裂或用破碎机适当破碎。但破碎过度，反而不利于浸提，而且浸汁中含有果肉碎屑，不利于浆渣分离，因此，要合理掌握。

出汁率、浸提时间和温度、果实压裂程度，是影响果蔬浸提的四个重要因素。这些因素是相互关联、相互制约的，应该根据浸汁的用途和对浸提质量的要求，制定正确的工艺条件，以获得较为理想的浸提效果。

(2) 浸提方法　果蔬浸提取汁主要有一次浸提和多次浸提等方法。

① 一次浸提法。浸提过程一般是在浸提容器内进行的，浸提容器可以是一密封的罐，也可以是敞开的容器。料水装量一般是容器容量的 80%～85%。浸提时可以根据容器的容量，按料水比 1:(2.0～2.5) 的比例，放入所需要的 90～95℃温水，再加入相应的被破碎的果蔬原料，略加搅拌，浸提 1.5～2.0h 或 6～8h，放出果汁，果汁经过滤和澄清作为原料汁使用，滤渣不再浸提取汁。一次浸汁的可溶性固形物含量一般为 4.5～6.0°Bx，果汁中的果胶含量低，透明度高，色泽和风味均佳，但一次浸提的果渣可用作加工原料，生产其他副产品以进行综合利用。

② 多次浸提法。一次浸提后的果蔬渣中，含有较多的糖、酸、果胶和维生素 C 等营养成分。对专一的果蔬汁加工厂，果渣是废弃物，因此，应充分提取果蔬中的有效成分，将果渣利用至尽，以提高果蔬原料的利用率。多次浸提法，是对分离果汁后的果渣依次用相同方法再行浸提，然后将各次浸提后的汁液混合，经过过滤、澄清，作为原料汁使用。例如将压碎的果蔬放入其 2 倍质量的沸水中，浸提 1.5～5h 后分离，得到第一次浸汁，在分离出的果渣中再放入其 2 倍质量的沸水，按以上方法再次浸提。一般新鲜果蔬可以浸提 3～4 次，干果原料可以浸提 7～8 次。多次浸提法的浸提率高，果蔬中各种成分的提取比较彻底，果渣中残留的营养成分含量低，利用价值不大，可以废弃。多次浸提得到混合汁，可溶性固形物含量低，浓缩时耗能大，果汁中维生素 C 损失较多，芳香物质的损失也较严重。因此，多次浸提的各次浸汁可根据用途分别使用，以提高经济效益。

生产上还常用逆流式浸提工艺进行多次浸提，即除了最后一次浸提的渣子用清水浸提外，新鲜果蔬或果渣都使用前一次渣子的浸汁进行浸提。例如，将 4 个浸提罐连成一组，在浸提过程中各保持一定的温度。浸提时分别在 4 个浸提罐内放入一定量的果蔬浆，然后在第一个罐内加入一定量的浸提水，并不断搅拌，经过一定时间后，将浸提液转入第二个浸提罐进行浸提，以此类推。最后由第四个浸提罐出汁。而第四个浸提罐在第一次出汁后，重新添加浸提水，按上述方法进行逆流浸提，如此反复 3～4 次后出渣。而后填充新的果蔬原料进行第二个浸提周期。这样就能把果渣中的有效成分充分浸提出来，而果汁的可溶性固形物含量很高。4 次逆流浸提后，浸汁的浓度可达 8～10°Bx，对于浓缩果汁的生产极为有利。逆流浸提过程如图 3-3 所示。

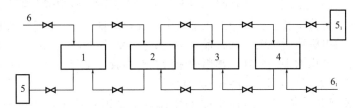

图 3-3　逆流浸提工艺流程示意图

1～4—浸提罐；5,5₁—浸提液接收罐；6,6₁—浸提水进入管道

3. 榨汁或浸提

果肉破碎后，应尽快进行榨汁。未经压榨而流出的果蔬汁称为自流汁。经过压榨而流出的果蔬汁称为压榨果蔬汁。榨汁通常分为冷榨法和热榨法。冷榨法是在常温下对破碎的果肉进行压榨取汁，其工艺简单，出汁率低。热榨法是对破碎的原料即刻进行热处理，温度为

60～70℃，并在加热条件下进行榨汁，提高了出汁率。

为避免柑橘类果实外皮中的精油及种子中的柚皮苷、柠檬碱混入产生臭味和苦味，应去掉外皮和种子后再进行压榨。一般以浆果类出汁率最高，柑橘和仁果类略低。

影响出汁率的因素：果实质地、品种、成熟度、新鲜度、挤压时间、压力。常用的压榨设备有锥形榨汁机（外皮较厚的柑橘类）、连续提汁机、离心分离式榨汁机。

对于含汁量较少的果实，可加水浸提。例如山楂提汁时，将山楂剔除霉烂果，用清水洗净后破碎，加水加热至 85～90℃后，浸泡 24h，滤出浸提汁。

四、粗滤

粗滤或称筛滤。对于浑浊果蔬汁要求保存色粒以获得色泽、风味和香气特性的前提下，除去分散在果蔬汁中的粗大颗粒或悬浮颗粒。对于透明果汁，粗滤以后还需精滤，务必除去全部悬浮颗粒。

破碎压榨出的新鲜果蔬汁中含有的悬浮物的类型和数量，因榨汁方法和果实组织结构的不同而不同。粗大的悬浮力来自果汁细胞本身的细胞壁，尤其有一部分是来自种子、果皮和其他非食用器官的颗粒，这不仅影响到果汁的外观状态和风味，也会使果蔬汁很快发生变质。柑橘类果实新鲜榨出液中的悬浮粒，含有柚皮苷和柠檬碱等不良风味物质，对这些物质可先借低温使之沉淀而除去。

生产上粗滤常安排在榨汁的同时进行，也可在榨汁后独立操作。如果榨汁机设有固定分离筛或离心分离装置时，榨汁与粗滤可在同一台机械上完成。单独进行粗滤的设备为筛滤机，如水平筛、回转筛、圆筒筛、振动筛等，此类粗滤设备的滤孔大小约为 0.5mm 左右。此外，框板式压滤机也可以用于粗滤。

五、各种果蔬汁制造的特殊工序

通过破碎、压榨、粗滤即可得到果蔬原汁，利用果蔬原汁可以制作澄清果蔬汁、浑浊果蔬汁、浓缩果蔬汁、果蔬汁粉等多种类型的果蔬汁产品。由于各种果蔬汁所要求的形态不相同，因此，各种果蔬汁制造上都有其特殊的工序。

1. 澄清果蔬汁的澄清和过滤

果蔬汁通过澄清和过滤，除去汁液中的全部悬浮物以及容易产生沉淀的胶粒。悬浮物包括发育不完全的种子、果心、果皮和维管束等大颗粒物质以及色粒。这些物质（除色粒外）的主要成分是纤维素、半纤维素、糖苷、苦味物质等，它们的存在会影响澄清果蔬汁的质量和稳定性，必须加以清除。果蔬汁中亲水胶体主要是果胶质、树胶质和蛋白质。这些颗粒能吸附水膜，并为带电体。电荷中和、脱水和加热都能引起胶粒的聚集并沉淀；一种胶体能激活另一种胶体，并使之易被电解质所沉淀；混合带有不同电荷的胶体溶液，能使之共同沉淀。胶体的这些特性就是澄清剂使用的理论依据。常用的澄清剂有明胶、单宁、皂土和硅藻土等。

（1）澄清　果蔬汁生产常用的澄清方法有以下几种：

① 自然沉降澄清法。将破碎压榨出的果蔬汁置于密闭容器中，经过一定时间的静置，使悬浮物沉淀，使果胶质逐渐水解而沉淀，从而降低果汁的黏度。在静置过程中，蛋白质和单宁也可逐渐形成不溶性的单宁酸盐而沉淀，所以经过长时间静置可以使果蔬汁澄清。但果汁经长时间的静置，易发酵变质，因此必须加入适当的防腐剂或在 -1～2℃ 的低温条件下保存。此法常用在亚硫酸保藏果蔬汁半成品的生产上，也用于果汁的预澄清处理，以减少静置过程中的沉渣。

② 加热凝聚澄清法。果蔬汁中的胶体物质受到热的作用会发生凝集，形成沉淀。常常

将果蔬汁在 $80\sim90s$ 内加热到 $80\sim82℃$，并保持 $1\sim2min$，然后以同样短的时间冷却至室温，静置使之沉淀。由于温度的剧变，果汁中的蛋白质和其他胶体物质变性，凝聚析出，使果汁澄清。为避免有害的氧化作用，并使挥发性芳香物质的损失降至最低限度，加热必须在无氧条件下进行，一般可采用密闭的管式热交换器或瞬时巴氏杀菌器进行加热和冷却，可以在果汁进行巴氏杀菌的同时进行。该法加热时间短，对果汁的风味影响很小，所以应用较为普遍。

③ 加酶澄清法。利用果胶酶水解果蔬汁中的果胶物质，使果汁中其他物质失去果胶的保护作用而共同沉淀，达到澄清的目的。用来澄清果蔬汁的商品果胶酶制剂，系含有大量水解果胶的霉菌酶制剂，通常所说的果胶酶是指分解果胶等物质的多种酶的总称。例如，果胶酯酶和聚半乳糖醛酸酶、纤维素酶、淀粉酶等，这些酶制剂需要较低的 pH 环境，所以适合于果蔬汁的澄清。使用果胶酶时要预先了解该种酶制剂的特性，所使用的酶制剂与被澄清果蔬汁中的作用基质相吻合，以提高效果。果胶酶水解果汁中的果胶物质，生成乳糖醛酸和其他降解物，当果胶失去胶凝作用后，果蔬汁中的非可溶性悬浮颗粒会聚集在一起，导致果蔬汁形成一种可见的絮状沉淀物。

澄清果汁时，酶制剂的用量根据果汁的性质、果胶物质的含量及酶制剂的活力来决定，一般加量为果蔬汁质量的 $0.2\%\sim0.4\%$。酶制剂可在榨出的新鲜果汁中直接加入，也可在果蔬汁加热杀菌后加入。一般来说，榨出的新鲜果汁未经加热处理，直接加入酶制剂，果蔬汁中的天然果胶酶可起到协同作用，使澄清作用比经过加热处理的快。因此，果汁在加酶制剂之前以不经热处理为宜。若榨汁前已用酶制剂以提高出汁率，则不需再加酶处理或加少量的酶处理即能得到透明、稳定的产品。为了纯化果实中的氧化酶，需经 $80\sim85℃$ 短时间加热处理，否则，果蔬汁将会产生酶褐变等不良变化。加热后冷却至 $45\sim55℃$ 时加入酶制剂并维持一定时间。加热可加速酶反应速度，但超过 $55℃$，酶作用的时间由温度、果蔬汁种类、酶制剂种类和数量决定，通常为 $2\sim8h$，酶浓度增加时，反应时间缩短。

酶制剂还可以与明胶结合使用，如苹果汁的澄清，在果蔬汁中加入酶制剂作用 $20\sim30min$ 后加入明胶，在 $20℃$ 条件下进行澄清，效果良好。

④ 明胶单宁澄清法。明胶单宁澄清法是利用单宁与明胶或鱼胶、干酪素等蛋白质物质配合形成明胶单宁酸盐配合物的作用来澄清果蔬汁的。当果蔬汁液中加入单宁和明胶时，便立即形成明胶单宁酸盐配合物，随着配合物的沉淀，果汁中的悬浮颗粒被缠绕而随之沉淀。此外，果蔬汁中的果胶、纤维素、单宁及多缩戊糖等带有负电荷，在酸性介质中明胶带正电荷，正负电荷微粒相互作用，凝结沉淀，也使果汁澄清。

一般每 100L 果蔬汁大约需要明胶20g、单宁 10g，按照实际需要量将明胶配成 0.5% 的溶液，单宁配成 1% 的溶液，先在果汁中加入单宁溶液，然后在不断搅拌下将明胶溶液缓缓加入果蔬汁中，充分混合均匀，在 $8\sim12℃$ 条件下静置 $6\sim10h$，使胶体凝集沉淀。对于单宁含量少的果蔬汁，可适当补加单宁，如果原料单宁含量很多，不加单宁只加适量的明胶即可。添加明胶的量要适当，如果使用过量，不仅妨碍配合物絮凝过程，而且影响果蔬汁成品的透明度。

如果没有明胶，可以用生鸡蛋清代替明胶，也称生鸡蛋法。每 100L 果蔬汁大约加 $100\sim200g$ 生蛋清，如果果蔬汁中单宁含量少，还可少加点单宁。先用少量水调开蛋清，然后加入果蔬汁中，将果蔬汁加热到 $70\sim80℃$，维持 $1\sim3min$，蛋白质胶体受热很快凝固变形下沉。迅速冷却后过滤得到澄清汁液。

⑤ 冷冻澄清法。利用冷冻可以改变胶体的性质，解冻可破坏胶体的原理，将果蔬汁置于 $-4\sim-1℃$ 的条件下冷冻 $3\sim4d$，解冻时可使悬浮物形成沉淀。故雾状浑浊的果蔬汁经过冷冻后容易澄清。这种冷冻澄清作用对于苹果汁尤为明显，葡萄汁、草莓汁、柑橘汁、胡萝卜汁和番茄汁也有这种现象。因此，可以利用冷冻法澄清果汁。

⑥ 蜂蜜澄清法。1986 年美国罗伯特·吉姆报道了蜂蜜用途的新发现，即可作为各种果蔬汁、果酒的澄清剂。用蜂蜜作澄清剂不仅可以强化营养，改善产品的风味，抑制果蔬汁的褐变，而且可将已褐变的果蔬汁中的褐色素沉淀下来，更重要的是澄清后的果蔬汁中天然果胶含量并未降低，但果蔬汁却长期保持透明状态。用蜂蜜澄清果蔬汁时蜂蜜的添加量一般为 1%～4%。

(2) 过滤　果蔬汁澄清后，必须进行过滤操作，以分离其中的沉淀物和悬浮物，使果蔬汁澄清透明。常用的过滤设备有袋滤器、纤维过滤器、板框压滤机、真空过滤器、硅藻土过滤机、离心分离机等。滤材有帆布、不锈钢丝网、纤维、石棉、棉浆、硅藻土和超滤膜等。过滤器的滤孔大小、液汁进入时的压力、果蔬汁黏度、果蔬汁中悬浮粒的密度和大小以及果蔬汁的温度高低都会影响到过滤的速度。无论采用哪一类型的过滤器，都必须较少果肉堵塞滤孔，以提高过滤效果。在选择和使用过滤器、滤材以及辅助设备时，必须特别注意防止果蔬汁被金属离子所污染，并尽量减少与空气接触的机会。下面介绍几种常用的过滤方法。

① 压榨法。压榨法是借助外压使果蔬汁通过过滤机而与非水溶性杂质分离的过滤方法。果蔬汁压滤一般采用硅藻土过滤器。

② 硅藻土过滤。对于非常浑浊的果蔬汁，为了经济起见，可采用硅藻土进行预过滤。硅藻土是具有多孔性、低重力的助滤剂，呈淡粉红色的含氧化铁硅藻土，可用于果蔬汁过滤。在板框压滤机的滤板间设有滤框，并有一次性使用的滤板或重复使用的耐洗滤板来支撑硅藻土层。硅藻土用一种特殊类型的定量加液器加入到流动的果蔬汁中，其混合物注入引流系统，控制适量的硅藻进入。使用前先使硅藻土在滤板表层形成一层外衣，然后进入果蔬汁和硅藻土的混合物。硅藻土的需要量，一般依果蔬汁的悬浮粒数量和果蔬汁的黏度而定。一般每 1000L 果蔬汁需要硅藻土参考数量为：苹果汁 1～2kg，葡萄汁 3kg，其他果蔬汁 4～6kg。

③ 薄层过滤。薄层过滤器的滤板由石棉和纤维混合构成，使用时可压缩成 40cm 或 60cm。每平方厘米滤板的孔数和大小，因滤板的种类和类型不同而不同。滤板夹在金属滤板之间，果蔬汁通过滤板进行一次过滤。这类过滤设备包括棉饼过滤器、纤维过滤器等。

④ 真空过滤法。真空过滤法是使过滤筛内产生真空，利用压力差渗过助滤剂，得到澄清果蔬汁。过滤前在真空过滤器的滤筛上涂一层厚 6～7cm 的硅藻土，滤筛部分浸没在果蔬汁中，过滤器以一定速度转动，均一地把果蔬汁带入整个过滤筛表面。过滤筛与真空装置相连，过滤器内的真空使过滤器顶部和底部果蔬汁有效地渗过助滤剂过滤，这种过滤速度快，果蔬汁损失少。由一特殊阀门来保持过滤器内的真空和果蔬汁的流出。真空过滤器的真空度一般维持在 84.6kPa（635mmHg）。

⑤ 超滤膜过滤法。超滤膜具有选择通透性，可透过水和小分子可溶性物质，阻止大分子颗粒透过，因此可用于果蔬汁的澄清和过滤。苹果汁利用超过滤技术进行过滤时，其主要技术参数为：压力控制在 10Pa 左右，温度控制在 40～45℃，果蔬汁流量控制在 12～16m³/h。

超滤膜过滤是一种没有相变的物理方法，果蔬汁在过滤过程中不经热处理，在闭合回路中运行，可减少与空气接触的机会，过滤后的汁液不仅保留了原来的色、香、味及维生素、氨基酸、矿物质，而且汁液清澈透明，同时还可除去微生物，从而提高了果蔬汁的质量。

此外，还可以用离心分离法除去果蔬汁的沉淀物，达到果蔬汁过滤的目的。

2. 浑浊果蔬汁的均质与脱气

(1) 均质　其目的在于使果蔬汁中所含的悬浮颗粒进一步破碎，使微粒大小均一，均匀而稳定地分散于果蔬汁中。不经均匀的浑浊果蔬汁，由于悬浮颗粒较大，在重力作用下会逐渐沉淀而失去浑浊度，使浑浊果蔬汁质量变差。目前使用的均质设备有高压均质机、超声波均质机及胶体磨等几种。

高压均质机的均质压力为 10～50MPa，其工作原理是通过均质机内高压阀的作用，使加高压的果蔬汁及颗粒从高压阀极端狭小的间隙中通过，然后由于剪切力的作用和急速降压所产生的膨胀、冲击和空穴作用，使果蔬汁中的细小颗粒受压而破碎，细微化达到胶粒范围而均匀分散在果蔬汁中。

超声波均质机是利用 20～25kHz 超声波的强大冲击波和空穴作用力，使物料进行复杂搅拌和乳化作用而均质化的设备。在超声波均质机中，除了诱发产生 1000～6000MPa 的强大空穴作用外，固体离子还受到湍流、摩擦和冲击等的作用，使粒子被破坏，粒径变小，达到均质的目的。超声波均质机由泵和超声波发生器构成，果蔬汁由特殊高压泵以 1.2～1.4MPa 的压力供给超声波发生器，并以 72m/s 的高速喷射通过喷嘴，而使粒子细微化。

胶体磨也可以用于均质，当果蔬汁流经胶体磨时，因上磨与下磨之间仅有 0.05～0.075mm 的狭腔，由于磨的高速旋转，果蔬汁受到强大的离心力作用，所含的颗粒相互冲击、摩擦、分散和混合，微粒的细度可达 0.002mm 以下，从而达到均质的目的。

均质处理多用于玻璃瓶包装的浑浊果蔬汁，马口铁包装的制品较少采用，冷冻保藏的果蔬汁和浓缩果蔬汁也无须均质。

(2) 脱气　脱气亦称去氧或脱氧，即除去果蔬汁中的氧气。脱气可防止或减轻果蔬汁中色素、维生素 C、香气成分和其他物质的氧化，防止品质变劣，去除附着于悬浮颗粒上的气体，减少或避免微粒上浮，以保持良好外观，防止或减少装罐和杀菌时产生泡沫，减少马口铁罐内壁的腐蚀。然而脱气过程可能造成挥发性芳香物的损失，为减少这种损失，必要时可进行芳香物质的回收，加到果蔬汁中，以保持原有风味。对柑橘类果汁，则需除去不良气味的外皮精油，一般用减压法去油，同时脱除气体。果蔬汁脱气有真空脱气法、氮气交换脱气法、酶法脱气法和抗氧化剂脱气法等。

① 真空脱气法。原理是气体在液体内的溶解度与该气体在液体表面上的分压成正比。当果蔬汁进入真空脱气罐时，由于罐内逐步被抽空，果蔬汁液面上的压力逐渐降低，溶解在果蔬汁中的气体不断逸出，直至总压力降至果蔬汁的饱和蒸气压为止，这样果蔬汁中的气体便可被排除。

真空脱气时将处理过的果蔬汁用泵打到真空脱气罐内进行抽气操作。操作时先开启真空泵抽气，当脱气罐上表的负压达到预期真空度时，即开始送果蔬汁进入脱气罐脱气。脱气时应注意以下几点：

a. 被处理果蔬汁的表面积要大，一般将果蔬汁分散成薄膜或雾状以利于脱气，脱气容器有 3 种类型：离心式、喷雾式和薄膜流下式。

b. 控制适当的真空度和果蔬汁温度，为了充分脱气，果蔬汁温度应当比真空罐内绝对压力的相应温度高 2～3℃。果蔬汁温度热脱气为 50～70℃，常温脱气为 20～25℃，一般脱气罐内的真空温度为 90.7～93.3kPa（680～700mmHg），温度低于 43℃。

真空脱气处理会有 2%～5% 的水分和少量挥发性芳香物的损失，必要时可回收加入果蔬汁中。真空脱气设备应与均质机连接，以均质机的压力把待脱气的液体送入脱气罐内，保证生产的连续化。

② 氮气交换法。氮气对制品影响不大，可用氮气置换果蔬汁中的氧气。一般在脱气罐的下部将氮气通入，果蔬汁从上部喷射下来，在氮气的强烈泡沫流的冲击下果蔬汁失去所附着的氧，达到脱气的目的，最后果蔬汁中所含的气体几乎全是氮气。氮气交换法脱氧的速度及程度取决于气泡的大小、脱氧塔的高度以及气体和液体的相对流速。气泡的大小取决于气-液之间的有效接触面积。减小气泡的大小，可大大增加有效表面积，从而提高排除氧气的速度。脱气塔越高，气液相对流速越快，则气体排除的速度也越快。此法能减少挥发性芳香物质的损失，同时氮气交换了氧气，可避免加工过程中的氧化变色。

③ 酶法脱气。在果蔬汁中加入葡萄糖氧化酶，可去除果蔬汁中的溶解氧。葡萄糖氧化酶即 β-D-吡喃型葡萄糖是一种需氧脱氢酶，可使葡萄糖氧化成葡萄糖酸及过氧化氢，同时过氧化氢又被过氧化氢酶分解成水和 $1/2$ 氧，氧又继续在葡萄糖氧化中被消耗，因此葡萄糖氧化酶具有脱氧作用。酶法脱气可用于罐装无醇饮料、啤酒和果蔬汁的脱氧，其脱氧过程是：

$$葡萄糖 + O_2 + H_2O \longrightarrow 葡萄糖酸 + H_2O_2$$
$$H_2O_2 \longrightarrow H_2O + 1/2O_2$$

总反应： $\qquad 葡萄糖 + 1/2O_2 \longrightarrow 葡萄糖酸$

④ 抗氧化剂法。果蔬汁装罐时加入少量抗坏血酸等抗氧化剂以除去罐头顶隙中的氧的方法，称为抗氧化剂法。一般每 1g 抗坏血酸约能除去 1mL 空气中的氧。

3. 浓缩果蔬汁的浓缩与脱水

果蔬汁浓缩后，其可溶性物质含量达到 $65\% \sim 68\%$，可节约包装及运输费用；能克服果实采收期和品种所造成的成分上的差异，使产品质量达到一定的规格要求；浓缩后的汁液，提高了糖度和酸度，所以在不加任何防腐剂的情况下也能使产品长期保藏，而且还适应于冷冻保藏。因此，目前浓缩果蔬汁饮料生产增长较快。

目前常用的浓缩方法有真空浓缩法、冷冻浓缩法、反渗透浓缩法等。

（1）真空浓缩法　大多数果蔬汁在常压高温下长时间浓缩，容易发生各种不良变化，影响成品品质，因此多采用真空浓缩，即在减压条件下迅速蒸发果蔬汁中的水分，这样既可缩短浓缩时间，又能较好地保持果蔬汁的色香味。真空浓缩温度一般为 $25 \sim 35℃$，不超过 $40℃$，真空度约为 $94.7kPa(710mmHg)$。这种温度较适合于微生物的繁殖和酶的作用，故果蔬汁在浓缩前应进行适当的高温瞬间杀菌。

真空浓缩设备由内蒸发器、真空冷凝器和附属设备等组成。蒸发器由加热器、蒸发分离器和汁液的气液分离器组成，真空冷凝器由冷凝器和真空泵组成。真空浓缩方法因设备不同可分为真空浓缩法和真空薄膜浓缩法等多种方法。

（2）板式（片状）蒸发式浓缩　是由板式热交换器与蒸发分离器组合而成的一种薄膜式蒸发器。它是将升降膜原理应用于板式换热器内部。一般由 4 片加热板组成一组，加热室和蒸发室交替排列。原料果蔬汁经预处理后由蒸发器的底部进入，加热蒸汽在管外冷凝，汁液受热沸腾后汽化，所生成的二次蒸汽在管内快速上升。汁液被高速上升的蒸汽所带动，一边接触传热面，一边上升，到达蒸发器上部，然后沿着蒸发片一边下降，一边蒸发，浓缩液与蒸汽一起进入分离室，通过离心力进行果蔬汁与蒸汽的分离。数台板式换热器可以串联成为多效蒸发器，以节约能耗和水耗。通过改变加热板片数，可以任意调整蒸发量，调节生产能力。版式蒸发器另一显著优点是结构紧凑，占地面积小，高度也低，比较好安装，易于清洗，可以全自动作业。缺点是加热板制造复杂。

（3）离心薄膜式蒸发浓缩　是一种能同时进行蒸发和分离操作的特殊蒸发器，其主要工作部件为锥形旋转离心盘，经过巴氏杀菌并冷却至 $45℃$ 左右的果蔬汁，从上部中间的分配管上的喷嘴喷入各离心盘之间的间隙。由于离心盘旋转（$n = 700r/min$）产生的离心力，汁液被均匀分布在离心盘的外表面，形成薄膜。当加热蒸汽由中间空心轴进入碟片之间的夹套内时，蒸汽通过传热面加热夹套外表面的汁液薄膜，水分被蒸发，浓缩液沿圆锥斜面下降，并集中于圆锥体底部，然后由上部吸料管通过真空抽出，经冷却器在真空条件下冷却至 $20℃$ 左右。

（4）冷冻浓缩法　是将果蔬汁进行冷冻，果蔬汁中的水即形成冰结晶，分离去这种冰结晶，果蔬汁中的可溶性固形物就得到浓缩，即可得到浓缩果汁。其原理是以溶液在共晶点或低共熔点以前，部分水分呈冰结晶析出来，提高溶液的浓度。若冷却一种蔗糖或食盐的稀溶液时，当冷却到略低于 0℃时，即有部分冰水晶从溶液中析出，余下的溶液因浓度有所增加而冰点下降。若继续冷却到另一新的冻结点，会再次析出部分冰晶。如此反复。由于冰晶数量的增加，溶液浓度逐渐升高。

（5）反渗透浓缩法　是一种现代的膜分离技术，与真空浓缩等加热蒸发方法相比，物料不受热的影响，不改变其化学性质，能保持物料原有的新鲜风味和芳香气味，因此，逐渐成为食品饮料加工中的重要单元操作。

果蔬汁通过反渗透可以除去若干水分，达到浓缩的目的，浓缩度可达 35～42°Bx。反渗透过程中，物料所需的压力可由泵或其他方法来提供。为了避免半透膜受压时破裂，需用支撑加固。反渗透膜的形状一般有平面膜、空心纤维膜和管状膜。空心纤维膜组件的充填密度高，每个膜组件容有 100 万～300 万根空心纤维，在食品饮料工业中广泛应用。

利用反渗透浓缩和超滤，不仅产品质量好，而且操作中所需能量约为蒸发式浓缩的 1/17、冷冻浓缩的 1/2，是节能的有效方法。因此，反渗透和超滤技术在食品饮料工业中的应用前景广阔。

4. 芳香物质的回收

（1）果蔬的芳香物质　是指代表果蔬或果蔬汁典型特征的挥发性物质。各类果蔬的芳香物质是不同挥发成分的混合物，主要包括醇类、醛类、酮类、酯类、萜类及含硫化合物等。这些成分以一定比例存在，构成各种果蔬甚至某个品种特有的芳香特征。尽管果蔬中的芳香物质含量很低，却是区别各种果蔬汁最重要的一个特征参数，是判断果蔬汁饮料质量的一个决定性因素，因此最大限度地保留芳香物质是目前果蔬汁加工中的特点。比较典型的浓缩工艺中均回收这些芳香物质，以实现产品的天然绿色。

（2）果蔬芳香物质的回收　回收芳香物质，是果蔬汁浓缩过程中不可缺少的工艺环节，要使果汁具有原来的新鲜芳香，生产果汁时应在不损坏芳香物质的前提下，对它们进行分离提取，并以浓缩的形式保存，然后再回加到果蔬汁中，使之尽量接近果蔬在食用时所具有的香气。传统的分离方法有吸附法、蒸汽蒸馏和溶剂提取等方法，但是这些方法存在一些会影响产品品质的问题，如提取剂和吸附剂在纯化、吸附过程中会造成污染；高温氧化作用会破坏芳香物质。而将膜分离技术应用于芳香物质的回收中可以克服这些问题，如采用反渗透法浓缩果汁时，芳香物质可保留 30%～60%，且脂溶性部分比水溶性部分保留更多。目前，膜分离技术回收芳香物质的应用主要有反渗透和超滤技术。

六、果蔬汁的成分调整与混合

为使果蔬汁符合一定的规格要求和改进风味，常需要适当的调整。如番茄汁含酸太多，有的果蔬汁香气不足等，可以通过增加糖和香料量加以调整。调整的原则，应使果蔬汁的风味接近新鲜果蔬，调整范围主要为糖酸比例的调整及香味物质、色素物质的添加。

调整糖酸比及其他成分，通常在特殊工序如均质、浓缩、干燥、充气以前进行，但澄清果汁常在澄清过滤后调整，有时也可在特殊工序中间进行调整。调整的办法，除在鲜果蔬汁中加入适量的砂糖和使用酸等原料以外，还可以采用不同品种原料混合制汁的混合法。

1. 糖、酸及其他成分调整

（1）糖酸比的调整　果蔬汁饮料的糖酸比例是决定其口感和风味的主要因素。浓缩果蔬汁适宜的糖分和酸分的比例在 （13～15）∶1 范围内，适宜于大多数人的口味。因此，果蔬汁饮料调配时，首先需要调整含糖量和含酸量。一般果蔬汁中含糖量在 8%～14%，有机酸的含量为 0.1%～0.5%。

① 糖度的测定和调整方法。调配时用折光仪或白利糖表测定原果蔬汁含糖量，然后按下式计算补加浓糖液的质量：

$$m_1 = m_2 \frac{W_3 - W_2}{W_1 - W_3}$$

式中　m_1——需补加浓糖液质量，kg；

　　　m_2——调整前果蔬汁质量，kg；

　　　W_1——浓糖液浓度，%；

　　　W_2——调整前果蔬汁含糖量，%；

　　　W_3——要求果蔬汁调整后含糖量，%。

为了省去每次调整时的计算工作量，可预先计算出所要求的各种成品浓度所需补加的糖液量，并列成表（见表3-2），可供生产时查找出糖液的需要量。对一些要求原果蔬汁含量较低的品种，可用低浓度糖水调整，表3-3是要求100kg成品中原果蔬汁含量占40%及50%时应配制的糖水浓度，然后按原果蔬汁40%、糖液60%配比称量来配制。

表3-2　果蔬汁糖度调整时的糖液补加量　　　　　　　　　　　　　　单位：kg

原果蔬汁含糖量/%	要求调整糖度/%				
	11	13	14	15	16
7	6.8	10.3	12.5	14.5	16.7
7.5	5.9	9.7	11.6	13.6	15.7
8	5.1	8.8	10.7	12.7	14.8
8.5	4.2	7.9	9.8	11.8	13.9
9	3.4	7	8.9	10.9	13
9.5	2.5	6.1	8	10	12
10	1.7	5.3	7.1	9.1	11.1
10.5	0.9	4.4	6.3	8.2	10.2
11	0	3.5	5.4	7.3	9.3
11.5		2.6	4.5	6.4	8.3
12		1.8	3.6	5.5	7.4
12.5		0.9	2.7	4.5	6.5
13		0	1.8	3.6	5.6
13.5			0.9	2.7	4.6
14			0	1.8	3.7
14.5				0.9	2.8
15				0	1.9
15.5					0.9
16					0

注：1. 表中糖液补加量按100kg原果蔬汁计算，外加使用的糖液浓度以70%计。

2. 原果蔬汁是指榨汁后调整前的果汁。

3. 原果蔬汁糖度用折光计测（20℃）。

表3-3　原果蔬汁含量较低品种果蔬汁糖度调整时的应配糖液浓度　　　　　单位：%

原料含糖度/%	需调整糖度/%									
	原果蔬汁含量40%					原果蔬汁含量50%				
	11	13	14	15	16	11	13	14	15	16
7	13.7	17	18.7	20.3	22	15	19	21	23	25
7.5	13.3	16.7	18.3	20	21.7	14.5	18.5	20.5	22.5	24.5
8	13	16.3	18	19.7	21.3	14	18	20	22	24
8.5	12.7	16	17.7	19.3	21	13.5	17.5	19.5	21.5	23.5
9	12.3	15.7	17.3	19	20.7	13	17	19	21	23
9.5	12	15.3	17	18.7	20.3	12.5	16.5	18.5	20.5	22.5

原料含糖度/%	需调整糖度/%									
	原果蔬汁含量 40%					原果蔬汁含量 50%				
	11	13	14	15	16	11	13	14	15	16
10	11.7	15	16.7	18.3	20	12	16	18	20	22
10.5	11.3	14.7	16.3	18	19.7	11.5	15.5	17.5	19.5	21.5
11	11	14.3	16	17.7	19.3	11	15	17	19	21
11.5	10.7	14	15.7	17.3	19	10.5	14.5	16.5	18.5	20.5
12	10.3	13.7	15.3	17	18.7	10	14	16	18	20
12.5	10	13.3	15	16.7	18.3	9.5	13.5	15.5	17.5	19.5
13	9.7	13	14.7	16.3	18	9	13	15	17	19
13.5	9.3	12.7	14.3	16	17.7	8.5	12.5	14.5	16.5	18.5
14	9	12.3	14	15.7	17.3	8	12	14	16	18
14.5	8.7	12	13.7	15.3	17	7.5	11.5	13.5	15.5	17.5
15	8.3	11.7	13.3	15	16.7	7	11	13	15	17
15.1	8	11.3	13	14.7	16.3	6.5	10.5	12.5	14.5	16

注：1. 原果蔬汁占 40%，即每 100kg 成品果蔬汁中原果汁占 40kg，糖液占 60kg。

2. 原果蔬汁糖度及糖液浓度用折光计测（20℃）。

3. 表中所列是按配制成品果蔬汁 100kg 计算的。

② 含酸量的测定和调整。经糖分调整后的果蔬汁先测定其含酸量，测定方法是称取待测果蔬汁 50g 于 250mL 锥形瓶内，加入 1% 酚酞指示剂数滴，然后用 0.1mol/L 氢氧化钠标准溶液滴定至终点，按下式计算：

$$果汁含酸量（以无水柠檬酸计）（\%）= V \times N \times 0.064 \times 100/50$$

式中　V——滴定时耗用氢氧化钠标准溶液的体积，mL；

　　　N——氢氧化钠标准溶液的物质的量浓度，mol/L；

0.064——柠檬酸系数。

根据上式计算出的原果蔬汁含酸量再按下式计算每批果蔬汁调整到要求酸度应补加的柠檬酸量：

$$m_2 = m_1 \frac{Z - W_1}{W_2 - Z}$$

式中　Z——要求调整的酸度，%；

　　　m_1——果蔬汁调整糖度以后的质量，kg；

　　　m_2——需添加的柠檬酸质量，kg；

　　　W_1——调整酸度前果蔬汁的含酸量，%；

　　　W_2——柠檬酸含量，%。

为了省去再次使用时的计算工作量，可根据消耗的氢氧化钠标准溶液的体积与补加柠檬酸液比例的关系，预先计算并列成表（如表 3-4 所示），使用时查表即可得到柠檬酸液补加量。

表 3-4　果蔬汁含酸量调整时的柠檬酸液补加量　　　　　　单位：kg

滴定耗用 NaOH 量/mL	要求调整的酸度/%								
	0.2	0.3	0.4	0.5	0.6	0.7	0.8	0.9	1.0
7	0.120	0.322	0.524	0.727	0.931	1.136	1.341	1.548	1.755
8	0.080	0.282	0.484	0.687	0.891	1.095	1.301	1.507	1.714
9	0.040	0.241	0.444	0.646	0.850	1.055	1.260	1.466	1.673
10	0	0.201	0.403	0.606	0.810	1.014	1.219	1.426	1.633
11		0.181	0.363	0.566	0.769	0.974	1.179	1.385	1.592
12		0.121	0.323	0.525	0.729	0.933	1.138	1.344	1.551
13		0.080	0.282	0.485	0.686	0.892	1.097	1.303	1.510

滴定耗用 NaOH 量/mL	要求调整的酸度/%								
	0.2	0.3	0.4	0.5	0.6	0.7	0.8	0.9	1.0
14		0.040	0.242	0.444	0.648	0.852	1.057	1.263	1.469
15		0	0.202	0.404	0.607	0.811	1.016	1.222	1.429
16			0.161	0.364	0.567	0.771	0.976	1.181	1.388
17			0.121	0.323	0.526	0.730	0.935	1.141	1.347
18			0.081	0.283	0.486	0.690	0.894	1.100	1.306
19			0.040	0.242	0.445	0.649	0.854	1.059	1.265
20			0	0.202	0.405	0.609	0.813	1.018	1.224
21				0.162	0.364	0.568	0.772	0.978	1.184
22				0.121	0.324	0.527	0.732	0.937	1.143
23				0.081	0.283	0.487	0.691	0.896	1.102
24				0.040	0.242	0.446	0.650	0.855	1.061
25				0	0.202	0.406	0.610	0.815	1.021
26					0.162	0.365	0.569	0.724	0.980
27					0.122	0.325	0.528	0.733	0.939
28					0.081	0.284	0.488	0.692	0.896
29					0.040	0.243	0.447	0.652	0.857
30					0	0.203	0.406	0.611	0.816
31						0.162	0.366	0.570	0.776
32						0.122	0.325	0.530	0.735
33						0.081	0.285	0.489	0.694
34						0.040	0.244	0.448	0.653
35						0	0.203	0.407	0.612
36							0.163	0.367	0.571
37							0.122	0.326	0.531
38							0.081	0.285	0.490
39							0.040	0.244	0.449
40							0	0.204	0.408
41								0.163	0.367
42								0.122	0.327
43								0.082	0.286
44								0.040	0.245
45								0	0.204
46									0.163
47									0.122
48									0.082
49									0.040
50									0

注：1. 表中柠檬酸液补加量指 100kg 原果蔬汁调整到要求达到的酸度所应加入的质量。

2. 表中柠檬酸液以 50% 计。

糖酸调整一般是将原果蔬汁放入夹层锅内，然后先按要求用少量水或果蔬汁使糖或酸溶解，配成浓溶液并过滤，将溶化并经过滤的糖（酸）液在搅拌的条件下加入到果蔬汁中，调和均匀后，测定其糖（酸）度，如不符合产品规定，可再进行适当调整。

（2）其他成分调整　果蔬汁除进行糖酸调整外，还需要根据产品的种类和特点进行色泽、风味、黏稠度、稳定性和营养价值的调整。所使用的食用色素的总量按规定不得超过万分之五；各种香精的总和应小于万分之五；其他如防腐剂、稳定剂等按规定量加入。

2. 果蔬汁的混合

许多果品蔬菜如苹果、葡萄、柑橘、番茄、胡萝卜等，虽然能单独制得品质良好的果蔬汁，但与其他种类的果实配合风味会更好。不同种类的果蔬汁按适当比例混合，可以取长补短，制成品质良好的混合果蔬汁，也可以得到具有与单一果蔬汁不同风味的果蔬汁饮料。用于调配混合果蔬汁饮料的果汁有温州蜜柑、夏橙、葡萄柚、柠檬等柑橘类和桃子、杨梅、梨、杏、李子、樱桃、菠萝、香蕉等的果汁，也可用芒果、木瓜等热带水果的果汁。各类果品和蔬菜具有不同的糖度、酸度、色泽和风味，两种以上的果蔬汁混合时，首先要选择其风味、色泽等协调的果蔬汁混合。例如温州蜜柑果汁缺乏酸味和香味，常加入 5% 的甜橙汁或夏橙汁；其他如甜橙汁可与苹果、杏、葡萄等果汁混合，菠萝可与苹果、杏、柑橘等果汁混合。番茄营养丰富，但有特殊的令人不愉快的味道，常在其中加入少量的胡萝卜、芹菜、菠菜混合制汁，风味得到明显的改善；胡萝卜汁味淡少酸，常加入柑橘类果汁。混合果蔬汁饮料是果蔬汁饮料加工的发展方向。

七、果蔬汁的杀菌与包装

1. 果蔬汁的杀菌

果蔬汁杀菌的目的：一是杀灭微生物，防止败坏；二是钝化酶的活性，防止各种不良变化的发生。果蔬汁及其饮料的杀菌工艺正确与否，不仅影响到产品的保藏性，而且影响到产品的质量，这是非常重要的问题。加热能杀灭存在于果蔬中的引起腐败的细菌、霉菌、酵母菌，同时可以钝化酶的活性。通过给定的适当加热温度和加热时间，能达到杀死微生物的目的，但要尽可能降低对果蔬汁品质的影响，就必须选择合理的加热温度和时间。

生产中可以采用 80～85℃ 杀菌 30min 左右，然后放入冷水中冷却，从而达到杀菌的目的。但由于加热时间太长，果蔬汁的色泽和香味都有较多的损失，尤其是浑浊果蔬汁，容易产生煮熟味。因此，常采用高温瞬时杀菌法，即采用 93℃±2℃ 保持 15～30s 杀菌，特殊情况下可采用 120℃ 以上温度保持 3～10s 杀菌。实验证明，对于同一杀菌效果而言，高温瞬时杀菌法得到了普遍应用。

果蔬汁的杀菌原则上是在装填之前进行，装填方法有高温装填法和低温装填法两种。高温装填法是在果蔬汁杀菌后，处于热状态下进行装填的，利用果蔬汁的热对容器的内表面进行杀菌。如果密闭性完好，就能继续保持无菌状态。但果蔬汁在杀菌之后到装填之间所需的时间，一般为 3min 以上，再缩短是很困难的，因此，热引起的品质下降是很难避免的。低温装填法是将果蔬汁加热到杀菌温度之后，保持一定时间，然后通过热交换器立即冷却至常温或常温以下，将冷却后的果蔬汁进行装填。这样，热对果蔬汁品质的继续影响就很小，可以得到优质的产品。但采用这种方法，杀菌冷却之后的各种操作，都应在无菌条件下进行。

杀菌温度是通过自动温度指示记录调节出口处果蔬汁温度来控制的，利用锥形调节阀将达不到杀菌温度的果蔬汁反送回原果蔬汁贮存罐中。对蔬菜汁可采用 UHT（超高温瞬时杀菌）方法，在加压状态下，采用 100℃ 以上温度杀菌。

在工厂实际生产中，工艺条件包括温度、时间等的管理，往往不够严密，而且批量式配料的前后灌装温度不尽一致，容器盖消毒不彻底。饮料灌装后，包装内不能达到商业无菌状态，常使果蔬汁饮料发生微生物败坏现象，造成极大损失，为此在灌装密封后仍需进行杀菌，又称第二次杀菌。

灌装果蔬汁也可将加热、装罐、密封后的果蔬汁于 80～85℃ 温度下巴氏杀菌 20～30min。杀菌时间依罐型大小而定，杀菌后及时冷却。装罐后的二次杀菌条件应适当降低。

2. 果蔬汁的包装及无菌灌装系统

果蔬汁的包装方法，因果蔬汁品种和容器种类而有所不同。常见的有铁罐、玻璃瓶、纸容器、铝箔复合袋等。除纸质容器外，果蔬汁饮料的灌装均采用热灌装。这种灌装方式由于满量灌装，冷却后果蔬汁容积缩小，容器内形成一定真空度，能较好地保持成品品质。一般采用装汁机热装灌，装罐后立即密封，罐头中心温度控制在 70℃ 以上，如果采用真空封罐，果蔬汁温度可稍低些。结合高温瞬时杀菌，果蔬汁常用无菌灌装系统进行灌装，目前，无菌灌装系统主要有以下几种：

（1）纸盒包装系统　主要有屋顶纸盒包装机和利乐包无菌包装机。屋顶纸盒（Pure-pak）QP 型包装机是美国 Ex-cello 公司开发的屋顶形（Cable top）容器的包装机，是较为典型的液体包装机之一，主要用于冷装果蔬汁饮料的灌装。

利乐包包装机是瑞典 Tetra-pak 公司的产品，是纸容器包装机中历史最长的，日本 1957 年开始使用，我国 20 世纪 80 年代初引进。利乐包又称砖型包，所采用的包装材料为聚乙烯/纸铝箔等复合材料，用 H_2O_2 和过热蒸汽消毒。其包装过程是把经超高温杀菌的果蔬汁饮料在无菌状态下用经灭菌的纸盒包装好，使盒内的饮料得以保存在全无空气、光线及细菌的理想环境中，无须冷藏或加防腐剂就可保藏半年乃至更长时间。利乐包无菌包装机主要用于果蔬汁饮料、凉茶、豆奶的生产，特别是 100％的天然果蔬汁和 50％的果蔬汁饮料的包装。

（2）塑料杯无菌包装系统　法国 Erea 和 ContinentalCan 公司制造的塑料杯无菌包装系统是以热成型塑料经双金属挤压成型，杯盖来自可热封的输送带，一般以铝箔为基底。其方法为成型-充填-封杯，充填是在无菌气管中进行的。

（3）蒸煮袋无菌包装系统　法国 Thimmonier 公司制造的无菌蒸煮袋系统是以热塑性塑料箔片为材料，用 H_2O_2 槽加紫外线照射消毒，在无菌室中充填和密封。美国 Berto 和 Asepak 公司制造的蒸煮袋是用聚合箔膜吹胀后通过热塑管挤压使内部呈现无菌状态，外部在 H_2O_2 中消毒，充填和密封是在过滤空气中进行的。

（4）无菌罐和无菌瓶包装系统　美国 Dole 公司生产的无菌罐分别以马口铁、铝片、复合层铝箔/纸为材料，采用过热蒸汽消毒器，在过热室内充填。瑞士 Rommellage 公司制造的无菌瓶，系采用粒状塑料为材料，其消毒和充填是在热吹塑的同时进行的。法国 Serac 公司制造的无菌瓶，以玻璃瓶或热塑性塑料为原料，采用化学方法消毒容器，在过滤空气室内进行充填。这些包装机包装的产品附加值高，陈列效果好，而且具有轻量无公害等优点，有较好的发展前景。

第三节　生产中常见问题及防止方法

果蔬汁以其色香味好而深受消费者欢迎。但果蔬汁经常出现败坏、变色、变味等质量问题，如何防止这种现象的产生是生产上比较突出的问题，也是提高果蔬汁饮料品质的关键。

一、果蔬汁的败坏

果蔬汁败坏常表现为表面长霉、发酵，同时产生二氧化碳、醇或因产生醋酸而败坏。

1. 细菌的危害

常遇到的是乳酸菌，除产生乳酸外，还有醋酸、丙酸、乙醇等，并产生异味。这种菌耐二氧化碳，在真空和无氧条件下繁殖生长，其耐酸力强，温度低于 8℃时活动受到限制。因醋酸菌、丁酸菌等感染引起苹果汁、梨汁、橘子汁等败坏，使汁液产生异味。它们能在嫌气条件下迅速繁殖，对低酸性果蔬汁具有极大的危害。

2. 酵母菌的危害

酵母是引起果蔬汁败坏的重要菌类，引起果蔬汁发酵产生乙醇和大量的二氧化碳，发生胀罐现象，甚至会使容器破裂。有时可产生有机酸，分解果实中原有的酸；有时可产生酯类物质。酵母菌需氧，在低温条件下活性受到抑制。

3. 霉菌的危害

霉菌主要侵染新鲜果蔬原料，当原料受到机械损伤后，霉菌迅速侵入造成果实腐烂，霉菌污染的原料混入后易引起加工产品的霉味。这类菌大多数都需要氧，对二氧化碳敏感，热处理时大多数被杀死。它们在果蔬汁中破坏果胶引起果蔬汁浑浊，分解原有的有机酸，产生新的异味酸类，使果蔬汁变味。

果蔬汁中所含的化学成分如碳水化合物、有机酸、含氮物质、维生素以及矿物质，均是微生物生长活动所必需的。因此在加工中必须采取各种措施来处理，尽量避免微生物的污染，如：采用新鲜、健全、无霉烂、无病虫害的原料取汁；注意原料取汁打浆前的洗涤消毒工作，尽量减少原料外表微生物数量；防止半成品积压，尽量缩短原料预处理时间；严格车间、设备、管道、容器、工具的清洁卫生，并严格加工工艺规程；在保证果蔬汁饮料质量的前提下，杀菌必须充分，适当降低果蔬汁的 pH 值，有利于提高杀菌效果等。只有这样，才能减少微生物的污染，生产出质量较好的产品。

二、果蔬汁的变味

一种果蔬汁能否满足消费者的要求，关键在于能否保存其风味。果蔬汁饮料加工的方法不当以及贮藏期间环境条件不适宜都会引起产品变味。原料不新鲜，绝对不可能生产风味良好的产品；加工时过度的热处理会明显降低果蔬汁饮料的风味；调配不当，不仅不能改变果蔬汁的风味，反而会使果蔬汁饮料风味下降；加工和贮藏过程中的各种氧化和褐变反应，不仅影响果蔬汁的色泽，风味也随之变劣，非酶褐变引起的风味变化尤以菠萝汁和葡萄柚汁为甚，金属离子可以引起果蔬汁变味，如铁和铜能加速某些不良化学变化，铜的污染加剧抗坏血酸的氧化，同时铜的催化常因铁的存在而加剧，从而引起汁液风味变劣；此外微生物活动所产生的不良物质也会使果蔬汁变味。

因此，防止果蔬汁变味，应从多方面采取措施，首先选择新鲜良好的原料，合理加热，合理调配，同时生产过程中尽量避免与金属接触，凡与果蔬汁接触的用具和设备，最好采用不锈钢材料，避免使用铜铁用具及设备。

柑橘类果汁比较容易变味，特别是浓度高的柑橘汁变味更重。柑橘果皮和种子中含有柚皮苷和柠檬苦素等苦味物质，榨汁时稍有不当就可能进入果汁中，同时果汁中的橘皮油等脂类物质发生氧化和降解会产生萜品味。研究认为，α-萜品醇、4-乙烯基愈创木酚和 2,5-二甲基-4-羟基-3(2H)-呋喃酮是橙汁贮存过程中变味的主要化合物。因此，对于柑橘类果汁可以采取以下措施防止变味：

① 用锥形榨汁机或全果榨汁机压榨时分别取油和取汁，或先行磨油再行榨汁，同时改变操作压力，不要压破种子和过分压榨果皮，以防橘皮油和苦味物质进入果汁。杀菌时控制适当的加热温度和时间。

② 将柑橘汁于 4℃ 条件下贮藏，风味变化较缓慢；如果在 21～27℃ 下贮藏，柑橘汁在 2～3 个月后就会变味。

③ 在柑橘汁中加入少量经过除萜处理的橘皮油，以突出柑橘汁特有的风味。

三、果蔬汁的色泽变化

果蔬汁色泽的变化比较明显，包括色素物质引起的变色和褐变引起的变色两种变化。

1. 色素物质引起的变色

果蔬汁中的天然色素按其化学结构的特性可分为卟啉色素（叶绿素）、类胡萝卜素色素和多酚类色素等。

果蔬汁进行加热处理时，叶绿素蛋白变性释放出叶绿素，同时细胞中的有机酸也释放出来，促使叶绿素脱镁而成为脱镁叶绿素；在果蔬汁中加酸，同样会使叶绿素变成脱镁叶绿素，而使果蔬汁的颜色消失。叶绿素受光辐射可发生光敏氧化，从而裂解为无色的产物。果蔬中存在的叶绿素水解酶可使叶绿素水解为脱叶醇基叶绿素及叶绿醇，最后被氧化成无色产物。叶绿素只有在常温下的弱碱中稳定，在碱液中加热则分解为叶绿醇、甲醇及水溶性的叶绿酸，该酸呈鲜绿色而且较稳定；此外，若用铜离子取代卟啉环中的镁离子，使叶绿素变成叶绿素铜钠，可形成稳定的绿色。

类胡萝卜素色素是包含异戊二烯共轭双键的一类色素，按结构上的差异可分为胡萝卜素（结构特征为共轭多烯烃）和叶黄素（共轭多烯烃的含氧衍生物）两大类。类胡萝卜素色素为脂溶性色素，比较稳定，一般耐 pH 变化，较耐热，在锌、铜、锡、铝、铁等金属存在时也不易破坏，只有强氧化剂才能使其破坏褪色，但光敏氧化作用极易使其褪色。因此，含类胡萝卜素色素的果蔬汁饮料必须采用避光包装或避光贮存。

多酚类色素包括花青素类、花黄素类、单宁物质类，均为水溶性色素。花青素类是一类极不稳定的色素，其颜色随环境 pH 值的改变而改变，易被氧化剂氧化而褪色，对光和温度也极敏感，含花青素的果蔬汁饮料在光照下或稍高的温度下会很快变褐色，二氧化硫可以使花青素褪色或变成微黄色。花青素还可以与铜、镁、锰、铁、铝等金属离子形成配合物而变色。花黄素主要是黄酮及其衍生物，颜色自浅黄至无色，偶为鲜明橙黄色，但遇碱会变成明显的黄色，遇铁离子可变成蓝绿色，如能控制果蔬汁饮料的铁离子含量，则花黄素对果蔬汁饮料色泽的影响较小。

2. 褐变引起的变色

果蔬汁发生非酶褐变产生黑蛋白，使其颜色加深。非酶褐变引起的变色对浅色果蔬汁饮料明显，对类胡萝卜素含量较高的柑橘汁及含花青素较多的红葡萄汁等的影响较小，对浓缩果蔬汁色泽影响较大，因为褐变反应的速度随反应物浓度的增加而加快。影响非酶褐变的因素主要是温度和 pH 值，果蔬汁加工中应尽量降低受热程度，控制 pH 值在 3.2 或以下，避免与非不锈钢的器具接触，延缓果蔬汁的非酶褐变。果实组织中的酶，在加工过程中接触空气，多酚类物质在酶的催化下氧化生成有色的醌类物质，使果蔬汁发生酶褐变。还可添加适量的抗坏血酸及苹果酸等抑制酶褐变，减少果蔬汁色泽变化。

四、果蔬汁的浑浊与沉淀

澄清果蔬汁要求汁液清亮透明，浑浊果蔬汁要求有均匀的浑浊度，但果蔬汁生产后在贮藏销售期间，常达不到要求，易出现异常，例如，苹果和葡萄等澄清汁常出现浑浊和沉淀，柑橘、番茄和胡萝卜等浑浊汁，常发生沉淀和分层现象。

1. 澄清果蔬汁的浑浊沉淀

引起澄清果蔬汁浑浊沉淀的原因可能有：加工过程中杀菌不彻底或杀菌后微生物再污染。由于微生物活动并产生多种代谢产物，而导致浑浊沉淀；果蔬汁中的悬浮颗粒以及易沉淀的物质未充分去除，在杀菌后贮藏期间会继续沉淀，加工用水未达到软饮料用水标准，带来沉淀和浑浊的物质；金属离子与果蔬汁中的有关物质发生反应产生沉淀；调配时糖和其他物质的质量差，可能会有导致浑浊沉淀的杂质；香精水溶性低或用量过大，从果蔬汁中分离出来引起沉淀等。

澄清果蔬汁出现浑浊和沉淀的原因是多方面的，为防止不同果蔬汁的浑浊和沉淀，在加工过程中严格澄清并充分杀菌，是减轻果蔬汁浑浊和沉淀的重要保障。

2. 浑浊果蔬汁的沉淀和分层

导致浑浊果蔬汁产生沉淀和分层现象的因素有：果蔬汁中残留的果胶酶水解果胶，使汁液黏度下降，引起悬浮颗粒沉淀；微生物繁殖分解果胶，并产生导致沉淀的物质；加工用水中的盐类与果蔬汁中的有机酸反应，破坏体系的 pH 值和电性平衡，引起胶体及悬浮物质的沉淀；香精的种类和用量不合适，引起沉淀和分层；果蔬汁中所含的果肉颗粒太大或大小不均匀，在重力的作用下沉淀；果蔬汁中的气体附着在果肉颗粒上时，使颗粒的浮力增大，引起果蔬汁分层；果蔬汁中果胶含量少，体系黏度低，果肉颗粒不能抵消自身的重力而下沉等。

导致浑浊果蔬汁分层和沉淀的原因很多，要根据具体情况进行预防和处理。在榨汁前后对果蔬原料或果蔬汁进行加热处理，破坏果胶酶的活性，严格均质、脱气和杀菌操作，是防止浑浊果蔬汁沉淀和分层的主要措施。

五、果蔬汁的悬浮稳定性问题

果粒果肉饮料中含有明显的果肉颗粒，其悬浮问题是加工中的一项关键技术。果粒果肉饮料中果肉颗粒的平衡和下沉取决于其在重力场所中所受的重力、浮力以及上浮下沉运动中与运动方向相反的 Stokes（斯托克斯）阻力 3 种作用力的合力效果。当果肉颗粒不能悬浮时，如果把果肉颗粒视为规则的圆形颗粒，则果肉颗粒上浮下沉的运动速度符合斯托克斯定律：

$$v = \frac{d^2(\rho_1 - \rho_2)g}{18\eta}$$

式中　v——果肉粒子上浮的速度；

　　　d——果肉粒子的直径；

　　　ρ_1——成品果肉饮料的密度；

　　　ρ_2——果肉粒子的密度；

　　　g——重力加速度；

　　　η——成品果肉饮料的黏度。

即果肉颗粒上浮或下沉的速度与果肉颗粒直径的平方成正比，与汁液和颗粒的密度差成正比，与汁液的黏度成反比。果肉颗粒上浮或下沉的运动速度越小，则果粒果肉饮料的动力稳定性越大，如果果肉颗粒上浮或下沉的运动速度等于零或趋于零，则果粒果肉饮料趋于一稳定体系。为了增加果粒果肉饮料的悬浮稳定性，生产上可采取以下措施：

① 在工艺允许的情况下，通过均质尽量降低果肉颗粒的粒度，以降低果肉颗粒的运动速度，增加果粒果肉饮料的悬浮稳定性。但由于果粒果肉饮料要求果肉颗粒有一定粒度，因此很难完全通过改变果肉颗粒的粒度来达到增加悬浮稳定性的目的。

② 果粒果肉饮料生产中虽然很难使果肉颗粒密度与汁液的密度相等，但可以采取一些措施使两者的密度接近。例如通过调整汁液的浓度来改变汁液的密度；通过对果肉颗粒进行适当的热处理，部分破坏细胞膜的半透性，增加物质的通透性，当果肉颗粒加入到汁液中后，很快使两者的密度接近；在果肉颗粒加入汁液之前，可在与汁液密度和成分相同或接近的液体中进行适当时间的浸泡，以缩小果肉颗粒与汁液的密度差。

③ 添加合适的稳定剂增加汁液的黏度。果肉颗粒要达到悬浮平衡必须有一定的汁液黏度值，临界黏度值的确定既要考虑果肉颗粒的悬浮平衡，又要考虑果粒果肉饮料的口感风味，否则汁液黏度高，易品尝到稳定剂的稠腻味。生产中通常使用混合稳定剂，稳定剂混合使用的稳定效果比单独使用好。如果汁液中钙离子含量丰富，则不能选用海藻酸钠、羧甲基纤维素（CMC）作稳定剂，因为钙离子可以使此类稳定剂从汁液中沉淀出来。

第四节　果蔬汁的质量标准

一、感官要求

感官要求应符合表 3-5 的规定。

表 3-5　感官要求

项　目	要　求	检验方法
色泽	具有该种(或几种)水果、蔬菜制成的汁液(浆)相符的色泽,或具有与添加成分相符的色泽	取一定量混合均匀的被测样品置 50mL 无色透明烧杯中,在自然光下观察色泽,鉴别气味,用温开水漱口,品尝滋味,检查其有无异物。浓缩饮料按产品标签标示的冲调比例稀释后进行检测
滋味、气味	具有该种(或几种)水果、蔬菜制成的汁液(浆)应有的滋味和气味,或具有与添加成分相符的滋味和气味;无异味,无异臭	
状态	无正常视力可见外来异物,状态均匀	

二、理化要求及理化指标

理化要求应符合表 3-6 的规定。

表 3-6　理化要求

产品类别	项目	指标或要求
果蔬汁(浆)	果汁(浆)或蔬菜汁(浆)含量(质量分数)/%	100
	可溶性固形物含量/%	符合 GB/T 31121—2014 附录 B 中表 B.1 和表 B.2 的要求
浓缩果蔬汁(浆)	可溶性固形物的含量与原汁(浆)的可溶性固形物含量之比　　　　　　　　　　≥	2
果汁饮料 复合果蔬汁(浆)饮料	果汁(浆)或蔬菜汁(浆)含量(质量分数)/%　≥	10
蔬菜汁饮料	蔬菜汁(浆)含量(质量分数)/%　　　　　　≥	5
果肉(浆)饮料	果浆含量(质量分数)/%　　　　　　　　　≥	20
果蔬汁饮料浓浆	果汁(浆)或蔬菜汁(浆)含量(质量分数)/%　≥	10(按标签标示的稀释倍数稀释后)
发酵果蔬汁饮料	经发酵后的液体的添加量折合成果蔬汁(浆)(质量分数)/%　　　　　　　　　　　　　≥	5
水果饮料	果汁(浆)含量(质量分数)/%　　　　　　　≥	≥5 且<10

注：1. 可溶性固形物含量不含添加糖(包括食糖、淀粉糖)、蜂蜜等带入的可溶性固形物含量。

2. 果蔬汁(浆)含量没有检测方法的,按原始配料计算得出。

3. 复合果蔬汁(浆)可溶性固形物含量可通过调兑时使用的单一品种果汁(浆)和蔬菜汁(浆)的指标要求计算得出。

理化指标应符合表 3-7 的规定。

表 3-7　理化指标

项　目		指　标	检验方法
可溶性固形物/%		应与标签显示值一致	
总酸/(g/100g)		应与企标一致	
锌、铜、铁总和/(mg/L)		≤20	GB 5009.13 或 GB 5009.90
铅/(mg/L)	果蔬汁	≤0.05	GB 5009.12
	浓缩果蔬汁(浆)	≤0.5	
锡/(mg/kg)		≤150	GB 5009.16
展青霉素/(μg/kg)		≤50	GB 5009.185

三、微生物指标

微生物指标应符合表 3-8 的规定。

表 3-8　微生物指标

项　目		采样方案[①]及限量				检验方法
		n	c	m	M	
菌落总数[②]/(CFU/mL)		5	2	10^2	10^4	GB 4789.2—2016
大肠菌落/(CFU/mL)		5	2	1	10	GB 4789.3—2016 中的平板计数法
霉菌/(CFU/mL)		≤20				GB 4789.15—2016
酵母/(CFU/mL)		≤20				GB 4789.15—2016
致病菌	沙门菌/(CFU/mL)	5	0	0	—	GB 4789.4—2016
	金黄色葡萄球菌/(CFU/mL)	5	1	10^2	10^3	GB 4789.10—2016 第二法

① 样品的采样及处理按 GB 4789.1—2016 和 GB/T 4789.21—2003 执行。
② 不适用于活菌（未杀菌）型乳酸菌饮料。
注：n 表示同一批次产品应采集的样品件数；c 表示最大可允许超出 m 值的样品数；m 表示微生物指标可接受水平限量值；M 表示微生物指标的最高安全限量值。

第五节　果蔬饮料加工技能综合实训

一、实训内容

【实训目的】

1. 本实训重点在于学会制备果蔬汁饮料的基本工艺流程，并且正确使用各种添加剂，同时注意投料顺序，要求进行分组对比实验（安排一组不按投料顺序进行配料实验），观察发生的现象并记录。

2. 写出书面实训报告。

【实训要求】

4～5 人为一小组，以小组为单位，从选择、购买原料及选用必要的加工机械设备开始，让学生掌握操作过程中的品质控制点，抓住关键操作步骤，利用各种原辅材料的特性及加工中的各种反应，使最终的产品质量达到应有的要求。

A. 果汁饮料

【材料设备与试剂】

（1）材料设备　天平、糖度表、量筒、烧杯、玻璃棒、移液管、容量瓶、辊式破碎机、橘囊分离器、榨汁机、锥形厚绒布滤袋、离心机、高压均质机、真空脱气机、夹层锅、灭菌锅、饮料玻璃瓶、灌装机、压盖机。

（2）试剂　白砂糖、水果蔬菜、果胶酶、柠檬酸、羧甲基纤维素（CMC）、明胶、琼脂、抗坏血酸。

【参考配方】

1. 苹果澄清汁（表3-9）

表3-9　苹果澄清汁饮料配方（每1L）

原料名称	含量/%	配方用量/g
苹果	76（出汁率）	1300
砂糖	10	100
柠檬酸	0.1～0.5	1～5
果胶酶	0.2～0.4	2～4
明胶	0.02	0.02
抗坏血酸	0.05	0.02
每组生产澄清饮料产品数量		2瓶（250mL/瓶）

2. 柑橘浑浊汁（表3-10）

表3-10　柑橘浑浊汁配方（每1L）

原料名称	含量/%	配方用量/g
柑橘	50（出汁率）	2000
砂糖	6	60
柠檬酸[①]	0.1～0.5	1～5
琼脂	0.1	1
CMC	0.2	2
每组生产浑浊饮料产品数量		2瓶（250mL/瓶）

　　① 柑橘原料的含酸、含糖量是不固定的，每批原料都不一样，要根据测定的每批次柑橘原料的具体数值，添加适量的柠檬酸，使产品的酸度一致。

【工艺流程示意图】

1. 澄清汁

果胶酶

新鲜优质苹果→清洗、拣选、分级→破碎→制汁→过滤→杀菌→冷却→离心分离→酶法澄清→过滤→调和→杀菌→灌装→澄清苹果汁

砂糖、柠檬酸

2. 浑浊汁

原料→拣选、清洗、分级→破碎、榨汁→过滤→调配→脱气、去油→均质→杀菌→灌装→浑浊果蔬汁

【操作要点】

1. 澄清汁

（1）洗瓶　将空瓶浸泡入30～40℃清水内，然后放入2%～3.5%氢氧化钠溶液，在55～65℃条件下保持10～20min浸泡处理，再放入20～30℃清水内进行刷瓶、冲瓶、控水处理。

（2）原料的选择　选择充分成熟的新鲜果实，个体大小不限，剔除腐烂、病、虫等不合格果实。

（3）清洗　用流动水清洗，或清水喷洗，除去果面异物及尘土。

（4）破碎　利用辊式破碎机将果实破碎成扁平状，破碎粒度3～5mm，不要压破果

核。如果果实大小不一，在破碎前应进行大小分级，以免破碎程度不均。有时可用人工或机械去掉果心，以促进内容物溶出。破碎或去核后，将果肉浸在 0.5% 抗坏血酸溶液中。

（5）榨汁、过滤　对破碎后的果浆进行一次压榨，压榨后果汁进行过滤，压榨后果渣加水萃取并进行二级压榨、粗滤。将两次压榨过滤后的浑浊汁合并。

（6）杀菌　为了防止微生物及酶的活动，促使热凝固物质凝固，对榨出的苹果汁应立即进行加热杀菌。一般加热至 95℃ 以上，维持 15~30s，然后立即冷却。冷却至 55℃，以防止氧化。

（7）离心分离　澄清苹果汁在杀菌之后的加酶澄清之前，应先分离出去一部分沉淀物，以提高酶作用效果，澄清后果汁容易过滤。

（8）澄清和过滤

① 澄清。利用果胶酶制剂水解果汁中的果胶物质，使果汁中其他胶体失去果胶的保护作用而沉淀。果胶酶最适温度 50~55℃，用量 2~4g/L 果汁，可直接加入榨出的新鲜果汁中或在果汁加热杀菌后加入。果汁中加入酶制剂作用 20~30min 后，加入浓度为 0.5% 的明胶溶液 4mL，在 20℃ 条件下进行澄清，效果良好。也可用加热凝聚澄清法（简便、效果好），果胶物质因温度剧变而变性，凝固析出。方法：在 80~90s 内加热至 80~82℃，然后快速冷却至室温。

② 精滤。经粗滤后再进行精滤，精滤机筛孔直径为 0.3mm 左右，使精滤后的果汁含有 3%~5% 的果肉浆。

（9）果汁的糖酸调整与混合　将过滤后的苹果汁送入带搅拌器的不锈钢容器内，根据原料的糖度，添加砂糖、柠檬酸调整成品糖度为 12%，酸度为 0.4% 左右。

将水、砂糖置于夹层锅中加热、搅拌，待砂糖溶解后，加入苹果汁，再加入水溶解的柠檬酸、苹果香精、抗坏血酸等配料，搅拌均匀。

（10）杀菌　采用 93℃±2℃ 保持 15~30s 杀菌，特殊情况下可采用 120℃ 以上温度保持 3~10s 杀菌。

（11）灌装封盖　空瓶经清洗，用沸水杀菌。灭菌后饮料趁热装瓶，保持灌装温度 85℃ 左右，迅速装瓶、密封，然后倒置 20min，以便利用余热对罐盖灭菌。随之喷淋冷水，快速冷却至 38℃ 左右。

2. 浑浊汁

（1）原料的选择　浑浊汁的原料选用成熟度适宜且新鲜的柑橘，柑橘的出汁率不是很高，一般在 45%~60%。挑选皮薄、汁多、出汁率高的柑橘。

（2）清洗分选　用 0.1% 高锰酸钾溶液浸泡 3~5min 后，用水清洗干净。

（3）榨汁　柑橘类果实的外皮中含有精油、苎萜、萜品类物质，果皮、内果皮和种子中存在大量的以柚皮苷、柠檬类化合物。加热后，这些化合物由不溶性变为可溶性，使果汁变苦。榨汁时必须设法避免这些物质进入果汁，因此，不宜采用破碎压榨法取汁，而应采取逐个锥汁法及柑橘全果榨汁机取汁。或手动去皮后，将果肉剥切成片，用 1.0% 盐酸溶液浸润 20~25min 后以清水洗净、控干，再以 0.5%~0.8% 的氢氧化钠溶液浸润，温度为 42℃，时间 5min，轻轻搅拌处理，待绝大部分果衣脱落后，以清水漂洗 30min 以上，漂净残余的碱液，并用 1% 柠檬酸溶液中和后，破碎，榨汁。

（4）过滤　榨出的果汁中含有果皮的碎片和囊衣、粗的果肉浆等。用 20 目振荡粗滤分离果皮渣子，对于榨汁机均附有果汁粗率设备，无需专门粗滤器即可排除皮渣及种子使果汁得到粗滤。

经粗滤后再进行精滤，精滤机筛孔直径为 0.3mm 左右，使精滤后的果汁含有 3%～5% 的果肉浆。果肉浆含量过多会使果汁黏稠化，且在贮藏过程中易形成沉淀，浓缩过程中易焦糊变味；果肉浆含量过少，果汁的色泽和浊度不足，味道也会变淡。

（5）果汁的混合与调配　过滤后的果汁送入带搅拌器的不锈钢容器内，进行糖、酸及其他成分的调整。调和后的果汁可溶性固形物（以折光度计）可达 15%～17%，总酸含量达 0.8%～1.6%。一般甜橙汁呈橙黄色，如需增浓色泽，可采用红玉血橙汁或色素加以调整。

（6）脱气与脱油　调和后的果汁中含有多种气体，特别是氧气会使果汁氧化，是果实品质劣化的原因之一。可用离心喷雾式或压力喷雾式脱气机对果汁进行脱气，排出其中氧气。脱气真空度一般为 133～160kPa。

柑橘皮外精油对保证果汁最佳风味是必不可少的，但过量的果皮精油混入果汁往往产生异味并引起败坏，因此应除去一部分精油。过去控制油含量的方法是调整榨汁机的挤压力，或把果实放在 85～90℃ 热水中浸 1～2min，使果皮软化后榨汁。现在生产上采用类似小型真空浓缩蒸发器的脱油器进行脱油，果汁喷入真空度达 90.66～93.33kPa 的脱油器中，并加热至 51～52℃，多余的精油被蒸发，随蒸汽而被冷凝，此时果汁中有 3%～6% 的水分被蒸发掉。冷凝液通过离心分离机分离出精油，留在下层的水回到果汁中。这种处理可以除去 75% 的挥发油。脱氧去油一般是在同一操作过程中完成的。

（7）均质　高压均质机均质时，使用压力为 14～21MPa，柑橘汁被强制通过均质机 0.002～0.003mm 的狭缝，迫使悬浮颗粒分裂成细小的微粒，均匀而稳定地分散在柑橘汁中，从而达到均质的目的。

（8）杀菌　脱气后的果汁通过杀菌器，在 15～20s 后，热交换器的温度降至 90℃ 左右，送往装填。精确的温度取决于所用设备和果汁流速。

（9）灌装、冷却　经杀菌后的果汁，用泵送至料桶，温度下降 1～3℃，装填时的温度为 85℃ 左右，迅速装瓶、密封，然后倒置 20min，以便利用余热对罐盖灭菌。随之喷淋冷水，快速冷却至 38℃ 左右。

B. 绿色蔬菜复合汁

【材料设备与试剂】

（1）材料设备　不锈钢水果刀、榨汁机、电子天平、杀菌机、烧杯、量筒、筛网、温度计、台秤、pH 试纸。

（2）试剂　胡萝卜浆、番茄原汁、菠萝原汁、绵白糖、菠萝香精、柠檬酸、CMC（羧甲基纤维素）、黄原胶、抗坏血酸。

【参考配方】

胡萝卜浆 60g、番茄原汁 60g、菠萝原汁 90g、绵白糖 24g、菠萝香精 0.05%、柠檬酸 0.6%、CMC0.1%、黄原胶 0.1%、抗坏血酸 0.1%。

【工艺流程示意图】

水果、蔬菜→挑选清洗→去皮、切分、去籽→打浆→过滤→混合→调配→均质→灌装→杀菌→冷却→成品

【操作要点】

1. 原料清洗、拣选

精选果蔬汁液多、香味浓郁、色泽鲜艳、充分成熟的新鲜原料，在清水中洗两遍以上，

清水洗净后，用不锈钢水果刀将菠萝去皮切块备用。

2. 果蔬汁制备

（1）胡萝卜汁的制备 选择大小均匀、成熟、无腐烂及损伤的优质原料，用清水洗净。先将胡萝卜去皮去蒂，切成0.5cm的薄片，再在水中加入0.5％的抗坏血酸（护色）、0.5％的柠檬酸80℃预煮4min。去皮的目的是减少胡萝卜汁的苦味及其色变程度。去除不宜加工的头部和尾梢。将原料按料水比2：1加入榨汁机中（注意是温水）过滤后，制得的胡萝卜汁用备用。

（2）番茄汁的制备 选取色泽鲜红、香味浓郁、新鲜成熟的番茄，并用清水洗去表皮的污垢。番茄放入85℃热水中预煮，能提高出汁率。番茄果实经预煮后组织已松软，迅速手工去皮去籽。将处理后的番茄切成块料水比1：1.5（注意是温水），放入打浆机中打浆。番茄汁用滤布过滤，得澄清、透明汁液。

（3）菠萝汁的制备 将菠萝果实去皮切块，放入食盐水中浸泡一会；将菠萝切块，按料水比1：1.5放入打浆机中，将菠萝块打浆，形成浆汁；把浆汁过滤，取滤液；再将滤液离心，所得到的上清液为澄清菠萝汁。

3. 果蔬汁的混合

将准备好的汁液按配比倒在一个大的干净的容器中。

4. 混合果蔬汁的调配

将黄原胶、CMC、绵白糖称量好后加入烧杯中，充分搅拌均匀混合后，再加入凉水搅拌，然后加热融化，待完全溶解至澄清的黏稠液，停止加热，过滤冷却备用。得到的较澄清液体加入刚才配好的黏稠液，再加入菠萝香精0.1mL、柠檬酸1.4g、抗坏血酸0.3g，搅拌均匀。

5. 灌装、封盖

将混合后的复合汁趁热灌装于已清洗的瓶内，盖上盖子。

6. 杀菌及冷却

采用巴氏杀菌法，在80℃恒温下加热处理30min后再自然冷却至室温，将成品放于0～5℃条件下保存。

【注意事项】

1. 供制汁的果蔬应具有浓郁的风味和芳香，无不良风味，色泽稳定，酸度适当，并在加工和贮存过程中仍能保持这些优良的品质，无明显的不良变化。

2. 果蔬汁加工使用的破碎设备要根据果实的特性和破碎的要求进行选择。一般在原料清洗后应立即进行破碎，若露置于空气中的时间太长，在清洗中碰破果皮的原料会受到微生物污染，引起原料发酵、腐烂、变质。另外，也可能使果肉氧化，降低果汁的质量。果实在破碎时常喷入适量的氯化钠及维生素C配成的抗氧化剂，防止或减少氧化作用的发生，以保持果蔬汁的色泽和营养。

3. 注意出汁率与浸提时间、浸提温度、果实压裂程度之间的关系。

4. 酶处理时要合理控制加酶量、酶解时间与温度。

5. 精滤时需要调节压力和筛孔大小，控制适当的果肉浆含量。压榨和过滤对果汁质量影响很大。

6. 果汁中存在的果胶会使果汁呈浑浊态，同时果胶溶液黏度大会影响过滤效率，所以一般透明苹果汁必须经澄清处理。澄清方法通常用明胶单宁法或加酶处理法。

7. 糖度和酸度的调整：①进行糖度的测定调整时用折光仪或白利糖表测定原果汁含糖

量，然后根据需要计算补加浓糖液的质量；②对经过糖分调整后的果蔬汁测定含酸量，根据计算出的果汁含酸量计算果蔬汁调整到要求酸度应补加的柠檬酸量。

二、质量标准

表 3-11 为制作澄清汁的质量标准参考表。

表 3-11　制作澄清汁的质量标准参考表

实训程序	工作内容	技能标准	相关知识	单项分值	满分值
一、准备工作	（一）清洁卫生	能发现并解决卫生问题	操作场所卫生要求	3	10
	（二）准备并检查工器具	(1)准备本次实训所需所有仪器和容器 (2)仪器和容器的清洗和控干 (3)检查设备运行是否正常	(1)本次实训内容整体了解和把握 (2)清洗方法 (3)不同设备操作常识	7	
二、原料的选择	（一）果蔬选择	选择合适果蔬饮料的原料 按照要求挑选出病虫霉烂果，将原料按等级挑选分级	果蔬饮料的特征与原料特征 (1)果蔬原料的质量标准 (2)分级机的操作常识	6	10
	（二）食品添加剂的选择	(1)能按照产品特点选择合适的食品添加剂 (2)能够对选择的食品添加剂进行预处理	(1)食品添加剂的使用卫生标准 (2)食品添加剂溶液的配制方法,定量的方法	4	
三、原料的预处理	（一）洗涤	能选择合适的方法清洗果蔬原料	各种洗涤方法的适用范围	2	10
	（二）去皮去核	(1)能根据不同原料的特征选择不同的去皮和去核的设备和方法 (2)操作规范,能尽可能节约原料	(1)去皮去核的设备 (2)各种设备的操作要点	3	
	（三）原料的破碎	(1)能根据原料的特征合理安排破碎在整个工艺中的顺序 (2)能根据原料的特征选择合适的破碎设备 (3)能采用一定的保护措施防止原料品质劣变	(1)原料的特征与产品的特点 (2)破碎方法及注意事项 (3)处理过程中原料发生的物理化学变化	5	
四、榨汁	（一）榨汁前处理	能选择合适的榨汁前处理方法	原料的特征	2	10
	（二）榨汁	(1)能选择合适的榨汁方法榨汁设备 (2)能解决榨汁过程中出现的一般问题	(1)榨汁方法与设备操作要点 (2)榨汁的注意事项	5	
	（三）粗滤	能使用锥形厚滤布袋	过滤注意事项	3	
五、杀菌	杀菌工艺	能选择合适的杀菌条件和掌握杀菌的方法	杀菌方法与操作要点	2	2
六、澄清	果蔬汁的澄清	能使用不同的澄清方法 能将两种澄清方法配合使用	澄清的方法和各方法适用对象	7	10
	精滤	能使用精滤机	精滤机的操作要点	3	
七、调和	糖酸比调整	能根据原料的糖度与酸度计算出补充的糖量和酸量	补加糖量和酸量的计算方法	10	15
	其他成分调整	能选择其他果蔬汁进行复配	复配的原则	5	
八、脱气均质	浑浊汁的脱气	能使用真空脱气方法对物料脱气	真空脱气的控制条件	5	10
	浑浊汁的均质	能正确使用高压均质机	高压均质的控制条件	5	
九、杀菌	果蔬汁的杀菌	能选择合适的杀菌条件	产品的质量标准	5	5
十、包装	果蔬汁的包装	能使用正确的包装条件	包装的注意事项	3	3

续表

实训程序	工作内容	技能标准	相关知识	单项分值	满分值
十一、实训报告	(一)实训内容	实训完毕能够写出实训具体的工艺操作	—	5	15
	(二)注意事项	能够对操作中注意问题进行分析比较	—	5	
	(三)结果讨论	能够对实训产品做客观的分析评价探讨	—	5	

三、考核要点及参考评分

(一)考核内容（表 3-12）

表 3-12　考核内容及参考评分

考核内容	满分值	水平/分值		
		及格	中等	优秀
清洁卫生	3	1	2	3
准备并检查工器具	7	5	6	7
果蔬选择	6	3	4	6
食品添加剂的选择	4	2	3	4
洗涤	2	1	1	2
去皮去核	3	2	2	3
原料的破碎	5	3	4	5
榨汁前处理	2	1	1	2
榨汁	5	3	4	5
粗滤	3	1	2	3
杀菌工艺	2	1	1	2
果蔬汁的澄清	7	5	6	7
精滤	3	2	2	3
糖酸比调整	10	7	8	10
其他成分调整	5	3	4	5
浑浊汁的脱气	5	3	4	5
浑浊汁的均质	5	3	4	5
果蔬汁的杀菌	5	3	4	5
果蔬汁的包装	3	2	2	3
实训内容	5	3	4	5
注意事项	5	3	4	5
结果讨论	5	3	4	5

(二)考核方式

实训地现场操作。

四、实训习题

1. 在进行破碎操作时应当注意什么？

答：(1)破碎的时间　一般在原料清洗后应立即进行破碎，若露置于空气中的时间太长，在清洗中碰破果皮的原料会受到微生物污染，引起原料发酵、腐烂、变质。另外，也可能使果肉氧化，降低果汁的质量。

(2)果块粒径的大小　果块粒径的大小需要由果实的种类决定。有些果实(如苹果、梨等)果肉肥厚，致密，汁液难以流出，需破碎成较小的颗粒，其粒径一般为 0.3～0.4cm；葡萄、草莓皮薄汁多，只需压破果皮即可。

（3）果块的均匀度　经破碎后的果块，要求大小均匀。太大的果块难以榨透，影响出汁率；而太小的果块在榨汁时，因其所受压力很大，果汁很快地被榨出，形成一层厚皮，内层果汁难以流出，出汁率也会降低。

（4）设备的选择　用于果实破碎的设备很多，主要是根据原料的物理特性和破碎要求进行选择。如对于皮薄汁多的葡萄、草莓等浆果类，可选用带筛筒的桨叶型破碎机，使破碎与粗滤一起完成；对于肉厚且致密的苹果、梨、桃等仁果类，可选用锤碎机、辊式破碎机；生产带肉果汁时，可选择磨碎机等。这里需要注意的是，不管选用何种破碎设备，凡是果汁接触的部位，其金属部件都应有很高的抗腐蚀性能。铁质材料会与果汁中的单宁或某些色素作用生成黑褐色物质，影响果汁的风味。一般以不锈钢为好。

2. 怎样提高原料的出汁率？

答：果汁的汁液存在于果实组织的细胞中，制取果汁时，需要将其分离出来。为了节约原料，提高经济效益，总是想方设法地提高出汁率，通常可以采取以下方法：

（1）合适的破碎　破碎是提高出汁率的主要途径。特别是对于皮、肉致密的果实，更需要破碎。果实破碎后，果块大为减小，果肉组织外露，为榨汁做好了充分的准备。在破碎时，要注意果块粒径适当，大小均匀，并选择高效率的破碎机。

（2）适当的热处理　有些果实（如苹果、樱桃）含果胶量多，汁液黏稠，榨汁较困难。为使汁液易于流出，在破碎后需要进行适当的热处理，工艺条件为 $60\sim70℃$，时间为 $15\sim30min$。通过热处理可使细胞质中的蛋白质凝固，改变细胞壁的通透性，使果肉软化，果胶物质水解，有利于色素和风味物质的溶出，并能提高出汁率。

（3）加果胶酶制剂　影响出汁率的关键是果肉中存在果胶物质。除了用加热法来分解果胶物质外，还可加果胶酶制剂处理。果胶酶可有效地分解果肉组织中的果胶物质，使果汁黏度降低，易于榨汁和过滤。添加果胶酶时，须注意使其与果肉混合均匀，并控制加酶量、温度及作用时间。如用量不足或时间不够，则达不到目的；反之，则分解过度，使果汁浑浊，甚至出现大量沉淀，影响质量。

（4）添加助滤剂　果实破碎后，多呈胶黏状态，汁液不易畅流，因此要添加一些助滤剂。添加助滤剂一般有两种方法：一种是将其与破碎果肉均匀地混合在一起，榨汁时形成多孔松软滤渣，有利于内层果汁不断渗出；另一种是先将助滤剂在滤布上涂敷一层，使破碎的原料与滤布隔开，其毛细孔不易为微细果肉堵塞，也便于滤布的清洗，还可以提高出汁率，其汁液也较清亮。常用的助滤剂有硅藻土。另外，谷壳和木屑也可用作助滤剂。对助滤剂总的要求是疏松、多孔，有一定的强度，本身无异味，化学性质稳定，不与原料发生化学作用等。

3. 常用的澄清方法有哪些？

答：制取澄清果汁时，果汁应当清澈透明，不得有悬浮粒子存在。若有悬浮粒子存在，则需要通过澄清、精滤，将其除去。果汁生产中常用的澄清方法有以下几种：

（1）自然澄清法　通过静置，使果汁中的悬浮物在重力作用下缓慢地沉淀下来，从而得到上层透明的果汁。但是，果汁在较长时间（可达几个月）静置过程中，容易发酵变质，故应加入防腐剂，或将果汁放在10℃以下的冷凉处。此法只限于用亚硫酸保藏果汁半成品的生产上。

（2）明胶-单宁法　利用单宁与明胶结合成不溶性的鞣酸盐而沉淀的原理来澄清果汁的一种方法。操作时，在果汁中先加入适量的0.5%单宁溶液，再加入1%的明胶溶液。使用前，先做澄清试验，而后确定使用剂量。明胶、单宁溶液加入后，在10~15℃温度下静置6~12h，所形成的絮状物便会将果汁中的杂质和悬浮物聚集沉淀下来。此法用于梨汁、苹果汁等的澄清，效果较好。

（3）加酶澄清法　利用果胶酶制剂来水解果汁中的果胶物质，使果汁中其他胶体失去果胶的保护作用而共同沉淀，从而达到澄清的目的。操作时，先将果汁加热杀菌，待其冷却到30～37℃时，加入干酶制剂，充分搅匀后静置3～5h，这时果汁中的悬浮物逐渐下沉，果汁得以澄清。若不经加热杀菌，而直接加入酶制剂，则果汁中天热果胶酶可协同作用，效果更好。干酶制剂的用量要根据果汁的性质、果胶物质的含量以及酶制剂的活力来定，其用量一般为0.2%～0.4%。加酶澄清法是工厂中最常用的方法之一。

（4）加热处理法　利用果汁中引起浑浊的物质（如蛋白质、胶体物质）在受热时变性凝聚析出的原理而达到澄清的目的。操作时，将待处理果汁迅速加热到78～80℃，1～3min后迅速冷却到室温，静置数小时即可。

4. 果汁有哪些特征？

答：（1）悦目的色泽　不同品种的果实，在成熟后都会呈现各种不同的鲜艳色泽。它既是果实成熟的标志，又是区别不同种类果实的特征。果实的色泽时由色素物质来体现的。不同的果实中含有不同的色素（一般是几种并存），存在的种类和数量影响果实和果汁的特色。果汁的色泽既给人以美感，也是区别不同果汁的感官特征。艳丽、悦目的色泽使人耳目一新，食欲大增。

（2）迷人的芳香　不同的果实均有其固有的香气，特别是随着果实的成熟，香气日趋浓郁。这种香气也带给了果汁，构成了不同果汁特有的典型风味。果汁的芳香是由芳香物质散发出来的。它们都是挥发性物质，其种类繁多，虽存在量甚微，但对香气和风味的表现却十分明显典型。

（3）怡人的口感　形成果汁味道的主要成分是糖分和酸分。糖分赋予其甜味。果汁中形成甜味的主要成分是蔗糖、果糖和葡萄糖，其他甜味物质量微而不显。糖分是随着果实的成熟不断形成和积累的，故成熟的果实较甜。酸分主要是柠檬酸、苹果酸、酒石酸等有机酸，各种果实中含酸的种类和数量不同，故酸味也有差异。如苹果以苹果酸为主，柑橘类以柠檬酸为主，而葡萄则以酒石酸为主。

（4）丰富的营养　果汁中含有的营养成分极其丰富，除了糖分和酸分外，还有许多其他成分。如含氮物质，包括蛋白质、氨基酸、肽、磷脂等，都是人体必需的营养素。氨基酸能溶于果汁，而蛋白质、磷脂多与固体组织相结合，悬浮于浑浊果汁中，故浑浊型果汁营养价值较高。维生素是人体内能量转换所必需的物质，能起控制和调节代谢的作用。人对它的需要量虽少，但其作用异常重要。维生素在体内一般不能合成，多来自于食物，而果蔬是维生素丰富的来源。果汁中还含有许多人体需要的无机盐，如钙、磷、铁、镁、钾、钠、碘、铜、锌等，它们以硫酸盐、磷酸盐、碳酸盐或与有机物结合的盐类形式存在，对构成人体组织与调节生理机能起着重要的作用。

思 考 题

1. 果蔬汁根据含量可分为哪几类？
2. 简述果蔬汁生产的一般工艺流程。
3. 如何解决果肉饮料的稳定性问题？
4. 如何预防果蔬汁的褐变？
5. 简述果蔬汁调配的基本方法。

第四章 蛋白饮料加工技术

　　蛋白质是生命的物质基础，维持着人体的新陈代谢、生殖遗传等生理功能，是组成和修补人体组织的主要材料。蛋白质可以为人体提供能量，1g 蛋白质氧化后能提供 4kcal 热量。蛋白饮料是以蛋白质含量较高的原料为基础加工而成的，主要包括动物蛋白饮料、植物蛋白饮料等。

　　蛋白质是生命的物质基础，维持着人体的新陈代谢、生殖遗传等生理功能，是组成和修补人体组织的主要材料。蛋白质可以为人体提供能量，1g 蛋白质氧化后能提供 4kcal 热量。蛋白饮料是以乳或乳制品，或其他动物来源的可食用蛋白质，或含有一定蛋白质的植物果实、种子或种仁为原料，添加或不添加其他食品原辅料和（或）食品添加剂，经加工或发酵制成的液体饮料，分为含乳饮料、植物蛋白饮料及复合蛋白饮料。

第一节 动物蛋白饮料加工技术

　　动物蛋白饮料是以动物蛋白为原料加工制得的液状或糊状产品的总称，主要包括含乳饮料、蛋类饮料以及蜂蜜饮料等。

一、动物蛋白饮料加工工艺

　　动物蛋白饮料以含乳饮料为主。它是以鲜乳或乳制品为原料，经加工制成的制品。其乳成分在 3% 以上。含乳饮料包括咖啡含乳饮料、果汁含乳饮料、酸乳、乳酸菌饮料以及非乳制品乳酸菌饮料。含乳饮料因其含有丰富的蛋白质、脂肪、碳水化合物及微量元素，易消化和吸收，口感好，越来越受到消费者的青睐。

　　按照生产工艺，含乳饮料又可分为配制型含乳饮料和发酵型含乳饮料两种。

　　其中，配制型含乳饮料是指以鲜乳或乳制品为原料，加入水、糖液、酸味剂、果汁、茶或植物提取液等调制而成的制品。若以鲜乳为原料，其主要工艺流程为：

　　　　　原料乳的验收→预处理→巴氏杀菌→配制→均质→杀菌→灌装→保温→分销

　　发酵型含乳饮料：以鲜乳或乳制品为原料，经乳酸菌类培养发酵制得的乳液中加入水、糖液等调制而制得的制品。若以鲜乳为原料，其主要工艺流程为：

　原料乳的验收→预处理→巴氏杀菌→冷却→接种与发酵→冷却→配料→均质→杀菌→灌装→保温→分销

二、乳酸菌饮料加工工艺

1. 乳酸菌饮料的定义

　　乳酸菌饮料是指将乳或乳制品以乳酸菌发酵后所得液状或糊状制品作为主要原料，再经过调配、均质以及加水稀释等工艺而制成的饮料。

乳酸菌饮料因其具有独特的风味以及营养保健功能而受到消费者的喜爱。在乳酸菌饮料中通过添加不同风味的营养物质制造出的新型乳酸菌饮料已经成为一种发展趋势。例如用预处理后的果汁、蔬菜汁加入酸乳中进行发酵，制出新型的乳酸菌饮料，如胡萝卜汁、中草药汁、猪肝汁等，这些产品以其特殊的风味，给人们带来全新的感受。

2. 乳酸菌饮料的分类

乳酸菌饮料可以分为乳制品乳酸菌饮料和非乳制品乳酸菌饮料两类。

（1）乳制品乳酸菌饮料

① 活菌类型。活菌类型乳制品乳酸菌饮料是乳或乳制品经过乳酸菌发酵制得的发酵乳中加入水、糖和（或）甜味剂、酸味剂、果汁、茶、咖啡、植物提取液等（一种或几种）调制而成的饮料，发酵乳含量一般为 4%。主要成分规格如下：

a. 非脂乳固形物≥3.0%；

b. 乳酸菌数≥1×10⁶cfu/mL。

c. 大肠菌群≤3MPN/mL。

② 杀菌类型。杀菌类型乳制品乳酸菌饮料是发酵乳经过杀菌后制成的产品，也称为非活性乳酸菌饮料，也就是通常所说的乳酸菌饮料，一般不具有活性，其中的乳酸菌在发酵后已被杀灭。这种饮料可在常温下贮存和销售，也就不存在活性乳酸菌的功效。

（2）非乳制品乳酸菌饮料 此类饮料中乳成分含量极少，多为 0.1%~1%，可分为以下两种类型：

① 将活菌类型乳制品乳酸菌饮料稀释而制成。

② 将果汁杀菌冷却后以乳酸菌发酵而制成。

3. 乳酸菌饮料的原材料

（1）原料乳 乳酸菌饮料的原料乳包括生乳、浓缩乳、脱脂乳粉和无糖炼乳，一般为突出风味以及避免加热臭的产生，常采用脱脂的鲜牛乳为原料乳。原料乳要求乳质新鲜，不含阻碍发酵的物质（例如抗生素、消毒剂和洗涤剂等）。无论采用哪种原料乳，均需要使非脂乳固体含量还原到 8%以上。

（2）甜味料和甜味剂 乳酸菌饮料中添加的甜味料以蔗糖为主。添加糖不仅使饮料获得适宜饮用的糖酸比，还使之具有黏稠性，可使蛋白质粒子分散，从而可以长期保存。含果糖量多的转化糖或异构化糖液，会与发酵乳中含有的氨基酸发生氨基反应，加热和保存时会促进褐变，因此很少使用。另外，也可以用非糖的甜味料和人工合成的甜味剂等。使用非糖甜味料时，饮料黏度小，发酵乳的蛋白质容易沉淀，此时可加入黏稠剂或稳定剂以保持产品稳定性。

（3）稳定剂 为使乳蛋白质或乳蛋白质和果汁成分的凝集物稳定，可相应地使用稳定剂。糖也是一种稳定剂，但一般多选用增黏性和亲水性的高分子物质，如耐酸性的羧甲基纤维素钠（CMC-Na）、海藻酸丙二醇酯（PGA）等。使用量一般为 0.35%以下。在选择稳定剂的黏度时，要注意若使用黏度太大的稳定剂，其制品味感不好。

（4）酸类 如果发酵生成的酸不能满足制品的酸度要求时，可以另外添加有机酸以达到酸度要求。一般以添加柠檬酸为主，也可以使用苹果酸等其他有机酸。

（5）着色剂 为保证产品具有一定的色泽，一般使用合成色素、焦糖色素、β-胡萝卜素等作着色剂。

（6）香料 以柑橘系的水果或草莓香料为主，也可使用香蕉、甜瓜、桃子等香料。

（7）果汁 乳酸菌饮料中采用的果汁要求能与乳混合而不凝集沉淀，这可以用添加果胶酶、除去果汁中的高分子电荷物质（使之生成凝集沉淀物而析出）这两种方法来加以解决。一般选用葡萄、草莓、橙、葡萄柚、菠萝或苹果的浓缩果汁。

4. 乳酸菌饮料的加工工艺流程

酸乳→混合调配→净化→均质→杀菌→充填→冷却→包装→成品

主要工艺说明：

（1）配方 不同的产品，其配方不同，表 4-1～表 4-3 是常用的三种配方。

表 4-1 乳酸菌饮料配方Ⅰ 单位：%

名　　称	加入量
酸乳	30
糖	10
果胶	0.4
果汁	6
45%乳酸	0.1
香精	0.15
水	53.35

表 4-2 乳酸菌饮料配方Ⅱ 单位：%

名　　称	加入量
酸乳	40
糖	14
稳定剂	0.35
着色剂	适量
香料	0.05
水	45.6

表 4-3 乳酸菌饮料配方Ⅲ 单位：%

名　　称	加入量	名　　称	加入量
酸乳	46.2	柠檬酸	0.29
糖	6.7	磷酸二氢钠	0.05
果胶	0.18	香兰素	0.018
蛋白糖	0.11	水蜜桃香精	0.023
耐酸 CMC	0.23	水	46.2

（2）混合调配 先将白砂糖、稳定剂、乳化剂与整合剂等按配方称量，然后一起拌和均匀，加入 70～80℃ 的热水中充分溶解，经杀菌、冷却后，同果汁、酸味剂一起与发酵乳混合并搅拌，最后加入香精等。

在乳酸菌饮料中最常使用的稳定剂是纯果胶或与其他稳定剂的复合物。通常果胶对酪蛋白颗粒具有最佳的稳定性，这是因为果胶是一种聚半乳糖醛酸，在 pH 为中性和酸性时带负电荷，将果胶加入到酸乳中时，它会附着于酪蛋白颗粒的表面，使酪蛋白颗粒带负电荷。由于同性电荷互相排斥，可避免酪蛋白颗粒间相互聚合成大颗粒而产生沉淀，考虑到果胶分子在使用过程中的降解趋势以及它在 pH＝4 时稳定性最佳的特点，因此，杀菌前一般将乳酸菌饮料的 pH 值调整为 3.8～4.2。

（3）净化 一般用离心机将混入的异物除去，效果比过滤机好。还可以采用自动排渣的 CIP 洗净型系统。

（4）均质 均质使其液滴微细化，提高料液黏度，抑制粒子的沉淀，并增强稳定剂的稳定效果。所采用的设备一般是乳液磨和高压均质机。

乳液磨是利用相对运动旋转板的间隙，给液体以强的剪切力。高压滑阀型均质机，用剪切粉碎、冲击破坏或流速激变等方式将蛋白粒子破坏和用饱和压力使微粒分散，因而分散效率比其他分散机好。乳酸菌饮料较适宜的均质压力为 20～25MPa，温度为 53℃ 左右。

（5）后杀菌 发酵调配后杀菌的目的是延长饮料的保存期。经合理杀菌、无菌灌装后的饮料，其保存期可达 3～6 个月。由于乳酸菌饮料属于高酸食品，故采用高温短时巴氏杀菌即可得到商业无菌，也可采用更高的杀菌条件如 95～105℃ 30s 或 110℃ 4s。生产厂家可根据自己的实际情况，对以上杀菌制度作相应的调整，对塑料瓶包装的产品来说，一般灌装后采用 95～98℃ 20～30min 的杀菌条件，然后进行冷却。

（6）果蔬预处理　在制作果蔬乳酸菌饮料时，要首先对果蔬原料进行加热处理，以起到灭酶作用。通常是在沸水中放置 6～8min。经灭酶后打浆或取汁，再与杀菌后的原料乳混合。

（7）充填和冷却　充填时要特别注意不要混入空气，否则，会因氧化而降低质量并造成灌装量不准确。热充填后的品温应为 75～80℃，要立即冷却到 30℃ 左右。冷却时间要尽量缩短。但应注意急速冷却有时会产生破瓶，以 20～30℃ 的间隔，分级冷却为好。瓶的耐热性一般为 40～50℃，瓶内品温和冷却水温度之差不宜超过 30℃。

（8）洗瓶和检瓶　用洗瓶机把瓶洗净杀菌。洗瓶机有喷雾式和均热喷淋式两种。喷雾式洗瓶机不带浸泡槽；而均热喷淋式洗瓶机是将待洗瓶在浸泡槽中浸泡后再用喷雾喷液洗净。

要洗大量瓶时，多用均热喷淋式或改用喷雾式。洗涤剂一般采用氢氧化钠溶液，其浓度以 3%～4% 为宜，加热到 60～70℃ 使用。洗净回收瓶时，氢氧化钠溶液和洗瓶用的洗涤剂并用。瓶的杀菌是用热碱水浸泡 15min，然后用洗涤水充分洗涤干净，做空瓶检查。

（9）包装和贮存　冷却后要做制品液的水平线检查和透过光线做实瓶检查，观察有无异物或破瓶，然后贴上瓶签，装箱，贮存于制品仓库。仓库内的贮藏温度以低温为好。

5. 乳酸菌饮料的质量控制

（1）饮料中活菌数的控制　乳酸活性饮料要求每毫升饮料中含活的乳酸菌数达到 100 万个以上。欲保持较高活力的菌种，发酵剂应选用耐酸性强的乳酸菌种。

为了弥补发酵本身的酸度不足，需补充柠檬酸，但是柠檬酸的添加会导致活菌数下降，所以必须控制柠檬酸的使用量。苹果酸对乳酸菌的抑制作用小，与柠檬酸并用可以减少活菌数的下降，同时又可改善柠檬酸的涩味。

（2）沉淀　沉淀是乳酸菌饮料最常见的质量问题。乳蛋白中 80% 为酪蛋白，其等电点为 pH4.6。乳酸菌饮料的 pH 在 3.8～4.2 之间，此时，酪蛋白处于高度不稳定状态。此外，在加入果汁、酸味剂时，若酸浓度过大、加酸时混合液温度过高或加酸速度过快及搅拌不匀等均会引起局部过分酸化而发生分层和沉淀。为使酪蛋白胶粒在饮料中呈悬浮状态，不发生沉淀，应注意以下几点：

① 均质。经均质后的酪蛋白微粒，因失去了静电荷、水化膜的保护，使粒子间的引力增强，增加了碰撞机会，容易聚成大颗粒而沉淀。因此，均质必须与稳定剂配合使用，方能达到较好效果。

② 稳定剂。常添加亲水性和乳化性较高的稳定剂。稳定剂不仅能提高饮料的黏度，还可以防止蛋白质粒子因重力作用下沉，更重要的是它本身是一种亲水性高分子化合物，在酸性条件下与酪蛋白结合形成胶体保护，防止凝集沉淀。此外，由于牛乳中含有较多的钙，在 pH 降到酪蛋白的等电点以下时以游离钙状态存在，Ca^{2+} 与酪蛋白之间易发生凝集而沉淀。故添加适当的磷酸盐，使其与 Ca^{2+} 结合，起到稳定作用。

③ 添加蔗糖。添加 13% 的蔗糖不仅使饮料酸中带甜，而且糖在酪蛋白表面形成被膜，可提高酪蛋白与其他分散介质的亲水性，并能提高饮料密度，增加黏稠度，有利于酪蛋白在悬浮液中的稳定。

④ 有机酸的添加。添加柠檬酸等有机酸类是引起饮料产生沉淀的因素之一。因此，需在低温条件下添加；添加速度要缓慢，使有机酸与蛋白胶粒均匀缓慢地接触；另外，搅拌速度要快。一般酸液以喷雾形式加入。

⑤ 发酵乳的搅拌温度。为了防止沉淀产生，还应注意控制好搅拌发酵乳时的温度。高温时搅拌，凝块将收缩硬化，造成蛋白胶粒的沉淀。

（3）脂肪上浮　在采用全脂乳或脱脂不充分的脱脂乳作原料时，由于均质处理不当等原因容易引起脂肪上浮，应改进均质条件，同时可选用酯化度高的稳定剂或乳化剂如卵磷脂、单硬脂酸甘油酯、脂肪酸蔗糖酯等。最好采用含脂率较低的脱脂乳或脱脂乳粉作为乳酸菌饮料的原料。

（4）果蔬料的质量控制　为了强化饮料的风味与营养，常常加入一些果蔬原料，例如果汁类的椰汁、芒果汁、橘汁、山楂汁、草莓汁等，蔬菜类的胡萝卜汁、玉米浆、南瓜浆、冬瓜汁等，有时还加入蜂蜜等成分。由于这些物料本身的品质不好或配制饮料时预处理不当，易使饮料在保存过程中引起感官质量的不稳定，如饮料变色、褪色、出现沉淀、污染杂菌等。因此，在选择及加入这些果蔬物料时应注意杀菌处理。另外，在生产中应考虑适当加入一些抗氧化剂，如维生素 C、维生素 E、儿茶酚、EDTA 等，以增强果蔬色素的抗氧化能力。

（5）卫生管理　在乳酸菌饮料酸败方面，最大的问题是酵母菌的污染。酵母菌繁殖会产生二氧化碳，并形成酯臭味和酵母味等不愉快风味。另外，霉菌耐酸性很强，也容易在乳酸菌饮料中繁殖并产生不良影响。

酵母菌、霉菌的耐热性弱，通常在 60℃ 加热处理 5～10min 即被杀死。所以，制品中出现的污染，主要是二次污染所致。所以使用蔗糖、果汁的乳酸菌饮料其加工车间的卫生条件必须符合有关要求，以避免制品二次污染。

三、其他动物蛋白饮料加工技术

1. 双歧杆菌发酵乳饮料

双歧杆菌发酵乳饮料是以乳为原料，经双歧杆菌和乳酸菌（保加利亚乳杆菌与嗜热链球菌以 1∶1 混合）发酵后加入稳定剂、糖、果汁、维生素及净化水、酸液等加工而成。双歧杆菌发酵乳要求其产品具有一定活菌含量，其关键技术是保证产品的营养、卫生、外观以及风味。

（1）双歧杆菌与人体健康　双歧杆菌是一类不能游动的革兰氏阳性专性厌氧杆菌。它要求的厌氧及营养条件较高，广泛存在于人及动物肠道中，母乳中含有双歧杆菌生长促进因子。它在母乳喂养的健康婴儿肠道中几乎以纯菌状态存在，占绝对优势。据报道，母乳喂养儿肠道中双歧杆菌量是人工喂养儿的 10 倍，健康人双歧杆菌量是病人的 50 倍。当患病、饮食不当或衰老时，双歧杆菌减少或消失。双歧杆菌在肠道中的数量成为婴幼儿和成人健康状况的标志，反映了双歧杆菌对人体健康的重要作用。

双歧杆菌有益健康的原因首先与该菌的产酸特性有关，它以生成醋酸为主，同时生成乳酸和甲酸，在大肠中造成低 pH 环境，抑制肠道有害菌和致病菌的生长。醋酸对革兰氏阳性菌的抑制作用比乳酸强，因此，双歧杆菌的保健效果比以生成乳酸为主的乳酸菌更佳。另外，双歧杆菌的保健作用还表现在以下方面：抑制腐败菌的生长；降低乳糖含量，可避免乳糖不耐症引起的种种不适；对肝脏及人体代谢的保健作用；改善维生素代谢；防止便秘；抗癌作用。

双歧杆菌生成的乳酸为 L（＋）型，比 D（－）型和 DL 型具有更高的生理活性和代谢活性。双歧杆菌可抑制硝酸盐还原为亚硝酸盐，其代谢产物还可抑制肠道中的硝酸盐还原菌，可消除或显著减少亚硝酸盐致癌物质对人体的危害。

双歧杆菌在肠道内有合成各种维生素的能力，其磷蛋白分解酶又可促进人体对蛋白质的消化吸收。由于上述因素的综合作用，双歧杆菌有降低人体患病率和预防病原菌污染的作用。

尽管双歧杆菌对人体健康有诸多的重要作用，但其分离、纯化、鉴定、培养等都有较大的困难，加之其热敏感性和产酸时间长等给加工带来一定困难。试验表明，使用双歧杆菌的不同菌株配合各种不同组合的培养基，在不同培养条件下发酵，经驯化培养出在牛乳中好氧生长的双歧杆菌菌株，并加入少量生长促进因子，可以明显缩短发酵时间，其冷冻干燥制成的种子发酵剂更适合酸乳加工厂生产需求。

（2）双歧杆菌发酵乳饮料参考配方　各生产厂家配料均不同，现举例见表4-4。

表 4-4　双歧杆菌发酵乳配料表

原 料 名 称	加 入 量	使 用 说 明
双歧杆菌发酵乳/％	30	单独发酵 7h
乳酸菌发酵乳/％	10	单独发酵 2.5h
蔗糖/％	12	配成 65％的糖浆
果汁/％	5	
维生素 C/％	0.05	
酸	调 pH 至 4.3	由苹果酸、乳酸配成
促进剂/％	0.025	10％溶液，用少量水溶解
稳定剂/％	0.35	加 PGA、CMC-Na、黄原胶、果胶等
净化水	加至 100％	

（3）双歧杆菌发酵乳饮料加工工艺工艺流程

原料乳→过滤→计量→配料→灭菌→冷却→接种→发酵→混合→均质→灌装→后发酵→成品→检验→出库

（4）主要工艺说明

① 原料乳的选择。选用质量优良的脱脂乳或脱脂乳粉复原乳或半脱脂乳均可。一般要在脱脂乳中添加一部分脱脂乳粉或通过膜渗透法处理使非脂乳固体含量达到 10％～15％。

② 灭菌。标准化之后的脱脂乳或半脱脂乳中可添加少量葡萄糖或其他对双歧杆菌发育起促进作用的物质，混合后，以 90～95℃、5～6min 加热杀菌，或采用 135℃、3～5s 高温瞬时灭菌，冷却到 37～45℃，接种发酵。

③ 双歧杆菌的选择。双歧杆菌属中有 11 个菌种，试验证明，双歧杆菌和婴儿双歧杆菌效果最好。对这两种菌种的不同菌株在乳中连续深层培养或在含乳酵母培养基中驯化可达到良好效果。

④ 双歧杆菌发酵乳的发酵条件。为使发酵乳中活菌含量较高而凝乳时间又相对较短，对影响发酵的主要因素如促进剂、接种量、培养温度、基质浓度及厌氧处理进行正交试验优选，试验表明，最佳发酵工艺为：在原料中加入 0.25％生长促进剂，接种 5％的驯化双歧杆菌菌种，42℃培养 7h。一般生长促进物质可用玉米浸出液（0.1％～0.5％）、胃蛋白酶加酪蛋白胨等、大豆浸出液、玉米油加入维生素 C、酵母浸出液（0.1％～0.5％）。由于厌氧菌需要无氧环境，加入还原剂则有利于双歧杆菌生长。常用的还原剂及其剂量分别是葡萄糖 1％～5％、抗坏血酸 0.1％左右、半胱氨酸约 0.05％等。

⑤ 发酵乳。将乳酸菌与双歧杆菌进行单独培养，乳酸菌按常规搅拌型酸乳发酵工艺进行制备；双歧杆菌的最佳发酵条件是采用 0.25％生长促进剂及 2％葡萄糖与 10％脱脂乳为培养基，接种 5％的纯双歧杆菌，42℃下发酵 7h 即成双歧杆菌发酵乳。

⑥ 混合。将双歧杆菌发酵乳与乳酸菌发酵乳在冷却到 20℃时以 2：1 或 3：1 比例混合制成的双歧杆菌发酵乳饮料，感官、风味同一般乳酸菌饮料基本相同。制备发酵乳饮料时，调酸一般用柠檬酸，但该酸对菌种有抑制作用，故最好选用抑制作用小的酸类，如苹果酸等。

⑦ 成品。培养结束后，将产品置于 4℃左右的冷藏室内进行后发酵，即可得到双歧杆菌发酵乳饮料成品。

2. 咖啡乳饮料加工

（1）咖啡乳饮料的原材料　咖啡乳饮料又称"咖啡牛乳"，其主要原料包括如下几种：

① 牛乳及脱脂乳。脱脂乳是使用奶油分离机将牛乳中的脂肪离心脱去得到的产品。

② 咖啡。由于产地不同而风味各异。一般以温和风味的巴西品种为主体，再配以 $1\sim3$ 个其他的品种混合使用。咖啡的主要成分为：水分 2.2%；蛋白质 13.8%；脂肪 12.3%；可溶性无氮物 47.5%；纤维 18.4%；灰分 4.3%。在使用咖啡时，可以使用咖啡抽出液及其制品，也可以使用速溶咖啡。咖啡抽出液中含有碳水化合物、脂肪、蛋白质、单宁等，形成咖啡特有风味成分的是挥发酸、羰基化合物、挥发性硫基化合物等。咖啡中的酸往往造成蛋白质的不稳定，所以酸性强的咖啡要少用，苦味大的可适当多用。

③ 甜味剂。常采用砂糖作甜味料，一般用量 $4\%\sim8\%$，也可使用一部分葡萄糖、饴糖等。

④ 稳定剂。防止牛乳中酪蛋白遇酸沉淀，防止乳脂肪上浮。可用 CMC、海藻酸钠等。

⑤ 色素。可使用焦糖色素，用量为 $0.1\%\sim0.2\%$。

⑥ 其他。包括：碳酸氢钠、磷酸氢二钠、食盐、植物油、蔗糖酯和食品用聚硅氧烷树脂制剂。其中碳酸氢钠和磷酸氢二钠用来调整 pH 值；食盐、植物油可以改善风味；蔗糖酯起到乳化作用和杀菌作用，用量为 $0.02\%\sim0.05\%$；食品用聚硅氧烷树脂制剂起消泡作用。

（2）咖啡乳饮料产品的组成及配比

① 咖啡乳饮料的一般组成。固形物 $12.0\%\sim13.0\%$；乳脂肪 $1.0\%\sim1.9\%$；蛋白质 $1.5\%\sim2.5\%$；乳糖 $2.0\%\sim4.0\%$；蔗糖 $4.0\%\sim8.0\%$；无机盐 $0.5\%\sim0.7\%$。相对密度 $1.042\sim1.050$。

② 配比实例（按 1000kg 成品计）见表 4-5。

表 4-5　咖啡乳饮料配比实例

单位：kg

原　材　料	实例1(瓶装)	实例2(罐装)	原　材　料	实例1(瓶装)	实例2(罐装)
砂糖	87		菊苣	0.8	0.8
脱脂乳粉	30	24	食盐	0.3	0.3
全脂乳粉	—	8.0	碳酸氢钠	0.5	0.5
焙炒咖啡豆	8.6	8.6	蔗糖酯	0.3	0.5
特种焦糖	0.8	0.8	香精	1.0	1.0
焦糖	1.0	1.0			

（3）咖啡乳饮料的生产工艺流程

牛乳或咖啡乳
↓
咖啡豆→抽提→咖啡抽出液→调和→过滤→均质→杀菌→冷却→充填包装
↑
砂糖、焦糖或香精

（4）主要工艺说明

① 调配。将砂糖和乳原料预先溶解，并将咖啡原料制成咖啡抽出液后，按下列顺序调和：

a. 将砂糖液打入调和罐。

b. 必要量的碳酸氢钠、食盐溶于水中后加入。

c. 蔗糖酯溶于水中后加入乳中均质。

d. 一边搅拌，一边将均质后的乳加入调和罐内。

e. 必要时加入聚硅氧烷树脂。

f. 加入咖啡抽出液、焦糖。

　　g. 加入香料，充分搅拌混合。

　　② 均质化。采用高压均质机，温度 60～70℃，压力 100～170MPa。

　　③ 杀菌。采用加热杀菌法，62～65℃30min 或 75℃15min；高温短时间杀菌法（HTST 法），100～135℃ 2～3s。

　　④ 包装。采用瓶装或罐装（灭菌）。

3. 果汁乳饮料加工

　　果汁乳饮料是利用果汁乳饮料和牛乳作为主要原料加工而成的乳饮料，它不仅色泽鲜艳，味道芳香，而且具有营养、保健、清淡、天然化的优点。其品种有草莓、香蕉、甜瓜、橘子、菠萝等，可分为以下两类：

　　① 中性型。除原料乳外，还添加果汁、糖类、香料、色素等，其液体接近中性，牛乳风味突出者居多。其乳脂肪含量控制在 1%～1.5%，pH＝6.2～6.5，蔗糖 6%～8%。

　　② 酸性型。除以上原料外，还添加酸味剂（如柠檬酸、苹果酸、酒石酸等），其液体呈酸性，与水果味一起共同形成一定程度的清凉感，其脂肪含量在 0.3% 左右，pH＝3.8～4.8，蔗糖 10% 左右。

　　（1）果汁乳饮料的生产工艺流程

脱脂乳→加糖→加稳定剂→过滤→混合→调酸、调香→预热均质→杀菌→灌装封盖→冷却

果汁

　　（2）主要工艺说明

　　① 果汁制取。新榨出来的果汁含有单宁、果胶及微粒悬浮物等亲水胶体。单宁与蛋白质作用，会生成大分子聚合物，果胶对微小的悬浮物有保护作用，而使果汁浑浊不清。将这种果汁加入牛乳，易使果汁奶出现沉淀甚至分层，应澄清后使用。

　　② 配制稳定剂水糖浆。稳定剂的分散性及溶解性通常较差，因此应预先与其他粉装原料（如砂糖）混合，溶化，稳定剂浓度宜在 2%～3%，经混合后需确认其完全溶解。此含稳定剂溶液首先与牛乳原料混合（先行调配），然后再添加果汁、酸味剂等的酸性溶液，混匀。

　　酸性果汁乳饮料所用的稳定剂应具有耐酸性，主要是耐酸性 CMC、PGA（藻酸丙二醇酯）、高脂果胶等。需根据各种产品的特点，慎重选择稳定剂的种类、配比及用量。

　　③ 白砂糖。用适量水溶解后，慢慢地加入脱脂乳中，搅拌均匀后加入制备好的稳定剂水糖浆，边加边搅拌，冷却后加果汁拌匀。

　　④ 调酸调香。用 3% 柠檬酸溶液徐徐地加入果汁奶，快速搅拌，直至达到所需的 pH 值。对于酸性型果汁奶，加酸时应快速通过酪蛋白的等电点 pH＝4.6，以防酪蛋白发生凝固沉淀。最后添加食用香精和食用色素（也可以不加色素），搅拌混合均匀。

　　⑤ 均质和杀菌。将调配液加热到 50℃ 左右进行均质（压力为 18～20MPa），然后加热到 80℃，保持 1～2min 杀菌。均质目的在于使蛋白质颗粒微细化，减慢下沉速度。

　　⑥ 灌装贮存。杀菌后进行灌装和封盖，冷却后装箱贮存。

　　（3）果汁乳饮料产品的组成及配比　果汁乳饮料产品的原料及配比如下（单位：kg）：鲜橙汁 20；蔗糖 13；柠檬酸 0.22；耐酸羧甲基纤维素钠 0.3；食用色素 0.01；食用香精，0.1；加水至 100。

　　（4）果汁乳饮料风味的控制　果汁乳饮料风味的好坏，与原料的种类、质量、配比以及加工处理的方法等有关。

　　① 控制糖酸比。不同的果汁，其糖和酸的含量不一样。在果汁奶中应控制适当的糖酸比。如果甜度过高而酸度过低，会使饮料缺乏清凉感和果味真实感，饮用后甜而无味。

② 添加香味料。不同的果汁具有不同的风味，为加强和改善原果汁的风味，最好选用与果汁风味较接近的香味料或复合型香精。

第二节　植物蛋白饮料加工技术

一、概述

1. 植物蛋白饮料定义

植物蛋白饮料是指用蛋白质含量较高的植物的果实、种子或核果类、坚果类的果仁等为主要原料，经加工制成的制品。植物蛋白饮料包括豆类、谷物、核果以及坚果蛋白饮料等。

2. 植物蛋白饮料的分类

根据 GB/T 30885—2014，按加工原料不同，我国植物蛋白饮料可分为以下几类：

(1) 豆乳类饮料　以大豆为主要原料，经磨碎、提浆、脱腥等工艺制得的浆液中加入水、糖液等调制而成的乳状饮料，如纯豆乳、调制豆乳、豆乳饮料等。豆乳的大豆固形物含量应不低于 8.0%（以折射率计），蛋白质含量不低于 0.5%（质量分数）。

① 原浆豆乳。用水提取大豆蛋白中蛋白质和其他成分，除去豆渣，不添加食品辅料和食品添加剂，经加工制得的乳状液产品，其大豆固形物含量在 8.0%（以折射率计）以上。

② 浓浆豆乳。以大豆为主要原料，不添加食品辅料和食品添加剂，经加工制成的、大豆固形物含量较高的产品。

③ 调制豆乳。在纯豆乳中，添加糖、精炼植物油（或不加）等，经调制而成的乳状饮料，其大豆固形物含量在 5.0%（以折射率计）以上，也可添加风味料及营养强化剂。

④ 发酵原浆豆乳。以大豆为主要原料，可添加食糖，不添加其他食品辅料和食品添加剂，经发酵制成的产品，也可称为酸豆奶或酸豆乳。

⑤ 发酵调制豆乳。以大豆为主要原料，可添加营养强化剂、食品添加剂、其他食品辅料，经发酵制成的产品，也可称为调制酸豆奶或调制酸豆乳。

⑥ 豆乳饮料。分为以下三类：

a. 在豆乳中加入糖类、蔬菜汁、乳或乳制品、咖啡、可可等配料而制成，其大豆固形物含量不低于 4%（以折射率计）。

b. 在豆乳中加入原果汁（或原果浆）等配料而制成，其果汁含量不低于 5%（质量分数）；大豆固形物含量不低于 2%（以折射率计）。

c. 豆乳经乳酸菌发酵（或加入酸味剂），加入糖类、乳化剂和着色剂等配料而制成，其大豆固形物含量不低于 4%（以折射率计）。

(2) 椰子乳（汁）饮料　以新鲜、成熟适度的椰子为原料，取其果肉加工制得的椰子浆中加入水、糖液等调制而成的乳状饮料。

(3) 杏仁乳（露）饮料　以杏仁为主要原料，经浸泡、磨碎等工艺制得的浆液中加入水、糖液等调制而成的乳状饮料。

(4) 核桃乳（露）饮料　以核桃仁为主要原料，经磨碎、提浆等工艺制得的浆液中加入水、糖液等调制而成的乳状饮料。

(5) 花生乳（露）饮料　以花生仁为主要原料，经磨碎、提浆等工艺制得的浆液中加入水、糖液等调制而成的乳状饮料。

(6) 其他植物蛋白饮料　以玉米胚芽、云麻、腰果、榛子、南瓜籽、葵花籽、松子等为原料，经磨碎等工艺制得的浆液中加入水、糖液等调制而成的乳状饮料。

（7）复合蛋白饮料 以乳或乳制品、不同植物蛋白为主要原料，经过调配或发酵制成的乳状饮料。

3. 植物蛋白饮料的营养

植物蛋白饮料属于中高档蛋白饮料，营养丰富，口感细腻似牛奶。其主要原料为植物核果类籽及植物的种子。这些籽仁含有大量脂肪、蛋白质、维生素、矿物质等，是人体生命活动中不可缺少的营养物质。植物蛋白及其制品不含胆固醇，不含乳糖，而含有大量的亚油酸和亚麻酸，长期食用，对血管壁上沉降的胆固醇有溶解作用，因而可以防止因动物蛋白摄入量过高而导致的"文明病"（心血管病、脑血管病、糖尿病、老年褐斑等）。另外，植物籽仁中含有较多的维生素 E，可防止不饱和脂肪氧化，去除过剩的胆固醇，防止血管硬化，减少褐斑，有预防老年病的作用。与动物蛋白饮料相比，植物蛋白饮料不含乳糖，不会引起"乳糖不耐症"。植物蛋白饮料还富含钙、锌、铁等多种物质和微量元素，为碱性食品，可以缓冲肉类、鱼、蛋、家禽、谷物等酸性食品的不良作用。又由于其原料广泛，产量大，价格低廉，故植物蛋白饮料必将成为我国产量最大的保健饮料。对于蛋白质消费量远少于联合国营养标准的发展中国家，发展植物蛋白，特别是大豆蛋白、花生蛋白都是一条行之有效的途径。但是植物蛋白质因有纤维薄膜的包裹而难以消化，故动物蛋白质比植物蛋白质更易消化和吸收，因此要注意平衡膳食。

4. 植物蛋白饮料的一般生产工艺

植物蛋白饮料生产要根据原料蛋白质的营养价值与功能特性来进行，避开蛋白质等电点以及通过加入各种乳化稳定剂，使之成为均匀的乳浊液。由于核果类及油料植物的种子各部分的细胞大小、形状以及化学组成极不相同，因此，植物蛋白饮料的加工工艺比较复杂，甚至同一种原料加工成蛋白饮料都可采用不同的加工工艺。其主要工艺流程如下：

选料→原料预处理→浸泡、磨浆→浆渣分离→加热调制→真空脱臭→均质→灌装封口→杀菌→冷却→成品

5. 主要工艺说明

（1）选料及原料的预处理 植物蛋白原料的质量直接影响到饮料的品质，植物籽仁的成熟度影响其蛋白质、脂肪、糖类的含量。大豆、花生、芝麻等植物籽仁由于富含蛋白质、脂肪，在贮藏过程中极易被黄曲霉菌侵蚀。应该选择新鲜、无霉烂变质、成熟度较高的原料。有些植物蛋白饮料的加工对原料的选择提出一些特殊的要求，主要是根据饮料的品质确定的。

大部分原料都有外衣及外壳，例如：椰子、杏仁、花生、大豆等，必须进行脱皮处理。新鲜的椰子，要先除去椰衣及外硬壳，有时还要同时削去椰肉外表棕红色的外衣，才可得加工椰子汁用的椰肉。杏仁应除去杏仁外衣，通常用温水浸泡杏仁，用橡胶板或橡胶棍对搓而除去外衣；花生用于加工花生奶时，要脱去外硬壳及内红衣。脱花生仁红衣有干法脱皮和湿法脱皮两种。大豆在加工之前一般也应脱皮，主要采用干法脱皮。

脱皮处理要考虑脱皮率、仁中含皮率和皮中含仁率三个指标，分为干法脱皮和湿法脱皮两种。实践表明，干法脱皮时要控制含水量在 13% 以下，以提高脱皮效果，若大豆水分含量较高，则应将其先在 $105 \sim 110 ℃$ 的热空气中进行干燥处理，冷却后再进行脱皮。湿法脱皮时植物籽仁要吸足水分，脱皮效果才能提高。

（2）浸泡、磨浆 浸泡可以使植物籽仁细胞结构软化、组织疏松，降低磨浆时的能耗与设备磨损，提高胶体分散程度和悬浮性，增加蛋白质的提取率。浸泡时根据季节确定水温，一般不宜用开水，以免蛋白质变性。浸泡时间过短会影响蛋白质的提取率；时间过长会影响成品的风味和稳定性，甚至由于微生物的繁殖生长或蛋白质及糖类物质的发酵分解产生

酸味。

为保证原料的提取率，原料泡好后应一次性加足水量，进行磨浆。加水量约为配料水量的 50%～70%，先经过粗磨，再经过胶体磨细磨，使其组织内蛋白质及油脂充分析出，有利于提高原料的利用率。

(3) 灭酶方法

① 干热处理。一般是在大豆脱皮入水前进行，利用高温热空气对大豆进行加热。干热处理要求高温瞬时，热空气的温度最低不能低于 120℃，否则效果极差，但温度也不能过高，否则大豆易焦化。一般干热处理的温度为 120～200℃，处理时间为 10～30s，如：170℃15s。干热处理过的大豆直接磨碎制豆奶，往往稳定性不好，但若在高温下，用碱性钾盐（如碳酸钾等）进行浸泡处理后，再磨碎制浆，则可大大提高豆奶的稳定性，防止沉淀分离。

② 蒸汽法。这种方法多用于大豆脱皮后入水前，利用高温蒸汽对脱皮豆进行加热处理，如用 120～200℃的高温蒸汽加热 7～8s 即可。此方法一般是通过旋转式网筒或网带式运输机来完成的，生产能力大，机械化程度高。但采用这种方法加工过的大豆，其蛋白质抽提率低，浪费大。

③ 热水浸泡与热磨法。这两种方法适用于不脱皮的加工工艺。热水浸泡法即是把清洗过的大豆用高于 80℃的热水浸泡 30～60min，然后磨碎制浆；热磨法是将浸泡好的大豆沥去浸泡水，另加沸水磨浆，并在高于 80℃的条件下保温 10～15min，然后过滤、制浆。

④ 热烫法。将脱皮的大豆迅速投入到 80℃以上的热水中，并保持 10～30min，然后磨碎制浆。从消除异味的角度看，保温时间越长，效果越好。但保温时间过长，豆瓣过软，不利于豆的磨碎和蛋白质的溶出。一般 80℃以上只需保温 18～20min，90℃以上只需保温 13～15min，而沸水只需保温 10～12min。

⑤ 酸或碱处理法。此方法的根据是 pH 值对脂肪氧化酶活性的影响。通过酸或碱的加入调整溶液的 pH 值，使其偏离脂肪氧化酶的最适 pH 值，从而达到抑制脂肪氧化酶活性、减少异味物质的目的。常用的酸是柠檬酸，一般调节 pH 值至 3.0～4.5，一般在热浸泡法中使用。常用的碱有碳酸钠、碳酸氢钠、氢氧化钠、氢氧化钾等，一般调节 pH 值为 7.0～9.0。碱可以在浸泡时加入，也可以在热磨、热烫时加入。酸或碱处理法单独使用，效果一般不够理想，往往都是与热处理法配合使用。加碱的突出效果是对苦涩味的清除明显，而且可以提高蛋白质的溶出率。

(4) 浆渣分离　原料经过磨浆后，采用离心分离机得到汁液，作为生产植物蛋白饮料的主要基料。这些植物蛋白品种的提取液由于油脂含量较高，部分生产厂家采用高速离心分离的方法，将其中部分油脂分离（如椰子、杏仁、花生等），但是，许多植物蛋白饮料良好的香味主要来自其油脂，如天然杏仁汁香味主要来自杏仁油，天然椰子汁香味来自椰油。另外，植物油脂中还含有大量不饱和脂肪酸，并有人体不能合成的必需脂肪酸。因此，在加工工艺上，尽量将其油脂保留在饮料中，以提高产品的本色香味。合理选择具有高乳化稳定效果的乳化剂与稳定剂，可以得到品质稳定均匀的优良产品。

(5) 加热调制　分离得到的汁液按各种配方要求进行调制，将余下的 30%～50%水量用于溶解乳化剂、增稠剂、白砂糖、甜味剂等。为使其与分离汁液混合均匀以及改善饮料的口感，可采用胶体磨磨制。操作中要严格控制加热温度、时间、饮料的 pH 值，避开蛋白质的等电点（pH＝4.0～5.5），以防止蛋白质变性。

(6) 真空脱臭　植物蛋白饮料由于其原料的特性以及加工特性，极易产生青草臭和加热臭等异臭。脱臭可以使得料液中的大量带有异味的挥发性物质在低温下抽出。将加热的植物蛋白饮料于高温下喷入真空脱臭罐中，部分水分瞬间蒸发，同时带出挥发性的不良风味成分，由真空泵抽出，脱臭效果显著。真空脱臭罐的真空度一般控制在 26.6～39.9kPa(200～300mmHg)，如果太高，可能导致气泡冲出。

（7）均质　均质可以使料液中的脂肪球、蛋白质大颗粒破碎，使饮料口感细腻，防止脂肪上浮，提高乳浊液的稳定性。要根据原料的品种确定合理的均质压力、温度、次数，保证均质效果。另外，均质还可以使吸附于脂肪球表面的蛋白质量增加，缓和变稠现象，提高产品消化性，增加产品的光泽度。

一般生产中采用两次均质，第一次均质压力 20～25MPa，第二次均质压力 25～40MPa，温度约为 75～85℃。植物蛋白饮料通过高压均质可减小颗粒直径，从而减慢沉降速度，达到产品稳定、不易沉淀及分层的目的。其次，加入稳定剂以增加溶液黏度有利于降低颗粒沉淀速度，而使饮料保持更好的均匀稳定性。

（8）灌装杀菌　植物蛋白饮料富含蛋白质、脂肪，很易变质，若是当日饮用的可采用巴氏杀菌（30min/60℃），以减少设备投资和能耗；而市场零售的可采用高压杀菌器杀菌，杀菌条件因种类不同而异，但均应采用高压杀菌。若杀菌采用 121℃下保温 15min 的杀菌规程，冷却阶段必须加反压，否则会因杀菌釜中压力降低，而容器内外压差增加，将瓶盖冲掉或使薄膜袋爆破。杀菌后的成品可在常温下长期存放。此方法设备费低，但费时、费力，产品质量不太理想，有时还会出现脂肪析出、产生沉淀、蛋白质变性等问题。而采用超高温瞬时连续杀菌和无菌包装则可大大避免以上问题的出现，目前应用很广。具体操作是将产品在 130℃以上的高温下保持几秒钟的时间，然后迅速冷却下来，这样既可以显著提高产品色、香、味等感官质量，又能较好地保持植物蛋白饮料中的一些不稳定的营养成分。同时结合无菌包装，可显著提高产品质量，在常温下，货架期可以达到数月之久，包装材料轻巧，一次性消费无须回收，但是设备费用高。

二、大豆蛋白饮料加工技术

大豆蛋白饮料历史悠久，早在公元前 200 年，我国就发明了豆浆和豆腐。日本和美国等国家在我国豆浆生产方法的基础上开发了豆乳饮料。它的特点是无豆腥味、苦涩味、焦煳味，无对人体有害的因子。豆乳饮料在感官上接近牛乳，口感细腻，不沉淀、不分层，可以长期保存，现代豆乳饮料又有了新的发展。

1. 大豆蛋白饮料的分类

（1）豆乳饮料　它是以豆粕为原料，经加热使豆粕中所含的大豆蛋白适度变性，用有机酸调整 pH 值，经酸性蛋白酶作用使蛋白水解，将水解后得到的蛋白降解产物经过离心分离、过滤，再经过风味蛋白酶的进一步分解，得到富含多肽与氨基酸的大豆蛋白水解液，后期经过风味调整、灭菌等工序制得成品。

（2）酸豆乳饮料　它是以豆粕为原料，经过磨制、适度酶解、加热杀菌、调整 pH 值、调味、灭菌、灌装等工艺加工成成品。添加有机酸调整到适当的 pH 值，可以有效抑制微生物的繁殖，最后的灭菌环节掌握好工艺条件，就可以不用添加防腐剂。

（3）果汁豆乳饮料　其生产原理与酸豆乳饮料相同，但可以不经过酶解。由于水果中的有机酸成分各不相同，后期还需要进一步调整。

（4）脱脂大豆清凉饮料　它是以豆粕为原料加工制造的。其生产关键是有效去除饮料中的豆腥味。饮料中的蛋白质含量可以在较大的幅度内进行调整。必要的情况下，可以采用离子交换的方法加以精制，并用树脂柱进行脱色。另外，后期调味也是本产品加工的重要工序。

（5）豆乳乳酸饮料　它是豆乳经过发酵得到的乳酸饮料。该乳酸饮料的特点是，具有酸奶酪的风味，同时还含有低酒精发酵产生的碳酸气体，其风味较为独特。根据对产品的不同需求，可以适当增稠，调整凝固程度。

2. 大豆的营养与化学成分

大豆是黄豆、青豆和黑豆的统称。大豆种子包括种皮、子叶和胚三部分。其中，胚部包括胚芽和胚轴。其中子叶是大豆的主要部分，约占种子重量的 90%，加工中利用价值高的成分主要存在于子叶中。大豆中的化学成分主要有蛋白质、油脂、碳水化合物以及矿物质和维生素等，其中蛋白质和脂肪约占全豆的 60% 左右，是豆乳的主要成分，糖占 25%～30%，纤维与灰分各为 4%～5%，几乎不含淀粉。不同品种的大豆，其化学成分也有不同，如表 4-6 所列。

表 4-6　大豆的蛋白质组成（每 100g 中含量）

组成	种类					
	黑豆（陕西）	黑豆（广东）	黄豆（河南）	黄豆（浙江）	黄豆（广东）	黄豆（黑龙江）
总蛋白质/%	38.6	35.0	35.7	38.6	31.1	37.3
异亮氨酸/mg	1572	1668	1926	1935	1463	1500
亮氨酸/mg	2748	2902	3080	3278	2550	2570
赖氨酸/mg	1958	2479	2596	2149	2432	2030
蛋氨酸/mg	—	—	277	—	—	320
胱氨酸/mg	—	—	—	532	—	—
苯丙氨酸/mg	—	1952	2335	2122	1833	1760
酪氨酸/mg	1167	1372	1061	1480	1120	1060
苏氨酸/mg	1363	1498	1535	1631	1272	1280
色氨酸/mg	471	351		427	471	505
缬氨酸/mg	1725	1720	2084	1859	1487	1580
精氨酸/mg	2503	3225	3080	2990	2078	2440
组氨酸/mg	789	1112	1172	985	—	820
丙氨酸/mg	1584	1560	1805	1736	1273	
天冬氨酸/mg	4208	5186	4624	4903	3363	3700
谷氨酸/mg	6586	7328	8271	7942	4310	
甘氨酸/mg	1470	1603	1786	1752	1357	1540
脯氨酸/mg	3335	1956	1945	1821	1499	1280
丝氨酸/mg	1757	1872	1991	1964	1610	1740

3. 豆乳的营养成分

豆乳的生产一般是将大豆粉碎后，萃取其水溶液成分，经离心过滤除去其中不溶物而制成成品。因此，大豆中的可溶性营养成分大部分转移到豆乳中，使得豆乳具有很高的营养和滋补价值，表 4-7 列出了豆乳与牛乳、母乳的成分比较。

表 4-7　豆乳与牛乳、母乳的成分比较（每 100g 中含量）

种类	热量/kJ	水分/g	蛋白质含量/g	糖含量/g	脂肪含量/g	胆固醇含量/g	饱和脂肪酸/%	不饱和脂肪酸/%	钙/mg	磷/mg	铁/mg
牛乳	226	89.3	3.0	4.1	2.9	0.28	60～70	30～40	135	55	0.3
豆乳	175.6	90.8	4.1	2.9	2.1	0	40～48	52～60	15	49	1.2
母乳	254.9	88.2	1.48	7.1	3.16	0.45	55～60	40～45	35	25	0.2

从表 4-7 中可以看出，豆乳中的蛋白质含量较高。蛋白质质量的优劣取决于必需氨基酸

的含量和组成，豆乳除含硫氨基酸含量略低外，其他氨基酸的组成、含量与联合国粮农组织/世界卫生组织（FAO/WHO）提出的理想蛋白质中必需氨基酸的模式要求基本符合。豆乳中蛋白消化率比粮谷类和其他大豆制品高，可与动物蛋白消化率相媲美。

豆乳中还含有大豆油脂，大豆油脂中的不饱和脂肪酸含量比牛乳高，并且不含胆固醇。大豆油脂在人体内的消化吸收率很高，可以达到97.5%。豆乳中含有的矿物质也比较丰富，其中以铁含量高，但是钙含量较低。豆乳中的维生素包括维生素 B_1、维生素 B_2、烟酸和维生素 E 等。另外，豆乳中还含有一些微量营养成分和保健成分，例如磷脂和皂苷等。豆乳是一种现代健康饮品，对保持血管软化、延缓人体衰老等都有好处。

4. 豆乳饮料的生产工艺

不同品种的大豆蛋白饮料，其生产工艺各具特色。结合我国国情，应采用设备投资少、工艺简单易行的方法。以下面的豆乳饮料生产工艺路线为例，说明大豆蛋白饮料的生产工艺。

大豆→脱皮→酶钝化→磨碎→分离→调制→杀菌脱臭→均质→冷却→包装→成品

主要工艺说明如下：

① 脱皮。一般采用干法脱皮，由脱皮机和辅助脱皮机共同完成，可以除去豆皮和胚芽。大豆的含水量要求在12%，脱皮率控制在90%以上，脱皮损失率控制在15%以下。

② 酶钝化。向灭酶器中通入蒸汽加热，大豆在螺旋输送器的推动下，经40s左右完成灭酶操作。

③ 制浆。灭酶后的大豆进入磨浆机中，同时注入相当于大豆质量8倍的80℃热水，也可以注入0.25%～0.5%的 $NaHCO_3$ 溶液，以增进磨碎效果。经粗磨后的浆体再泵入超微磨中，使95%的固形物可以通过150目筛。然后用沉降式卧式离心分离机使浆渣分离，生产过程连续进行，豆渣的水分控制在80%左右。

④ 调制。需要调制的豆乳还要在调配罐中进行调制。将有关配料按照一定操作程序加入调配罐中，混合均匀并经均质机处理后，定量泵入调配罐中与纯豆乳混合，调配成不同品种的豆乳。

⑤ 杀菌与脱臭。采用杀菌脱臭装置，高温杀菌和真空脱臭紧密相连。即将调制后的豆乳连续泵入杀菌脱臭装置中，经蒸汽瞬间加热到131℃左右，经约20s保温，再喷入真空罐中，罐内保持26.7kPa的真空度，喷入的高温豆乳瞬时蒸发出部分水分，豆乳温度立即下降到80℃左右。

⑥ 均质。采用杀菌均质工艺，均质2次，均质压力为15～20MPa。

⑦ 冷却与包装。均质后的豆乳经板式换热器冷却至10℃以下（最好在2～4℃），送入贮存罐中，进行无菌包装。

三、花生蛋白饮料加工技术

花生又名落花生、长生果，为豆科一年生草本植物。花生仁不仅风味好，营养也相当丰富，花生仁中的部分营养成分及其含量见表4-8。

表4-8 花生仁中的部分营养成分及其含量（每100g 干花生仁）

营养成分	含量	营养成分	含量
蛋白质/g	25～37	钙/mg	47
脂肪/g	40～55	钾/mg	563
碳水化合物/g	22～25	铁/mg	1.9
粗纤维/g	2.5～4.0	维生素 E/mg	13
磷/mg	326	维生素 B_1/mg	0.72

花生蛋白饮料是以花生仁为原料制成的乳浊型蛋白饮料,其营养价值高,主要营养成分和热能与牛奶相似,蛋白含量高,此外还含有人体所需的糖、钙、铁、维生素 A、维生素 B 等,有益于人体消化吸收,降血脂、软化血管,尤其对老人、儿童和心血管病患者更为适宜,可作为补充人体蛋白质的主要来源之一。花生油中还含有油酸(50%～65%)、亚油酸(18%～30%)以及花生四烯酸等甘油酯,其中不饱和脂肪酸约占 80%,不含胆固醇。该产品原料来源充足、加工简单,作为纯天然饮品具有广阔的销售市场。

1. 花生蛋白饮料的生产工艺

花生仁→浸烫→去皮→浸泡→磨浆→过滤→脱酶去涩→配料→均质→超高温瞬时灭菌→均质→装罐→二次杀菌→冷却→擦罐→保温或商业无菌检验→装箱

2. 工艺要点说明

(1) 原料选择　花生中脂肪含量较高,生产花生蛋白饮料时应尽可能选择小粒、蛋白质含量高、脂肪含量低、香气较浓的品种,保存期不能超过 1 年。

(2) 浸烫温度、时间的选择　以手捏花生皮即落为宜,一般浸烫温度为 90℃,时间为 6～10min,中间要进行搅动。

(3) 去皮　将花生仁在脱皮机内慢慢搅拌 5～10min,再漂洗去皮。花生皮可以收集后进行综合利用。

(4) 浸泡　花生蛋白质存在于种仁子叶的亚细胞颗粒蛋白体内,为了提高花生营养物质的提取率及有利于磨浆,一般在磨浆前将花生浸泡,使种仁充分吸水膨胀,组织软化后再磨。花生:水＝1:3,温度为 60～70℃,加 0.5%NaHCO$_3$,pH＝7.5～9.2,时间约 5h。加碱可以防止蛋白质变性,有利于蛋白质的溶出。

(5) 磨浆　花生磨浆一般采用粗磨和精磨。粗磨用砂轮磨,磨浆时料水比一般为 1:(8～10),具体应根据生产要求和饮料种类决定。粗磨浆体分离采用 80～100 目筛网。精磨采用胶体磨,精磨时注意调节胶体磨动、静磨片之间的距离,使花生浆粒细度达到 100～200 目筛,然后离心分离得浆液。花生提取率一般为 60%～70%,磨好的花生浆应组织细腻、润滑、颜色乳白。为了提高花生蛋白质的提取率、抑制氧化酶的活性以及改善花生乳的风味,可以采用热碱水磨浆法。采用此方法,可以将花生仁中 95% 的油脂提出来。

(6) 脱酶去涩　条件为温度 90℃,时间 15min 左右。

(7) 配料　可用白砂糖及其他辅料(如牛乳及其制品、可可、椰汁等)进行风味调整,在配料中应加入蔗糖酯等乳化剂。

(8) 均质　配料后加温至 90～100℃进行均质,均质压力为 14～16MPa,经超高温瞬时灭菌(135～140℃,3s)后,进行第二次均质,压力为 16～18MPa。

(9) 超高温瞬时灭菌　条件为 135～140℃,3s。

(10) 二次杀菌　装罐密封后进行二次杀菌,因花生乳属于低酸性食品,因此必须采用高温杀菌方式。对于 250g 马口铁罐装的产品,其杀菌公式为 10—20—10min/121℃,对于 250g 玻璃瓶装的产品,其杀菌公式为 15—20—反压分段冷却/121℃。杀菌后冷却到 37℃左右。

四、其他植物蛋白饮料加工技术

(一) 杏仁饮料

杏仁饮料是选用纯杏仁为原料,采用现代技术工艺加工而成的乳状植物蛋白饮料。它保留了杏仁自身的多种营养成分,具有降气、止咳、平喘、抗癌和润肠通便功能,营养丰富,具有美容养颜之功效。每 100g 杏仁中含蛋白质约 24g，主要是杏仁球蛋白和酪蛋白；脂肪 30～50g，主要是油酸；此外还含有糖、矿物质以及纤维素。成品中蛋白质含量不低于 0.5％（质量分数）。

1. 加工工艺流程

选料→冲洗浸泡→去皮→漂洗→护色→脱苦去毒→磨碎→分离→调制→均质→灌装→杀菌→冷却→保温→检验→包装

2. 主要工艺说明

（1）选料　选取颗粒饱满、肉质乳白的干杏仁，剔除霉烂、虫蛀、氧化变质及含有异物污染的杏仁。

（2）冲洗浸泡　将选好的杏仁用自来水冲洗干净加水浸泡，杏仁∶水＝1∶（2～3），浸泡 12h，软化，预脱苦。

（3）去皮　将浸泡好的杏仁倒入 1％NaOH 沸溶液中煮沸 2min，杏仁与 NaOH 液的比为 1∶3，然后迅速捞出，用自来水冲去残留碱液，用手搓去皮并用自来水冲洗干净。

（4）护色　把去皮杏仁洗净置于 0.5％NaCl 和 0.02％NaHSO$_3$ 的混合液中护色 4h，护色液必须完全浸没杏仁。

（5）脱苦去毒　杏仁中含有特殊的化学成分苦杏仁苷（C$_{20}$H$_{27}$NO$_{11}$），其含量在 0.15％～3.5％，它本身无毒，但不稳定，可在苦杏仁酶、樱叶酶、热或酸的作用条件下，发生水解反应，反应产物氢氰酸有毒，人体摄入 0.1～0.2g 便会致死。氢氰酸沸点低，易挥发，可以通过预煮将其除去。苯甲醛有特殊香味，是杏仁中的风味成分。此操作中一般采用的温度是 70～80℃，保温提取，脱苦，并不停搅拌，用普鲁士蓝法定性检验，至杏仁浆中不再产生 HCN 时，停止脱苦。同时要保持脱苦车间空气畅通，以防止工人中毒。

为防止蛋白质变性，生产饮料所用的原料一般采用清水多次浸泡和预煮的方法来脱苦去毒，含氰废水必须经过处理，使氰化物的含量（以 CN$^-$ 计）不得超过 0.5mg/L。

（6）磨碎与分离　一般用自来水漂洗 2～3 次，然后按杏仁质量加入 15 倍水磨浆，磨浆机的直径为 0.8mm。当杏仁浆温度下降到 40～50℃，进行热过滤，要求过 300 目筛，控制微粒细度在 20μm 左右。

（7）调制与均质　浆液充分加热以除去残留的氢氰酸，再加入处理好的乳化剂、糖液、柠檬酸等辅料以调整产品组成和状态。砂糖用量一般为 6％～14％，一般以 8％为宜，乳化剂用量为 0.3％，还应注意控制浆液 pH 值为碱性。然后用胶体磨均质 3 次，以确保产品的稳定性。均质前可再经过 200～240 目的筛过滤。均质时，杏仁浆液的温度为 60～70℃。均质分两次进行，第一次压力为 20～23MPa，第二次为 28～30MPa。均质后的杏仁颗粒直径在 5μm 以内。

（8）灌装　灌装入 250mL 玻璃瓶中，并封盖。

（9）杀菌与冷却　杀菌条件为 15—30—15min/120℃，10—30—10min/100℃，或采用高温加压杀菌。冷却时，先用 50～60℃温水冷却，后用 20～30℃ 的自来水冷却到 40℃ 以下。

（10）保温　杀菌的产品要在 37℃ 条件下保温观察。

3. 杏仁乳的稳定性

在杏仁乳的生产过程中，主要要解决产品的稳定性这个问题。提高杏仁乳稳定性的方法如下：

（1）均质　通过均质操作使得蛋白质粒子由大变小，脂肪球粉碎成更细的颗粒，增大了脂肪和蛋白质的表面积，适当增大了乳液的黏度。蛋白质颗粒也同时变小，强化了乳化效果。一般采用 20~30MPa 压力进行均质。

(2) 调整杏仁乳的酸度　杏仁乳蛋白质等电点为 pH＝5.6，当 pH 值下降到其等电点时，蛋白质的溶解度就会降低，出现蛋白质聚沉的现象。因此，可以添加酸性果汁和有机酸，添加时尽可能采用低浓度的酸液，并采用快速搅拌使其充分混合，如果采用较高浓度的酸液或将杏仁乳加入酸液时，就会因乳液中蛋白质部分局部与酸大量接触，使蛋白质凝聚加快，即使在酸度偏低或偏高的情况下，也会出现分层和沉淀。在生产过程中，采用杏仁的 pH 值为 4.2~4.4，这样产品的酸度适宜，酸甜可口。

(3) 加入乳化剂　通常选用 HLB 值小的乳化剂与 HLB 值大的乳化剂混合使用，根据 HLB 值的加和性配比两种以上的不同乳化剂具有相乘效果。使用时，还要考虑生产设备、成本、价格、毒性等，选好乳化剂后，要按比例称好，加热溶解，充分搅拌，使其混匀，放冷，即可加入。杏仁饮料常用的乳化剂有单硬脂酸甘油酯（HLB＝3.8）、大豆磷脂等，亲水、亲油的乳化剂宜结合使用。通常采用的复合乳化稳定剂（含增稠剂）的配比是：0.15％单甘油酯，0.25％海藻酸丙二醇酯，0.1％大豆磷脂（因大豆磷脂易使杏仁乳变黄，尽量减少用量）。

(4) 原料的净化和稳定作用　水的硬度对杏仁乳的稳定性也有影响，主要是由于水中的 Ca^{2+}、Mg^{2+} 等金属离子和杏仁乳中的有机酸、改良剂等结合成盐形成沉淀。同时水中的离子物质破坏杏仁乳的电层结构，加速杏仁乳饮料的分层。原料成分中的糖有稳定作用，蔗糖最佳添加量为 8％~10％。另外，还应该在用复合果胶酶、纤维素酶和明胶处理果汁后，再加入蔗糖。杀菌温度也不宜太高，时间不宜过长，否则造成蛋白质过度变性，易沉淀，乳化剂也会因高温而发生水解、分解等现象，失去原有作用。一般采用的杀菌公式是 15—20—15min/100℃。目前，比较先进的工艺是用酶处理杏仁浆后，可以减小杏仁乳粒子的粒度。特别是用果胶酶或纤维素酶处理，以分解杏仁中的纤维素小颗粒，提高杏仁乳的稳定性。也可加入蛋白酶，分解蛋白颗粒。脱苦软化也可以提高杏仁的稳定性，原因是由于形成蛋白质、脂质复杂的亲水复合物，有利于杏仁乳的稳定。

(二) 椰奶

椰子为热带植物椰树的果实，其甘甜多汁，营养丰富。椰肉中含蛋白质 3.4％~4.0％，油脂含量为 30％~40％。油脂主要成分是月桂酸，含量达 50％，其余多为低级脂肪酸。椰肉中含有碳水化合物、矿物质以及多种维生素。椰子能止血，对充血性心力衰竭和水肿也有治疗功效。

椰蓉和新鲜椰子都可以用来制取椰奶。椰蓉是椰肉的干制品，便于运输，在产地外，通常用其作为原料生产椰奶。椰奶成品中蛋白质含量不低于 0.5％（质量分数）。

1. 椰奶的加工工艺流程

椰奶的提取→配料→乳化→杀菌→灌装→密封→二次杀菌→冷却→保温→检验→包装

2. 主要工艺说明

(1) 椰奶的提取　将 1 份椰蓉与 8 份质量的水混合，升温至 80℃，置于胶体磨中磨浆，然后用 30 目尼龙筛网过滤。滤渣加 7 倍质量的水再磨一次，过滤，合并滤液得浓椰奶，弃去滤渣。

(2) 配料　先制成 50％的糖浆。乳化剂、稳定剂增香剂用适量水溶解，在搅拌下与糖浆一起按比例加入浓椰奶中，加水定量。原料配比如下：椰蓉 5％~6％；白砂糖 5％~6％；蛋白糖 0.1％；酪蛋白酸钠适量；斯盘 60 适量；CMC0.1％；麦芽酚适量。

(3) 乳化　为使产品保持良好的乳化状态，配料后应先经胶体磨磨细，再经高压均质机均质。均质压力为 18~24MPa。

(4) 杀菌　杀菌公式：10—15—10min/110℃ 或 10—20—10min/121℃。

（三）玉米胚芽蛋白饮料

玉米胚芽是以玉米为原料生产酒精、白酒和淀粉等的副产品，玉米胚芽占玉米的 8%～10%，主要营养成分占整个玉米的 70% 以上。100g 玉米胚芽含蛋白质 20.5g，脂肪 28.6g、碳水化合物 40.8g，另外还含有丰富的粗纤维和多种氨基酸、维生素，矿物质含量也较高。

产品乳白色或带微黄色，具有嫩玉米蒸煮后的香味，味正谐调。浊度均匀一致，若有少量沉淀，一振摇即溶解。可溶性固体物 4%～8%，成品中蛋白质含量不低于 0.5%（质量分数）。

1. 工艺流程

水、糖、复合稳定剂

玉米→干法提胚→玉米胚芽→分选→除杂→烘干→研磨→调配→过滤→均质→装罐密封→杀菌→冷却→保温→检验→包装→成品

2. 主要工艺说明

（1）干法提胚　采用玉米提胚成套设备进行干法提胚，经分选除杂所用胚芽应该干净无杂质、无霉变、无虫蛀等。

（2）烘干　分离后的胚芽中存在各种酶，故需将胚芽在 115℃ 保持 20min，有效消除或钝化酶活力。经处理过的胚芽常温下可贮存半年。

（3）研磨　用三辊研磨机研磨。先粗磨，然后细磨。磨成均匀的糊状胚芽浆，研磨粒度至 20μm。

（4）调配　先将砂糖、复合稳定剂分别用热水溶解，并经 200 目筛过滤备用。加料时依次加入上述辅料，定容后，加适量碳酸氢钠，调 pH 值到 7.0～7.5，然后加热煮沸，除去液面汁沫，最后进行调香。在调配中所使用的稳定剂以蔗糖酯加黄原胶为最佳。

（5）均质　将调配好的胚芽液再次用 200 目筛过滤，用高压均质机进行二次均质，第一次均质机压力为 20MPa，第二次为 30MPa，均质温度保持在 70℃ 左右。

（6）装罐密封　将均质后胚芽液趁热（50～60℃）装入灭菌后的 250mL 马口铁易拉罐中，采用真空封罐机密封。

（7）杀菌　采用高压蒸汽杀菌，杀菌公式：15—20—15min/121℃。

（8）保温培养和试验　抽样在 35～37℃ 下保温培养试验 5～7 天，无变质的为合格。

（四）核桃乳饮料

核桃是营养价值很高的干果。核桃仁中部分营养物质含量见表 4-9。

表 4-9　核桃仁中部分营养物质含量（每 100g 核桃仁中的含量）

营养物质	含　量	营养物质	含　量
蛋白质/g	13～18	铁/mg	2.7
脂肪/g	50～63	锌/mg	217
碳水化合物/g	8～10	磷/mg	294
钙/mg	65	硒/μg	4.62
镁/mg	131		

核桃不仅具有丰富的营养，还有良好的保健作用。核桃脂肪中的磷脂对大脑神经尤为有益，具有补脑、健脑的作用。核桃中的维生素 E 有抗衰老的作用。

1. 配方

核桃浆液 40%，柠檬酸适量，砂糖 5%，海藻酸钠 0.15%，加水定容至 100%。

2. 加工工艺流程

核桃→破壳取仁→去种皮→粗磨→筛分→乳化→精磨→离心分离→调配→均质→灌装→灭菌→检查→贮存

3. 主要工艺说明

（1）去种皮　可采用水浸法和气流干燥法。水浸法是将核桃仁浸入 80～90℃、含 0.5%～1.2% NaOH 的热水中，热烫 10～30min，再用清水反复冲洗，用机械或人工去皮。气流干燥法是将核桃仁放入热风干燥箱中焙烤，温度控制在 110～120℃，时间为 2～3h，使种皮脱水和仁肉分离，取出后冷却，用人工或脱皮机搓掉外皮。

（2）粗磨　用砂轮磨粗磨，料的比例为：核桃仁∶水∶维生素 C∶亚硫酸氢钠 = 1∶5∶0.0002∶0.0001。粗磨浆液用 80 目筛过滤，去滤渣。

（3）乳化　每 100 份浆液添加 0.3 份混合磷脂乳化。

（4）精磨　乳化后浆液经胶体磨精磨后过 180 目筛过滤，滤液即为核桃浆液。

（5）调配　按配方量调配，用柠檬酸调 pH 值至 6.8～7.2。

（6）均质　调配好的乳浆升温至 60～70℃进行均质，第一次均质压力为 19～20MPa，第二次均质压力为 30～32MPa。

（7）灌装、灭菌　用 250mL 玻璃瓶灌装，压盖后在高压灭菌器中灭菌，条件为 10—15—10min/121℃，自然冷却至室温。

第三节　生产中常见问题及防止方法

一、乳酸菌饮料常见质量问题

1. 沉淀及分层

乳酸菌饮料有乳蛋白凝聚沉淀的倾向，严重时乳蛋白质沉淀会析出，上层液体成了透明液体。乳蛋白质中，80% 为酪蛋白，属于高分子两性电解质，在乳酸发酵时，由于生成酸，pH 降到接近酪蛋白的等电点 4.6 时，酪蛋白几乎完全凝聚沉淀，若进一步增强酸性，将酪蛋白分子团悬浮液置于 pH 3.8 以下的条件下加热，则这种悬浮液就变成可溶性的、透明的溶液。此外，酪蛋白还受到盐浓度的影响。一般在低浓度的中性盐类中，酪蛋白容易溶解分散，而盐浓度高时，溶解度降低，容易凝聚沉淀。

在酸性条件下，乳蛋白的凝集和溶解之间存在一定的规律性。除了蛋白质的上述特性外，还有微小粒子的沉降、上浮运动规律，为防止蛋白质粒子沉降，要减小蛋白质粒子的直径，缩小蛋白质粒子和分散介质的密度差，增加分散介质的黏度。

（1）沉淀及分层问题的原因

① 所用的稳定剂不合适或者稳定剂用量过少。一般乳酸菌饮料主要用果胶为稳定剂，并复配少量其他胶类。

② 稳定剂的溶剂性不好，不能完全均匀地分散于乳酸菌饮料中。

③ 发酵过程没有控制好，所产生的酪蛋白颗粒过大或过小，分布不均匀。

④ 均质效果不好。可以通过仔细检查均质机及调整均质温度、压力来解决此问题。

（2）为保持稳定所采取的措施

① 添加合适的稳定剂。稳定剂的作用是提高溶液的黏度，可防止蛋白质离子沉降；作为亲水性高分子，形成保护性胶体，防止凝集。为防止沉淀，应选择在酸性条件下长期稳定的、防止沉淀效果好的稳定剂。可用合成的离子型高分子化合物，如藻酸丙二酸酯（PGA）、耐酸性的羟甲基纤维素（CMC）等。也可以使用天然的亲水性高分子化合物，如淀粉、明胶、天然胶等。稳定剂在充分溶解后与发酵乳混合，再进行均质化处理。蛋白质含量高、酸度高时，必须增加稳定剂的用量。一般使用两种以上的稳定剂混合物。

② 添加糖类。经均质化处理已微细化的蛋白质，会再结成粗大粒子，而产生沉淀，为

防止出现这种情况，必须提高蛋白质和分散介质的亲和性。一般采用羟基多的糖类提高这种亲和性。糖类中，蔗糖与蛋白质粒子亲和性高，但用量要大，用量不足（10%～15%）则无效果。在杀菌乳酸菌饮料（稀释用）中，用 50% 以上的蔗糖浓溶液，可以起到防止沉淀的效果。此外，添加蔗糖还能提高溶液的密度，缩小溶液分散介质与蛋白质粒子的密度差，提高黏度，从而防止蛋白质粒子沉降。

③ 采用澄清果汁。蛋白质粒子本来就不稳定，加入果汁后就更不稳定了。因为果汁中含有果酸，单宁等带负电的高分子物质，与酸化时带正电的蛋白质粒子产生凝聚反应，为防止凝聚沉淀，要除去果汁中带负电的高分子物质。其方法是用果酸酶或纤维素酶将残留的果酸或纤维素分解成低分子物质；对于含单宁的葡萄果汁等，可添加明胶，产生蛋白质-单宁反应，除去单宁。

④ 选择合适的均质条件。均质处理中使用最普遍的是高压注塞式均质机，操作压力为 $9.8\sim19.6\text{MPa}$，处理后蛋白质颗粒由大约 $1.78\mu m$ 降到 $0.5\sim1\mu m$。

⑤ 添加螯合剂。乳中的钙会受到 pH 值、温度、浓缩或稀释引起变化，使平衡状态改变。游离型的钙离子，是不稳定的重要因素，为降低游离钙离子的浓度，可添加磷酸盐、柠檬酸盐或添加植酸、聚磷酸等螯合剂，也可以用离子交换树脂或树脂膜处理，还可用超滤法、反渗透法处理，来除去金属离子。

2. 产品口感过于稀薄

造成产品口感过于稀薄的原因有以下几点：

① 所用的原料组成有波动，从而造成最终产品成分有变化；

② 发酵过程使用了不合适的发酵剂导致产品额外损失；

③ 配料剂量不准确。

为了避免以上问题的出现，我们应该确认生产胶是否采用了合适的原料；发酵过程中是否使用了正确的菌种；杀菌前产品的固形物含量是否符合标准。

3. 发泡

生产过程中常出现的发泡是指从槽和充填机中吹出泡沫，会使内容物充填量不准，增大消耗量，又会因氧化而使质量劣化。瓶装制品带有泡沫，影响质量，必须注意防止发泡。

4. 褐变

乳酸菌饮料中，因乳酸发酵所致的蛋白质分解，有大量的游离氨基酸存在。同样，蔗糖在酸性溶液中加热或在贮存中水解成葡萄糖和果糖。这些单糖带有羰基，容易与游离的氨基酸发生反应，生成褐色色素。影响褐变的因素有温度、pH 值、糖及氨基酸的种类、金属离子、酶及光线等，其中以温度的影响为大。

5. 风味缺陷

① 不正常气味。来源于原料乳的饲料臭等。

② 粉臭。脱脂奶粉变质引起。

③ 加热臭。原料乳杀菌温度高或者使用了无糖炼乳、脱脂乳粉。

④ 低酸度。原因：发酵时间不足；发酵温度不适；起始培养物活力不够；起始培养物添加量不足；固形物含量不够；有发酵阻碍物质存在。

⑤ 高酸度。发酵时间过长，发酵后冷却温度过高，老熟温度过高或固形物含量过高，乳固形物含量高。

⑥ 风味不足。原因：菌种选择不当；虽使用混合菌作为发酵剂，但是只有单一菌种发酵；发酵温度不够；发酵时间不够。

⑦ 异味、异臭。原因：污染菌（大肠菌、产膜酵母、霉菌等）增殖；分解蛋白质的污染菌增殖；过度发酵，长期老熟；制品长期保存；接触金属。

⑧ 焦糖臭。原因：杀菌过度；制品高温保存或长期保存。

二、植物蛋白饮料常见质量问题

豆乳的质量与生产工艺密切相关，若生产控制不当，容易使豆乳中残留豆腥味、苦涩味等而影响豆乳的品质。为了改进豆乳的风味和提高豆乳的营养价值，在生产过程中，要解决以下问题：

1. 豆腥味

（1）豆腥味产生　大豆中的脂肪氧化酶可以催化氧分子氧化脂肪中的顺,顺-1,4-戊二烯成氢过氧化物。当大豆的细胞壁破碎后，只需有少量水存在时，脂肪氧化酶就可以与大豆中的亚油酸、亚麻酸等酯类底物反应发生氧化降解，产生明显豆腥味。在这些氧化降解产物中，己醛是产生豆腥味的主要成分。

（2）豆腥味的防止

① 钝化脂肪氧化酶活性

a. 热磨法。脂肪氧化酶耐热性较低，经轻度热处理就可以达到钝化要求。实践证明，温度高于80℃可以抑制脂肪氧化酶的活力。目前豆奶生产中广泛采用80℃以上的热磨方法，这是一种解决产品豆腥味的有效手段。这一方法后来得到了改良，即将大豆浸泡在50～60℃ 0.2% NaOH溶液中2h，用清水洗净后，边加热水边磨碎，可以显著改善豆乳风味和口感，目前此方法已经得到了广泛的应用。

b. 预煮法。将脱皮大豆在沸水中煮30min以钝化脂肪氧化酶，水中可加入0.25% NaHCO₃，也可以减少大豆低聚糖的含量，增强去豆腥味效果。

c. 干热法。具体操作是将大豆脱皮压扁，在挤压式加热膨化装置中用蒸汽和加压方法灭酶和破坏营养因子，在常压下膨化，使大豆组织软化，然后粉碎。这是美国农业部（USDA）采用的方法。

另外还可以利用调节pH法、高频电场处理等方法钝化脂肪氧化酶活性。

② 豆腥味的脱除。真空脱臭法是一种脱除豆腥味的有效方法。具体方法是将热的产品于高温下喷入真空罐中，部分水分瞬间蒸发，同时带出挥发性的不良风味成分，由真空泵抽出，脱臭效用显著。但此法设备昂贵，操作复杂。另外还可以利用酶法脱臭以及豆腥味掩盖等方法脱除豆腥味。

2. 苦涩味

苦涩味的存在主要是因为苦涩味物质的存在（大豆异黄酮、大豆蛋白水解物、大豆皂苷）。去除苦涩味的办法如下：

① 可以在低温下添加葡萄糖酸-δ-内酯，以钝化酶的活性，达到去除苦涩味的目的。

② 在豆乳饮料制造前处理中，将大豆浸于65℃热水中，并加入少量碳酸氢钠，浸泡2～5h，并将这些溶液与大豆一同磨浆。

③ 将大豆放入沸水中加热5～7min，然后用碳酸氢钠水溶液磨浆，加热至70℃，过滤成豆浆。

④ 在pH 2～6的条件下，用酸性蛋白酶作用于由大豆抽提的蛋白溶液，使pH＝6～7，通过活性炭处理，制取无苦涩味的豆乳。

3. 抗营养因子

（1）胰蛋白酶抑制物　可以抑制胰脏分泌的胰蛋白酶的活性，降低蛋白质的营养价值。

它耐热性强，不易破坏。因此，大豆中胰蛋白酶抑制物的热稳定性是豆乳加工中较为重要的问题之一，而且增加热处理时间并不能显著降低其活性。一般认为，当胰蛋白酶被钝化80%或90%的活性时，蛋白质的生物效价明显提高。有些报告提出不同温度下钝化胰蛋白酶的条件如表4-10所列。

表 4-10　豆奶中胰蛋白酶钝化的条件

温度/℃	热处理的最少时间/min	热处理的最佳时间/min
100	10	14～20
110	5	7
115	3	6
120	2	5

（2）胀气因子　是指大豆中存在的棉子糖（三糖）和水苏糖（四糖）等低聚糖类。它们在人体小肠中不能消化，当经过大肠时，被细菌（主要是厌气性产气梭菌）发酵而产气，会引起胀气、腹泻等问题。在生产过程中，胀气因子在浸泡和脱皮工序中可以部分除去；在离心分离去豆渣时也可以带走少量。但是其主要部分还是存在于产品中。有报道指出，可以用微生物酶水解低聚糖的方法或超滤和反渗透技术除去大豆蛋白中的寡糖和其他抗营养因子。

（3）脂肪氧化酶　是可以催化氧分子氧化脂肪中顺,顺-1,4-戊二烯的不饱和脂肪酶及其脂肪酸酯，生成氢过氧化物。大豆中这种脂肪酶的活性很高。当大豆的细胞壁破碎后，只需有少量水分存在，脂肪氧化酶就可以与大豆中的亚油酸和亚麻酸等底物反应，发生氧化降解。

（4）血球凝集素　是有凝血作用的低分子量的植物性蛋白毒素，豆奶中的血球凝集素的耐热性低于胰蛋白酶抑制物，因此加热条件仅需钝化胰蛋白酶抑制物即可，经过加热杀菌的豆乳可以安全饮用。

（5）尿素酶　是分解酰胺和尿素产生二氧化碳和氨的酶，也是大豆抗营养因子之一，在大豆中含量较高。它容易因受热而失活。

（6）皂角素　是洗豆时产生泡沫的原因之一，对红细胞有溶血作用，在胃内不能被消化吸收，一部分通过肠吸收，引起甲状腺肿大。

消除以上这些不良因子是生产高质量豆奶的关键，同时由于大豆中存在着100℃杀不死的耐热微生物，因此必须在130～140℃进行超高温杀菌。这样，生大豆中所含的种种有害物质也由于充分的蒸煮、加压、加热处理被分解为无活性的无害物质，从而被完全除去。

4. 组织粗糙，稳定性差，豆乳存放时会产生沉淀

品质优良的产品应该是组织细腻、口感柔和，存放时稳定性好。欲得到质地优良的制品，除大豆研磨时应该达到一定细度外，均质处理影响很大。均质可以显著提高产品的口感和稳定性。均质时要注意温度和压力的选择。在二次均质处理中，第一次均质时温度是最重要的因素，不管第二次均质时温度高或者低，只要第一次均质温度高（一般为82℃），则可得到口感非常好的制品。若第一次均质温度低，第二次均质温度高（一般为82℃），也可以得到良好制品。如果两次均质均于低温下进行，仅能得到尚可的制品，结果见表4-11。

表 4-11　一定均质压力下均质温度对产品品质的影响（压力均为 22.5MPa）

第一次均质温度/℃	第二次均质温度/℃	口　感
16	16	好
16	82	很好
82	16	非常好
82	82	非常好

第四节　蛋白饮料质量标准

一、感官指标

具有该产品应有的色泽、气味和滋味，无异味，质地均匀，组织细腻，不得有异味以及肉眼可见的外来杂质。可允许有少量脂肪上浮、蛋白质沉淀或上清液析出。具体的感官检验方法如下：

1. 色泽与杂质

取 50mL 混合均匀的被测样品于洁净的样品杯（或 100mL 小烧杯）中，置于明亮处，在自然光下观察色泽，用肉眼观察其色泽和可见杂质。浓缩饮料按产品标签标示的冲调比例稀释后进行检测。

2. 气味与滋味

打开包装立即嗅其气味；用温开水漱口，品尝滋味。

二、理化指标

1. 含乳饮料类

理化指标应符合表 4-12 的规定。

表 4-12　含乳饮料的理化标准

项目		指标
蛋白质[①]/(g/100g)	乳酸菌饮料	≥0.7
	其他类型	≥1.0
苯甲酸[②]/(g/kg)	配制型饮料	—
	其他类型	≤0.03
铅/(mg/L)		≤0.05
锡/(mg/kg)		≤150

① 含乳饮料中的蛋白质应为乳蛋白质。
② 属于发酵过程产生的苯甲酸；原辅料中带入的苯甲酸应按 GB 2760 执行。

2. 植物蛋白饮料类

理化指标应符合表 4-13 的规定。

表 4-13　植物蛋白饮料的理化标准

项目	指标	项目	指标
蛋白质/(g/100mL)	≥0.55	铅/(mg/L)	≤0.3
氰化物[①]（以 HCN 计)/(mg/L)	≤0.05	锡/(mg/kg)	≤150
脲酶试验[②]	阴性		

① 仅适用于以杏仁等为原料。
② 仅适用于以大豆为原料。

三、微生物指标

蛋白饮料微生物指标见表 4-14。

表 4-14　蛋白饮料微生物指标

项　目	采样方案[①]及限量				检验方法
	n	c	m	M	
菌落总数[②]/(CFU/mL)	5	2	10^2	10^4	GB 4789.2
大肠菌落/(CFU/mL)	5	2	1	10	GB 4789.3 中的平板计数法
霉菌/(CFU/mL)	≤20				GB 4789.15
酵母/(CFU/mL)	≤20				GB 4789.15
致病菌　沙门菌/(CFU/mL)	5	0	0	—	GB 4789.4
金黄色葡萄球菌/(CFU/mL)	5	1	10^2	10^3	GB 4789.10 第二法

① 样品的采样及处理按 GB 4789.1 和 GB/T 4789.21 执行。
② 不适用于活菌（未杀菌）型乳酸菌饮料。

第五节　蛋白饮料加工技能综合实训

一、实训内容

【实训目的】

1. 本实训重点在于学会制备蛋白饮料的基本工艺流程，并且正确使用各种添加剂，同时注意投料顺序，要求进行分组对比实验（安排一组不按投料顺序进行配料实验），观察发生的现象并记录。

2. 写出书面实训报告。

【实训要求】

4～5 人为一小组，以小组为单位，从选择、购买原料及选用必要的加工机械设备开始，让学生掌握操作过程中的品质控制点，抓住关键操作步骤，利用各种原辅材料的特性及加工中的各种反应，使最终的产品质量达到应有的要求。

A. 含乳饮料

【材料设备与原料】

（1）材料设备　天平、夹层锅、灭菌锅、均质机、发酵罐、灌装机、无菌室、糖度表、量筒、烧杯、玻璃棒、移液管、容量瓶。

（2）原料　原料乳、砂糖、蛋白糖、柠檬酸、CMC、香精、饮用水、双歧杆菌干粉剂、乳酸菌、果汁、维生素 C、促进剂、稳定剂。

【参考配方】

1. 乳酸饮料（表 4-15）

表 4-15　乳酸饮料配方（每 1L）

原料名称	含量/%	配方用量/g	原料名称	含量/%	配方用量/g
鲜牛乳	70	700	CMC	0.4	4
砂糖	5	50	香精	0.1	1
蛋白糖	0.08	0.8	水		加至 1L
柠檬酸	0.4	4			

2. 双歧杆菌发酵乳饮料（表 4-16）

表 4-16　双歧杆菌发酵乳饮料配料表

原料名称	加入量	使用说明
双歧杆菌发酵乳/％	30	单独发酵 7h
乳酸菌发酵乳/％	10	单独发酵 2.5h
蔗糖/％	12	配成 65％的糖浆
果汁/％	5	
维生素 C/％	0.05	
酸	调 pH 至 4.3	由苹果酸、乳酸配成
促进剂/％	0.025	10％溶液，用少量水溶解
稳定剂/％	0.35	加 PGA、CMC-Na、黄原胶、果胶等
净化水	加至 100％	

【工艺流程示意图】

1. 乳酸饮料

稳定剂、砂糖混合

原料乳→加热→冷却→添加酸溶液、香精→均质→灌装→杀菌→冷却→成品

2. 双歧杆菌发酵乳饮料

双歧杆菌干粉剂 → 母发酵剂 → 生产发酵剂 → 接种 → 发酵 → 冷却 ⎫

原料乳预热 → 均质 → 杀菌 → 冷却 → 接种 → 发酵 → 冷却 ⎬

砂糖 → 溶解 → 杀菌 → 过滤 → 冷却 ⎬→混合

酸液、果汁 → 预处理 ⎬

自来水 → 净化 ⎭

出厂←检验←冷藏←灌装←冷却←均质←预热

【操作要点】

1. 乳酸饮料

（1）配料　按配方准确称取原辅材料。

（2）调和　先将牛乳、水入锅加热至 50～60℃，再将稳定剂与砂糖混合均匀后徐徐加入，边加边搅拌，不使稳定剂结块。也可将稳定剂和砂糖分别配成溶液后再加入，并搅拌加热至所需温度，保温 15～20min，冷却至 50℃左右，加入乳酸或柠檬酸水溶液和香精。

（3）均质，灌装　在 51～53℃、15～20MPa 的条件下均匀细化，然后灌装、封口。

（4）杀菌、冷却　依据产品的特性，可采用 62～65℃，保温 30min 的杀菌方法杀菌，之后冷却。

2. 双歧杆菌发酵乳饮料

参见第一节三 1（4）。

【注意事项】

1. 选择优良的原料乳。

2. 饮料中活菌数的控制：乳酸活性饮料要求每毫升饮料中含活的乳酸菌 100 万个以上。欲保持较高活力的菌，发酵剂应选用耐酸性强的乳酸菌种（如嗜酸乳杆菌、干酪乳杆菌）。

3. 加热冷却后再加入香精，防止过早加入，香精被破坏。

4. 控制好均质过程，通过仔细检查均质机及调整均质温度和压力来达到良好的均质效果，防止脂肪上浮。

5. 使用正确的菌种接种发酵。

6. 发酵条件必须控制好，防止所产生的酪蛋白颗粒过大或过小，分布不均匀。

7. 加入消泡剂，防止发泡引起的内容物充填量不准。

8. 加强生产过程中的卫生管理，制品中出现的污染，主要是二次污染所致。

B. 植物蛋白饮料

【材料设备与原料】

（1）材料设备　天平、量筒、烘箱、烧杯、玻璃棒、砂轮磨、胶体磨、离心分离机、真空泵、真空脱臭罐、高压均质泵、灌装机、超高温瞬时灭菌机。

（2）原料　大豆、核桃仁、红枣、饮用水、蔗糖、乳化剂、增稠剂、香精、食盐、蜂蜜。

【参考配方】

1. 大豆蛋白饮料（表 4-17）

表 4-17　大豆蛋白饮料配方（每 1L）

原料名称	含量/%	配方用量/g	原料名称	含量/%	配方用量/g
豆奶(1∶8提取液)	80	800	CMC-Na	0.1	1
蔗糖	8	80	香精	0.1	适量
食盐	0.1	1	水	加至100	加至1000
山梨醇酐脂肪酸酯	0.1	1			

2. 红枣核桃乳饮料（表 4-18）

表 4-18　红枣核桃乳饮料配方（每 100kg）

原料名称	含量/%	配方用量/kg	原料名称	含量/%	配方用量/kg
核桃仁	8	8	复合稳定剂	0.35	0.35
红枣汁	10	10	蜂蜜	1.2	1.2
白砂糖	6	6	水	加至100	加至100

【工艺流程示意图】

1 大豆蛋白饮料

大豆→脱皮→酶钝化→磨碎→分离→调制→杀菌脱臭→均质→冷却→包装→成品

2. 红枣核桃乳饮料

核桃仁→挑拣→去皮→浸泡→磨浆→分离→核桃乳

红枣→清洗→烘烤→红枣汁

核桃乳＋红枣汁→调配→脱气→均质→灌装→杀菌→冷却→检验→成品

【操作要点】

1. 大豆蛋白饮料

（1）清洗和浸泡　一般在浸泡前至少要对大豆进行三次清洗，以除去大豆表面微细皱纹里的尘土和微生物。

大豆的浸泡是为了软化细胞结构，降低磨浆时的能耗与磨损，提高胶体分散程度和悬浮性，增加得率。通常将大豆浸泡于3倍的水中，夏天需要浸泡大约8～10min，冬天约16～20min。浸泡时间掌握不好会影响固形物收得率。浸泡后大豆的质量约为原重的2.2倍。大豆表面光滑，无皱皮，豆皮轻易不脱落，手感有劲，最简单的判断方法就是把浸泡后的大豆扭成两瓣，以豆瓣内表面基本呈平面，略有塌坑，手指掐之易断，断面以浸透无硬心为宜。

（2）脱皮　若采用干法脱皮，则欲经脱皮处理的大豆含水量应在13%以下，否则影响脱皮效率。如果水分超过该指标，可先将大豆置于干燥机中，通入105～110℃的空气，进行干燥处理，当大豆水分含量在9.5%～10.5%时，取出冷却，冷却后再进行脱皮。水分过高或过低，脱皮效果均不理想。脱皮是用凿纹磨完成的。磨片间的间隙调节到多数豆子可以开成两瓣，而不会将子叶粉碎，再用重力分选器或吸气机除去豆皮。脱皮率是大豆脱皮工序的关键指标，为达到脱皮的目的，大豆脱皮率应控制在95%以上。要注意脂肪氧化酶多存在于靠近大豆表皮的子叶处，豆皮一经破碎，油脂可在脂肪氧化酶的作用下发生氧化，产生豆腥味。

（3）磨碎与钝化脂肪氧化酶　大豆磨碎后会成为白色糊状物质，这种物质称为豆糊（fresh sob puree）。将豆糊与适量水混合得浆体（slurry），也可以直接加入足量的水磨成浆体，再经分离除去豆渣萃取出浆液。

大豆破碎后，磨碎时要防止脂肪氧化酶在一定温度和含水量条件下，和氧气发生作用。大豆在磨碎之前有的经过浸泡，有的没有经过浸泡。未浸泡的大豆经灭酶处理后，应在冷却前立即进行磨碎。磨碎可用不锈钢粉碎机、钝式粉碎机和万能磨等。为加强效果，也可以采取二次磨碎的方式。常用的灭酶方法如下：

① 干热处理。一般是在大豆脱皮入水前进行，利用高温热空气对大豆进行加热。干热处理要求高温瞬时，热空气的温度最低不能低于120℃，否则效果极差，但温度也不能过高，否则大豆易焦化。一般干热处理的温度为120～200℃，处理时间为10～30s。如170℃，则15s即可。干热处理过的大豆直接磨碎制豆奶，往往稳定性不好，但若在高温下，用碱性钾盐（如碳酸钾等）进行浸泡处理后，再磨碎制浆，则可大大提高豆奶的稳定性，防止沉淀分离。

② 蒸汽法。这种方法多用于大豆脱皮后入水前，利用高温蒸汽对脱皮豆进行加热处理，如用120～200℃的高温蒸汽加热7～8s即可。此方法一般是通过旋转式网筒或网带式运输机来完成的，生产能力大，机械化程度高。但采用这种方法加工过的大豆，其蛋白质抽提率低，浪费大。

③ 热水浸泡与热磨法。这两种方法适用于不脱皮的加工工艺。热水浸泡法即是把清洗过的大豆用高于80℃的热水浸泡30～60min，然后磨碎制浆；热磨法是将浸泡好的大豆沥去浸泡水，另加沸水磨浆，并在高于80℃的条件下保温10～15min，然后过滤、制浆。

④ 热烫法。将脱皮的大豆迅速投入到80℃以上的热水中，并保持10～30min，然后磨碎制浆。从消除异味的角度看，保温时间越长，效果越好。但保温时间过长，豆瓣过软，不利于大豆的磨碎和蛋白质的溶出。一般80℃以上只要保温18～20min，90℃以上只需保温

13～15min，而沸水只需保温 10～12min。

⑤ 酸或碱处理法。此方法的根据是 pH 值对脂肪氧化酶活性的影响。通过酸或碱的加入调整溶液的 pH 值，使其偏离脂肪氧化酶的最适 pH 值，从而达到抑制脂肪氧化酶活性、减少异味物质的目的。常用的酸是柠檬酸，一般调节至 pH3.0～4.5，在热浸泡法中使用。常用的碱有碳酸钠、碳酸氢钠、氢氧化钠、氢氧化钾等，一般调节至 pH7.0～9.0，碱可以在浸泡时加入，也可以在热磨、热烫时加入。酸或碱处理法单独使用，效果一般不够理想，往往都是与热处理法配合使用。加碱的突出效果是对苦涩味的清除明显，而且可以提高蛋白质的溶出率。

（4）分离　分离是将浆体中的浆液和豆渣分开，它对蛋白质和固形物回收影响很大。豆渣中的水分含量应该在 80％左右，若含水量过多，则会影响蛋白质的回收率。一般以热浆进行分离，可降低浆体黏度，有助于分离。离心分离操作可用篮式分离机分批进行，也可以用连续式滗析离心机完成。滗析离心机适合于大批量生产，可将浆胚轴液和豆渣分别连续排出。

（5）调制　调制可以使豆奶在营养上和口感上都近于牛奶，还可调制成各种风味的豆奶饮料。归纳起来，调制主要包括以下几点：

① 营养强化。豆浆中尽管含有丰富的蛋白质和大量不饱和脂肪酸等重要营养成分，但也有的营养素不足，需要补充。尤其是在生产婴儿豆奶或营养豆奶时，可对其中不足的营养素进行强化。例如：对维生素 A、B 族维生素、维生素 C、维生素 D 的强化。大豆蛋白质是较为完全的蛋白质，但含硫氨基酸含量相对偏低，在生产时，可适当补充一些蛋氨酸。另外，在无机盐方面，最常增补的是钙盐，并以用 $CaCO_3$ 最好，它溶解度低，不易造成蛋白质沉淀，可提高豆奶消化率。

② 添加油脂。豆奶中加入油脂可提高口感及色泽。油脂必须先经乳化后加入。油脂添加量在 1.5％左右（将豆奶中油脂含量增加到 3％左右），就可以收到明显的效果。

③ 添加甜味料。宜选用甜味温和的双糖。如选用单糖在杀菌时易发生美拉德褐变反应，使豆奶色泽发暗。糖的添加量一般在 6％左右，但由于品种及各地区人群的嗜好不同，糖的添加量亦有很大区别。

④ 添加赋香剂。奶味豆奶是最容易被人接受的豆奶品种。一般采用香兰素进行调香，可得奶味鲜明的豆奶。最好使用奶粉或鲜奶。奶粉使用量一般为 5％（占固形物）左右，鲜奶为 30％（占成品）左右。椰子豆奶、可可豆奶等均是采用调配时添加椰子汁（由鲜椰子肉直接加工）或椰浆、可可粉等调制而得各种风味不同的豆奶。

⑤ 添加稳定剂。豆奶是以水为分散介质，以大豆蛋白及大豆油脂为主要分散相的宏观体系，呈乳状液，具热力学不稳定性，需要添加乳化稳定剂以提高豆奶的稳定性。豆奶中使用的稳定剂以蔗糖酯、单甘酯和卵磷脂为主。此外，还可以使用山梨醇酐单硬脂酸酯等。如果把两种以上的乳化剂配合使用，效果会更好。乳化剂的添加量一般为油脂量的 12％左右。主要根据乳化剂的品种确定乳化剂的用量。使用蔗糖脂肪酸酯作乳化剂，其添加量一定要控制在 0.003％～0.5％范围内，如果小于 0.003％，则不能阻止蛋白质凝聚物产生，若高于 0.5％，则蔗糖脂肪酸酯本身易产生沉淀，而且还产生其特有的异味。

⑥ 添加增稠剂和分散剂。豆奶的乳化稳定性还与豆奶本身的黏度等因素有关。常用的增稠剂有羧甲基纤维素钠、海藻酸钠、明胶、黄原胶等，用量为 0.05％～0.1％。常使用的分散剂有磷酸三钠、三聚磷酸钠和焦磷酸钠等，其添加量为 0.05％～0.30％。

操作时可用一小型均质器进行一次乳化处理，以防止 $CaCO_3$ 从豆奶中沉淀出来。调制后的豆奶要尽快进行加热杀菌，否则在细菌的作用下会造成酸度升高，加热时会造成蛋白质凝固现象。一旦凝固出现，即使再使用均质器进行高压强制分散处理，存放时蛋白质还是会沉淀下来。

（6）加热杀菌　目的是杀灭致病菌和腐败菌，并破坏不良因子，特别是胰蛋白酶抑制物。杀菌可以分为常压杀菌、加压杀菌以及超高温瞬时连续杀菌（UHT）三种。

① 常压杀菌。可以杀灭致病菌和腐败菌的营养体，杀菌后要立即进行冷却。此方法适合于生产当日销售的玻璃瓶或塑料瓶（袋）装的消毒豆奶，在 4℃ 以下存放，其保质期可以达到 10 天以上。经过常压杀菌的产品不能在常温下存放，因为在常温下，残存的耐热菌的芽孢会发育成营养体，继续繁殖，使产品变质。

② 加压杀菌。一般采用 121℃ 保温 15min 的杀菌规程。在冷却阶段必须加反压，否则会因杀菌釜中压力降低而容器内外压差增加，将瓶盖冲掉，甚至将薄膜袋爆破。此方法适合于室温下长期存放的产品。加压杀菌采用的设备分为间歇式和连续式。间歇式杀菌是将产品置于杀菌釜中进行分批杀菌。此方法设备费用低，费力费时，产品质量不理想，容易引起脂肪析出，产生沉淀、蛋白质变性等问题。连续式杀菌一般是静压式连续杀菌器或卧式连续杀菌器，可以部分克服间歇式杀菌的缺点，但设备费用昂贵。

③ 超高温瞬时连续杀菌。超高温瞬时连续杀菌（UHT）是目前广泛采用的加热杀菌方法。具体操作是将产品在 130℃ 以上的高温下，保持数十秒的时间，然后迅速冷却。采用这种方式可以显著提高产品的色、香、味等感官质量，又能较好地保持豆奶中的一些热不稳定的营养成分。

（7）真空脱臭　在生产豆奶的过程中，尽管采取了一系列的灭酶办法，但豆奶中仍然不可避免地含有一些异味成分，因此经过加热杀菌后的豆奶产品应该立即进入真空脱臭罐中进行脱臭处理。这一操作对产品质量有举足轻重的作用，除了可以脱臭之外，还可以起到迅速降温的作用，这样可避免出现加热臭，减轻褐变现象；同时可以蒸发掉部分的水分。脱臭之后的豆奶可以与各种香味很好地调和，易于加香。操作时，真空度控制在 26.6～39.9kPa（200～300mmHg）为最好，如果太高，可能导致气泡冲出。

（8）均质　品质优良的豆奶组织细腻、口感柔和，经一定时间存放无分层、无沉淀。均质是在高压下使豆奶从均质阀的狭缝中压出，从而使脂肪球等粒子打碎，使豆奶具有良好的口感和稳定性，同时具有奶状的稠度，易于消化。影响均质效果的因素主要有以下三个：

① 均质压力。压力越高，均质效果越好，但受到设备性能限制。生产中一般采用的压力为 12.7～22.5MPa。

② 均质温度。温度越高，均质效果越好。温度一般采用 90℃。

③ 均质次数。增加均质次数也可以提高均质效果。在上述均质温度和压力的条件下，均质一次就可以获得良好的效果。

均质操作可以放在杀菌脱臭之前，也可以放在杀菌脱臭之后，若在杀菌脱臭之前，则效果较差，但设备费用较低；若在杀菌脱臭之后，则情况恰好相反。

（9）包装　产品的包装形式决定了成品的保藏期，也影响到质量和成本。可以采用散装形式分装到玻璃瓶、塑料袋和复合蒸煮袋中，或者采用无菌包装的形式。

2. 红枣核桃乳饮料

（1）核桃乳的制备

① 核桃仁去杂拣选。严格控制核桃仁质量，除去生虫、氧化败坏、霉变果及其他杂物。

② 去皮。核桃仁种皮会影响产品的色泽和风味。采用 2%NaOH 溶液 95℃，将核桃仁浸入此溶液中 1min 左右，捞出立即用清水将脱皮的核桃仁漂洗干净。

③ 浸泡。去皮的核桃仁用温水（45～50℃）浸泡 1.5～2h，以提高核桃仁的出浆率，改善产品的口感。

④ 磨浆、分离。用砂轮磨磨浆，边加边磨浆，加水量是核桃仁的 8 倍，再用胶体磨精磨。用分离机使浆渣分离，筛布为 120 目。

（2）红枣汁的制备

① 原料选择。选择成熟、色泽鲜美、饱满完整、无霉变的红枣。

② 清洗。用流水冲洗 2～3 次。

③ 烘烤。在 80～85℃条件下烘烤至红枣发出焦香味即可。烘烤的目的是增强枣的香味，提高出汁率。

④ 取汁。用渗浸法提取枣汁，加入红枣重量 2 倍的水，同时添加 0.02％的果胶酶，在 50～55℃温度下保温浸提 3～4h，用双层白布过滤出汁液。第二次浸提加水量与红枣重量相等，连续浸提 2～4h，再用双层滤布滤取汁液，合并两次汁液。

（3）配料　将复合稳定剂与部分白砂糖混匀，然后用 50℃热水在搅拌下充分溶解。再将剩余白砂糖及蜂蜜用 85℃热水溶解过滤，将二者一起加入核桃乳中。

红枣核桃乳是一种复杂的多相体系。维生素 C 是水溶性物质，而核桃中的油脂较水轻，存放过程中因浮力作用而上浮，另外红枣汁中存在有颗粒悬浮物，都会影响饮料的稳定性。采用添加复合稳定剂等措施可提高制品稳定性。复合稳定剂由蔗糖酯和黄原胶按一定比例组成，为防止直接用水溶解而造成结块，采取与白砂糖干混后再溶解的方法。

（4）脱气、均质　为了防止饮料中氧气的存在而导致维生素 C、维生素 E 等营养物质的氧化及色泽的变化，须进行真空脱气，以保证产品质量的稳定。脱气的工艺条件为：真空度 80～90kPa，温度 25℃。

均质可降低颗粒的直径，缩小脂肪球半径，同时均质又可使乳化稳定剂充分发挥作用。均质压力为 20MPa 左右，物料温度为 55～60℃之间。

（5）灌装、密封　采用真空灌装机，封口真空度控制在 0.04～0.05 MPa。

（6）杀菌　按杀菌公式 10—20—10min/112 ℃进行杀菌，反压冷却。

二、实训质量标准

（一）乳酸菌饮料（表 4-19、表 4-20）

表 4-19　乳酸菌饮料制作质量标准参考表

实训程序	工作内容	技能标准	相关知识	单项分值	满分值
一、准备工作	（一）清洁卫生	能发现并解决卫生问题	操作场所卫生要求	3	10
	（二）准备并检查工器具	(1)准备本次实训所需所有仪器和容器 (2)仪器和容器的清洗和控干 (3)检查设备运行是否正常	(1)本次实训内容整体了解和把握 (2)清洗方法 (3)不同设备操作常识	7	
二、备料	（一）原料乳的选择	(1)能选择新鲜的原料乳 (2)能对原料乳进行验收	原料乳的验收方法	8	20
	（二）砂糖的选择	按照要求等级选择	砂糖的质量标准	7	
	（三）食品添加剂的选择	(1)能按照产品特点选择合适的食品添加剂 (2)能够对选择的食品添加剂进行预处理	(1)食品添加剂的使用卫生标准 (2)食品添加剂溶液的配制方法,定量的方法	5	

续表

实训程序	工作内容	技能标准	相关知识	单项分值	满分值
三、调和	配料添加	能选择合适的调配温度	调和注意事项	20	20
四、均质	质粒微细化	能使用均质机	均质操作条件	15	15
五、灌装	灌装	选择合适灌装方法及设备	灌装方法	10	10
六、杀菌	杀灭致病微生物	能使用杀菌设备	杀菌条件控制	10	10
七、实训报告	(一)实训内容	实训完毕能够写出实训具体的工艺操作	—	5	15
	(二)注意事项	能够对操作中应注意的问题进行分析比较	—	5	
	(三)结果讨论	能够对实训产品做客观的分析评价探讨	—	5	

表 4-20　双歧杆菌发酵乳饮料制作质量标准参考表

实训程序	工作内容	技能标准	相关知识	单项分值	满分值
一、准备工作	(一)清洁卫生	能发现并解决卫生问题	操作场所卫生要求	3	10
	(二)准备并检查工器具	(1)准备本次实训所需所有仪器和容器 (2)仪器和容器的清洗和控干 (3)检查设备运行是否正常	(1)本次实训内容整体了解和把握 (2)清洗方法 (3)不同设备操作常识	7	
二、备料	(一)原料乳的选择	(1)能选择新鲜的原料乳 (2)能对原料乳进行验收	原料乳的验收方法	5	10
	(二)双歧杆菌的选择	按照要求等级选择	砂糖的质量标准	3	
	(三)食品添加剂的选择	(1)能按照产品特点选择合适的食品添加剂 (2)能够对选择的食品添加剂进行预处理	(1)食品添加剂的使用卫生标准 (2)食品添加剂溶液的配制方法,定量的方法	2	
三、原料乳预处理	原料乳均质	能使用均质机	均质机的使用方法	3	10
	原料乳灭菌	能选择合理灭菌条件	灭菌条件	3	
	接种	能正确接种	接种操作注意事项	4	
四、双歧杆菌干粉剂处理	制母发酵剂	能掌握制备方法	制发酵剂方法	5	15
	生产发酵剂	能掌握生产方法	生产发酵剂方法	5	
	接种	能正确进行操作	接种方法	5	
五、发酵	乳酸菌发酵	控制乳酸菌发酵条件	乳酸菌的特性	5	10
	双歧杆菌发酵	控制双歧杆菌发酵条件	双歧杆菌的特性	5	
六、混合	两种发酵乳混合	选择合适的比例混合	产品的特色	5	5
七、均质	混合液均质	能使用高压均质机	均质机的使用方法	10	10
八、灌装	混合液灌装	能正确使用灌装机	灌装机的使用方法	5	5
九、后发酵	最后发酵	后发酵的控制	后发酵的条件	10	10
十、实训报告	(一)实训内容	实训完毕能够写出实训具体的工艺操作	—	5	15
	(二)注意事项	能够对操作中应注意的问题进行分析比较	—	5	
	(三)结果讨论	能够对实训产品做客观的分析评价探讨	—	5	

（二）大豆蛋白饮料（表4-21）

表4-21 大豆蛋白饮料制作质量标准参考表

实训程序	工作内容	技能标准	相关知识	单项分值	满分值
一、准备工作	（一）清洁卫生	能发现并解决卫生问题	操作场所卫生要求	3	10
	（二）准备并检查工器具	(1)准备本次实训所需所有仪器和容器 (2)仪器和容器的清洗和控干 (3)检查设备运行是否正常	(1)本次实训内容整体了解和把握 (2)清洗方法 (3)不同设备操作常识	7	
二、备料	（一）砂糖的选择	按照要求等级选择	砂糖的质量标准	3	6
	（二）大豆的选择	按配方要求选择相应等级的原料	(1)大豆新鲜度 (2)成熟度及是否霉烂变质	3	
三、预处理	清洗	能选择合适的方法清洗大豆	清洗方法	3	14
	浸泡	(1)能计算出浸泡所用的水 (2)掌握不同季节下浸泡所需时间 (3)浸泡终点的判定	浸泡方法	6	
	脱皮	能正确使用相关的脱皮设备	最适脱皮的最佳含水量	5	
四、钝化酶	钝化脂肪氧化酶活性	要求掌握的几种灭酶的方法	钝化酶的方法	10	10
五、分离	分量浆液和豆渣	能正确使用离心机	离心操作的注意事项	4	5
六、调制	调制出各种风味	能确定调制不同风味饮料时添加各辅料的量	各辅料的添加标准	10	10
七、加热杀菌	杀灭有害微生物	掌握加热杀菌的方法并会操作	(1)常用的三种杀菌方法及其特点 (2)杀菌的作用	10	10
八、真空脱臭	脱除不良风味	(1)掌握真空脱臭的目的 (2)正确使用真空脱臭罐	真空脱臭的作用	10	10
九、均质	均质处理	掌握均质的作用及操作方法	(1)均质的作用 (2)均质的压力、温度、次数	10	10
十、实训报告	（一）实训内容	实训完毕能够写出实训具体的工艺操作	—	5	15
	（二）注意事项	能够对操作中应注意的问题进行分析比较	—	5	
	（三）结果讨论	能够对实训产品做客观的分析评价探讨	—	5	

三、考核要点及参考评分

（一）考核内容（表4-22～表4-24）

表4-22 乳酸饮料考核内容及参考评分

考核内容	满分值	水平/分值		
		及格	中等	优秀
清洁卫生	3	1	2	3
准备并检查工器具	7	4	5	7
原料乳的选择	8	6	7	8
砂糖的选择	7	5	6	7
食品添加剂的选择	5	3	4	5
配料添加	20	16	18	20
质粒微细化	15	12	13	15

考核内容	满分值	水平/分值		
		及格	中等	优秀
灌装	10	7	8	10
杀菌	10	7	8	10
实训内容	5	3	4	5
注意事项	5	3	4	5
结果讨论	5	3	4	5

表 4-23　双歧杆菌发酵乳饮料考核内容及参考评分

考核内容	满分值	水平/分值		
		及格	中等	优秀
清洁卫生	3	1	2	3
准备并检查工器具	7	4	5	7
原料乳的选择	5	3	4	5
双歧杆菌的选择	3	1	2	3
食品添加剂的选择	2	1	1	2
原料乳均质	3	1	1	3
原料乳灭菌	3	1	1	3
接种	4	2	3	4
制母发酵剂	5	3	4	5
生产发酵剂	5	3	4	5
接种	5	3	4	5
乳酸菌发酵	5	3	4	5
双歧杆菌发酵	5	3	4	5
两种发酵乳混合	5	3	4	5
混合液均质	10	7	8	10
混合液灌装	5	3	4	5
最后发酵	10	7	8	10
实训内容	5	3	4	5
注意事项	5	3	4	5
结果讨论	5	3	4	5

表 4-24　大豆蛋白饮料制作考核内容及参考评分

考核内容	满分值	水平/分值		
		及格	中等	优秀
清洁卫生	3	1	2	3
准备并检查工器具	7	4	5	7
砂糖的选择	3	1	2	3
大豆的选择	3	1	2	3
清洗	3	1	2	3
浸泡	6	4	5	6
脱皮	5	3	4	5
钝化脂肪氧化酶活性	10	7	8	10
分量浆液和豆渣	4	2	3	4
调制出各种风味	10	7	8	10
杀灭有害微生物	10	7	8	10
脱除不良风味	10	7	8	10
均质处理	10	7	8	10
实训内容	5	3	4	5
注意事项	5	3	4	5
结果讨论	5	3	4	5

（二）考核方式

实训地现场操作。

四、实训习题

1. 为什么有时在接种后牛乳不能被发酵?

答：在乳牛产乳的过程中，因乳牛患乳房炎等疾病而在饲料中添加或注射抗生素后，抗生素等可以进入乳中，这就会导致因抗生素等的存在而使发酵菌受到抑制，产生发酵乳接种后不发酵的情况。以这种乳为原料制成的乳粉，在制取发酵乳时也会发生同样的问题。

2. 为什么要对大豆进行灭酶处理? 常用的几种灭酶方法有哪些?

答：大豆破碎后，磨碎时要防止脂肪氧化酶在一定温度和含水量条件下和氧气发生作用。大豆在磨碎之前有的经过浸泡，有的没有经过浸泡。未浸泡的大豆经灭酶处理后，应在冷却前立即进行磨碎。磨碎可用不锈钢粉碎机、钝式粉碎机和万能磨等。为加强效果，也可以采取二次磨碎的方式。常用的灭酶方法如下：

① 干热处理　一般是在大豆脱皮入水前进行，利用高温热空气对大豆进行加热。干热处理要求高温瞬时，热空气的温度最低不能低于120℃，否则效果极差，但温度也不能定高，否则大豆易焦化。一般干热处理的温度为120~200℃，处理时间为10~30s。如170℃，则15s即可。干热处理过的大豆直接磨碎制豆奶，往往稳定性不好，但若在高温下，用碱性钾盐（如碳酸钾等）进行浸泡处理后，再磨碎制浆，则可大大提高豆奶的稳定性，防止沉淀分离。

② 蒸汽法　这种方法多用于大豆脱皮后入水前，利用高温蒸汽对脱皮豆进行加热处理，如用120~200℃的高温蒸汽加热7~8s即可。此方法一般是通过旋转式网筒或网带式运输机来完成的，生产能力大，机械化程度高。但采用这种方法加工过的大豆，其蛋白质抽提率低，浪费大。

③ 热水浸泡与热磨法　这两种方法适用于不脱皮的加工工艺。热水浸泡法即是把清洗过的大豆用高于80℃的热水浸泡30~60min，然后磨碎制浆；热磨法是将浸泡好的大豆沥去浸泡水，另加沸水磨浆，并在高于80℃的条件下保温10~15min，然后过滤、制浆。

④ 热烫法　是将脱皮的大豆迅速投入到80℃以上的热水中，并保持10~30min，然后磨碎制浆。从消除异味的角度看，保温时间越长，效果越好。但保温时间过长，豆瓣过软，不利于豆的磨碎和蛋白质的溶出。一般80℃以上只要保温18~20min，90℃以上只需保温13~15min，而沸水只需保温10~12min。

⑤ 酸或碱处理法　此方法的根据是pH值对脂肪氧化酶活性的影响。通过酸或碱的加入调整溶液的pH值，使其偏离脂肪氧化酶的最适pH值，从而达到抑制脂肪氧化酶活性、减少异味物质的目的。常用的酸是柠檬酸，一般调节pH值至3.0~4.5，一般在热浸泡法中使用。常用的碱有碳酸钠、碳酸氢钠、氢氧化钠、氢氧化钾等，一般调节pH值至7.0~9.0，碱可以在浸泡时加入，也可以在热磨、热烫时加入。酸或碱处理法单独使用，效果一般不够理想，往往都是与热处理法配合使用。加碱的突出效果是对苦涩味的清除明显，而且可以提高蛋白质的溶出率。

思　考　题

1. 什么是乳酸菌饮料? 它是怎样生产出来的?
2. 乳酸菌饮料常见质量问题有哪些?
3. 植物蛋白饮料有哪些种类?
4. 豆乳的豆腥味是怎样产生的? 如何克服?
5. 如何提高豆乳的口感?
6. 植物蛋白饮料常见质量问题有哪些?

第五章　冷冻饮品加工技术

【学习目标】

1. 掌握几种常见冷饮的生产工艺。
2. 冷饮生产中常见质量问题的预防方法。
3. 了解冷冻饮品的分类、原料组成及混合料的调制方法。

第一节　概　　述

冷冻饮品是以饮用水、牛乳（乳制品）、甜味料等为主要原料，加入适量食品添加剂，经杀菌采用冷冻工艺制成的供人们直接食用的固体态饮品。冷冻饮品按照原料、工艺及产品性状分为冰淇淋、雪糕、冰棍、雪泥、甜味冰、食用冰六类。

冰淇淋类　以饮用水、牛奶、奶粉、奶油（或植物油脂）、食糖等为主要原料，加入适量食品添加剂，经混合、灭菌、均质、老化、凝冻、硬化等工艺制成体积膨胀的冷冻饮品。

雪糕类　以饮用水、乳制品、食糖、食用油脂等为主要原料，添加适量增稠剂、香料，经混合、灭菌、均质或轻度凝冻、注模、冻结等工艺制成的冷冻饮品。

冰棍棒冰类　以饮用水、食糖等为主要原料，添加增稠剂、香料或豆类、果品等，经混合、灭菌（或轻度凝冻）、注模、插扦、冻结、脱模等工艺制成的冷冻饮品。

雪泥类　以饮用水、食糖等为主要原料，添加增稠剂、香料，经混合、灭菌、凝冻或低温炒制等工艺制成的松软的冰雪状的冷冻饮品。

甜味冰　以饮用水、食糖等为主要原料，添加香料，经混合、灭菌、灌装、冻结等工艺制成的冷冻饮品。

食用冰　以饮用水为原料，经灭菌、注模、冻结、脱模，包装等工艺制成的冷冻饮品。

一、冷冻饮品的原料组成

冷冻饮品的主要成分是脂肪、非脂乳固体、甜味剂、乳化剂、稳定剂、香料等，这些成分可由下列原料引入：

① 脂肪由稀奶油、奶油、人造奶油、精炼植物油等引入。

② 非脂乳固体由原料乳、脱脂乳、炼乳、乳粉等引入。

③ 甜味剂由甘蔗、葡萄糖及新甜味剂（甜蜜素、阿斯巴甜、淀粉糖浆）等引入。

④ 乳化剂与稳定剂。乳化剂有鸡蛋、蛋黄粉、蔗糖酯等。稳定剂有明胶、羧甲维素钠、果胶、琼脂、黄原胶、甘露胶等。复合乳化稳定剂现已开始得到广泛应用。

⑤ 辅料。各种果汁、水果浆、蜜饯、果仁、米仁、速溶咖啡，甚至蔬菜汁等即可使用。

合理地选用原料是提高质量、降低成本的关键。

1. 原料的组成及作用

（1）乳及乳制品　主要包括鲜牛奶、脱脂乳、乳脂、甜炼乳、乳粉、脱脂炼乳、全脂炼乳、乳酪等。

这类原料主要是引进脂肪和非脂肪乳固体，并赋予冷冻饮品良好的营养价值，使成品具有柔润细腻的口感。冰淇淋中，乳脂肪一般用量为8%～12%，高的可达16%左右。雪糕中乳脂肪含量一般为2.5%以上。在冰淇淋混合原料中的乳脂肪经均质以后，可使料液黏度增加，在凝冻搅拌时可以增大膨胀率。因此，冰淇淋中脂肪的来源最好采用稀奶油或奶油。为了降低成本可用部分氢化油、棕榈油代替。在使用乳制品时，应注意其酸度，如果酸度过高，在杀菌工序中易产生蛋白质凝固现象，所以对一般乳制品应有酸度要求，如：全脂奶粉，20°T以下；炼乳，40°T以下；乳脂，15°T以下；鲜牛奶，19°T以下。

（2）蛋与蛋制品 在冷冻饮品料液中添加适量的鸡蛋或蛋制品，对改善冰淇淋的结构、组织状态及风味有着重要的作用。蛋白在凝冻搅拌时形成薄膜，对混入的空气有保护作用。蛋黄中的卵磷脂能起乳化和稳定的作用。蛋黄经搅拌后能产生细小的泡沫，可使冰淇淋组织松软，形体轻盈。鸡蛋与奶油、牛奶、砂糖混合在一起，无形中能产生一种引人食欲的奶油蛋糕的风味。

鲜鸡蛋用量在冰淇淋混合料的10%～20%范围内，如用蛋黄粉，使用量控制在0.25%～0.5%范围内。要防止蛋与蛋制品用量过多，使制品出现蛋腥味。

（3）甜味剂 一般采用砂糖，用糖量为12%～16%，若低于12%会感到甜味不足；用量过多，会感到腻口，并且会使原料的冰点降低，影响凝冻成形及降低膨胀率，成品容易融化。甜味剂除提供甜味外，还有提高固体成分含量、使组织润滑、增加黏度、降低冻结温度的作用。

甜味剂提供的甜度受其他共存原料种类或用量的影响，在含果汁或果实量多的冰淇淋中，由于酸而甜味减退，因此应适当增加甜味剂用量。

为适应消费者对"低能、低热量"的营养需求，在冷冻饮品生产中可适当应用强力甜味剂，如阿斯巴甜、甜叶菊糖等。

（4）稳定剂 在冷冻饮品中稳定剂有以下几方面的作用：

① 使水形成凝胶结构或使之成为结合水。

② 能使冷冻饮品组织细腻、光滑。

③ 在贮藏过程中抑制或减少冰晶的生长。

④ 提高物料的黏度，延缓和阻止冷冻饮品的融化。

在使用稳定剂时，要注意料液温度、pH值、稳定剂用量等因素对稳定剂性能的影响。

（5）香料、香精 香料、香精是冷冻饮品的调香成分。适量的香料或香精，能使成品带有悦人的香味和具有该品种应有的天然风味，并能增进食欲。例如在奶油和牛奶冰淇淋中添加香草香精或香兰素后，具有柔和及芳香的香草奶油风味。

要使冷冻饮品得到良好的香味，除了香料本身品质的优劣外，用量及调配得当也很重要，香料通常用量在0.075%～0.10%范围，不过应根据具体品种和加工工艺而定。

（6）食用色素 色调的选择应尽量利用通常人们心理上对食品色、香味的认识，选择与该食品原来的色泽基本类似的色素。

合成食用色素苋菜红、胭脂红等在得到广泛使用的同时，天然色素如红曲色素、β-胡萝卜素、栀子黄等亦得到开发和应用。

2. 冷冻饮品混合原料的标准化

依据《国家冷冻饮品行业标准》，根据所掌握的各种原辅料的主要化学成分，计算所需要的各种料的配比数量。这种计算亦称为冷冻饮品混合原料的标准化。

表5-1给出了各种原料的组成。根据各种原料的组成及成品的配方来进行混合原料的计

算。以冰淇淋为例说明冷冻饮品混合料的配比计算。

① 原料的成分，对使用的原料进行选择。

② 确定欲生产的冰淇淋的组成、产品的质量标准。

③ 数字计算。

④ 验算结果。

表 5-1　各种原料的组成

原料	脂肪/%	非脂乳固体/%	糖/%	总干物质/%
牛乳	4.0	8.8		12.8
牛乳	3.5	8.6		12.1
牛乳	3.3	8.1		11.4
脱脂乳	0.1	8.4		8.5
稀奶油	20.0	7.13		27.13
稀奶油	30.0	6.24		36.24
稀奶油	40.0	5.35		45.35
奶油	82.0	1.0		83.0
甜炼乳	8.0	20.0	44.0	72.0
淡炼乳	8.0	18.1		26.1
全脂乳粉	26.5	71.0		97.5
脱脂乳粉	1.0	94.8		95.8
鸡蛋粉	51.2	44.0		95.2
鸡蛋液	12.7	14.2		26.9
蛋黄粉	62.5	31.5		94.0

（1）简单配料计算　简单配料是由一种稳定剂、糖、奶油和脱脂炼乳或脱脂奶粉组成的配料；或是由各种单一成分所组成的配料。每种成分若具有两种营养要素的配料就比较复杂，但是有时候也可采用最简单的配料程序进行计算。

【例 5-1】　欲配制由脂肪 10%、非脂乳固体 11%、糖 14%、蛋黄固形物 0.55% 和稳定剂 0.5% 组成的冰淇淋混合料 450kg，则需要用含脂肪 30% 和非脂乳固体 6.24% 的奶油、含 97% 非脂乳固体的脱脂奶粉、蔗糖、蛋黄粉、稳定剂、水多少千克？

解　① 表 5-2 给出了所求配料的各种可用成分以及营养成分的百分含量及质量。

表 5-2　例 5-1 的可用成分和所求配料的营养成分

可用成分			所求配料的营养成分		
原料	营养成分	含量/%	营养成分	含量/%	质量/kg
稳定剂	总固体	90	脂肪	10	45.0
蛋黄粉	脂肪	62.5	非脂乳固体	11	49.5
	总固体	94	糖	14	63.0
蔗糖	糖	100	蛋黄固形物	0.5	2.25
脱脂奶粉	总固体	97	稳定剂	0.5	2.25
	非脂乳固体	97			
奶油	脂肪	30			
	非脂乳固体	6.24			
水					

② 准备好一份验算单（如表 5-3 所列），以便填入计算结果。

表 5-3　例 5-1 计算的验算单

成 分 名 称	成分质量/kg	计算的各种营养成分					
		脂肪/kg	非脂乳固体/kg	糖/kg	蛋固形物/kg	稳定剂/kg	总固体/kg
稳定剂	2.50					2.25	2.25
蛋黄粉	2.39	1.49			2.25		3.74
蔗糖	63.00			63.00			63.00
奶油(30%)	145.03	43.51	9.05				52.56
脱脂奶粉	41.70		40.45				40.45
水	195.38						
合计	450.00	45.00	49.50	63.00	2.25	2.25	162
		(10.00%)	(11.00%)	(14.00%)	(0.50%)	(0.50%)	(36%)
验算所求质量	450.00	45.00	49.50	63.00	2.25	2.25	162.00
		(10.00%)	(11.00%)	(14.00%)	(0.50%)	(0.50%)	(36.00%)

③ 稳定剂用量计算如下：

按配方要求为 0.5%，则 450kg×0.5%＝2.25kg。

考虑其总固形物为 90%，则实际稳定剂用量为 2.25kg/90%＝2.5kg。

④ 蔗糖的用量计算：按配方要求为 14%，其他可用成分均不含糖，故蔗糖（100%）用量为 450kg×14%＝63kg。

⑤ 蛋黄粉的计算：按配方要求，蛋黄粉固形物为 0.5%，则 450kg×0.5%＝2.25kg，故蛋黄粉的用量为 2.25kg/94%＝2.39kg。

⑥ 余下的可用成分为奶油、脱脂奶粉、水，可用方程组求解。其计算步骤如下：

假设奶油为 $x$kg，脱脂奶粉为 $y$kg，水为 $z$kg，按照条件列出下列方程组：

$$x+y+2.5+6.3+2.39+z=450$$
$$x×30\%+2.39×6.25\%=450×10\%$$
$$x×6.24\%+y×97\%=450×11\%$$

解联立方程组得：

$$x=145.03\text{kg},\ y=41.70\text{kg},\ z=195.38\text{kg}$$

⑦ 将上述结果填入验算单内的"质量"栏。

⑧ 算出配料内各种营养成分的百分比填入营养成分栏内，并计算出各栏总数，得相应的百分比。

⑨ 验算：将验算单所算出的各种营养成分的百分比与所求相应的百分数比较，两者百分比差额小于 10% 就可用（见表 5-3）。

（2）复杂配料的计算　复杂配料是指各种营养成分中至少有一种是从两种或更多的配料成分中取得的，这种情况亦可用代数法计算。

【例 5-2】　非脂乳固体有三个来源：脱脂炼乳、奶油和牛奶。现欲配制 200kg 冰淇淋混合料，该配料含有脂肪 14%、非脂乳固体 9%、糖 13% 和稳定剂 0.5%，可用成分是脂肪含量 40% 的奶油、脂肪含量 4% 的牛奶、脱脂炼乳（总固体 27% 和非脂乳固体 27%）、蔗糖和稳定剂。试求各自的用量。

解　① 编制一份可用成分和所求成分的一览表（见表 5-4）。

② 编制一份验算单（见表 5-5），将所得的数据记入验算单内。

表 5-4　例 5-2 的可用成分和所求配料的营养成分

可用成分			所求配料的营养成分		
成分	营养成分	含量/%	营养成分	含量/%	质量/kg
稳定剂	总固体	90	脂肪	14	28
蔗糖	糖	100	非脂乳固体	9	18
脱脂炼乳	总固体	27	糖	13	26
	非脂乳固体	27	稳定剂	0.5	1
奶油	脂肪	40			
	非脂乳固体	5.35			
全脂牛奶	脂肪	4			
	非脂乳固体	8.79			

表 5-5　例 5-2 计算的验算单

成品成分	质量/kg	计算的各种营养成分					
		脂肪/kg	非脂乳固体/kg	糖/kg	稳定剂/kg	总固体/kg	成本
稳定剂	1.11				1.00	1.00	
蔗糖	26.00			26.00		26.00	
脱脂炼乳	26.81		7.02			7.02	
奶油	61.55	24.62	3.29			27.91	
牛奶	84.53	3.38	7.43			10.81	
合计	200.00	28.00 (14.00%)	17.74 (8.87%)	26.00 (13.00%)	1.00 (0.50%)	72.74 (36.37%)	
验算所求质量	200	28.00 (14.00%)	18.00 (9.00%)	26.00 (13.00%)	1.00 (0.50%)	73.00 (36.50%)	

③ 稳定剂用量的计算。本例仅有一种稳定剂来源、按配方要求为 0.5%，则 $200 \times 0.5\% = 1$kg，考虑其总固体为 90%，则实际用量为 $1/90\% = 1.11$kg。

④ 蔗糖用量计算。本例蔗糖是糖的唯一来源，按配方要求为 13%，故蔗糖（100%）用量为 $200 \times 13\% = 26$kg。

⑤ 余下的可用成分为奶油、全脂牛奶、脱脂炼乳，现分别假设为 $x$kg、$y$kg、$z$kg，按条件列出下列方程组：

$$x + y + z + 1.11 + 26 = 200$$
$$x \times 40\% + y \times 4\% = 200 \times 14\%$$
$$x \times 5.35\% + y \times 8.79\% + z \times 27\% = 200 \times 9\%$$

解得：$x = 61.55$kg　$y = 84.53$kg　$z = 26.81$kg。

⑥ 将上述结果填入验算单内（见表 5-5）。

⑦ 将计算出的各种营养成分的百分比与所求配料相比较，本例中算出的非脂乳固体为 8.87% 与所求配料的 9% 对比相差 0.17%，系计算误差，其他都吻合，计算正确。

二、混合原料的调制

1. 混合原料的配制

混合原料的配制，首先要核对材料，按配方规定的原辅材料的规格、数量进行感官、理化指标检验，然后进行原料处理。

混合原料的配制，一般在杀菌缸内进行。杀菌缸应具有杀菌、搅拌和冷却功能。配制的混合原料所用的物料须经相应处理后进行配制。例如：砂糖应另备容器，配制成为 65%～70% 的糖浆备用；牛乳、炼乳及乳粉等亦应溶化混合经 100～120 目筛滤后使用；必要时，蛋粉和乳粉除先加水融化、过滤外，还应采取均质处理；奶油或氢化油可先加热融化，筛滤后使用；明胶或琼脂等稳定剂可先制成 1.0% 的溶液后加入，或者和数倍于自身质量的砂糖混合均匀后加入；香料则以在凝冻前添加为宜。

待各种配料加入后，充分搅拌均匀。混合料的酸度以 0.18%～0.2% 范围为宜。酸度过高应在杀菌前进行调整，可用氢氧化钠或碳酸氢钠进行中和，但不得过度，否则会产生涩味。

2. 杀菌

杀菌的目的是：杀灭混合料中所有病原菌和绝大部分非病原菌；钝化部分酶的活力；增加黏度，改善风味。

杀菌方式为：棒冰混合料在夹层锅内煮沸 15min；生产雪糕采用 85℃，15min；冰淇淋是在杀菌缸内进行杀菌，一般采用 67～70℃，保温 30min，也有采用高温短时杀菌法（85℃，4～6min），或用高温瞬时灭菌 115～135℃，3～5s。杀菌后的棒冰混合料不需均质、老化，应迅速冷却到 25℃ 以下。

3. 均质

为了使冷冻饮品的组织细腻，形体润滑松软，增加稳定性和持久性，提高膨胀率，减少冰结晶，一般采用均质机，以 14.7～17.6MPa 的压力进行均质。

均质条件的选择，根据混合料的组分、温度等不同而异。常用均质温度系根据均质室温度的高低而随时调整，均质压力依其含脂量多少而随时改变。一般的均质温度与压力要求见表 5-6。

表 5-6 均质温度与压力对照表

均质温度/℃	料液含脂量/%	料液适宜温度/℃	适宜均质压力/MPa
5～20	10	65～70	16.8～17.6
21～30	12	61～65	15.8～16.7
31～40	14	55～60	15.2～15.7

刚开始均质时，由于压力不够稳定，所以从均质泵输出的料液不能直接进入老化缸，须回收进行重均质，以免影响产品质量。待压力正常后，便可直接输入老化缸内。

均质是冰淇淋生产工艺中不可缺少的工序，否则不可能生产出优质冰淇淋。如果能在混合原料配制好和杀菌后，冷却进入老化缸前，先后进行两次均质，那么产品的组织形态结构就完美了。

第二节 雪糕与棒冰加工技术

一、概述

1. 基本概念

雪糕和棒冰都是以豆类、牛乳或乳制品、果汁等与淀粉、砂糖等配合，经杀菌后浇模、冻结而成的一种冷冻饮品。它们的制造过程与生产设备基本上是相同的，只是其混合料在配制时的成分不同，因此，所制成的产品在组织、风味上有所差别。雪糕是用乳与乳制品或豆乳品，加入甜味料、油脂、稳定剂、香精以及着色剂等配制冻结而成。棒冰仅用甜味料、豆类或果汁、稳定剂、香料及着色剂等配制冻结而成。雪糕总干物质含量较棒冰高 40%～60%，并含有 2%以上的脂肪，因此，其所制成的产品风味与组织比棒冰美味可口。

2. 雪糕的分类

雪糕按其组成成分和风味的不同，一般可分为以下几种：

（1）外涂巧克力雪糕　采用奶油冰淇淋或奶油雪料经冻结成型后，外涂巧克力糖衣所组成。它为雪糕的高级品种。

（2）奶油雪糕　采用乳与乳制品，加入甜味剂、油脂、稳定剂、香味剂以及食用色素等配制冻结而成，有奶油味、香草味、可可味、各种水果味等品种。

（3）果仁雪糕　在奶油雪糕的混合原料中，加入胡桃仁、花生酱等冻结而成。

（4）果酱雪糕　在奶油雪糕的混合原料中，加入水果酱冻结而成。

按其多种口味及外观又可分为：双色雪糕；三色雪糕；果味或果酱夹心雪糕；外涂果仁巧克力雪糕等品种。按其坯中是否添加不溶性颗粒原料或坯外是否复合其他坯料，也可大致分为清型、混合型、复合型三种类型。

3. 棒冰的分类

棒冰（又称冰棍、雪条、雪批），按其组成成分和风味不同一般可分为以下几种：

（1）果味棒冰　采用甜味剂、稳定剂、食用酸味剂、香精及食用色素等配制冻结而成。有橘子、柠檬、菠萝、杨梅、牛奶、咖啡等品种。

（2）果汁棒冰　采用甜味剂、稳定剂、各种新鲜果汁或果汁粉以及食用色素等配制冻结而成。有橘子、菠萝、杨梅、山楂等品种。

（3）豆类棒冰　采用甜味剂、稳定剂、豆类、香料及食用色素等配制冻结而成。有赤豆、绿豆、青豌豆等品种。

（4）果泥棒冰　采用甜味剂、稳定剂、果泥、香料及食用色素等配制冻结而成。

（5）果仁棒冰　采用甜味剂、磨碎的果仁、香料及色素等配制冻结而成。有可可、咖啡、杏仁、花生仁等品种。

（6）盐水棒冰　在豆类或果味棒冰混合原料中，加入适量的精盐（一般为 0.1%～0.3%）冻结而成，适合夏季高温作业工人消暑解渴用。

二、雪糕的生产工艺流程

雪糕的生产工艺流程如图 5-1 所示。

三、雪糕的配方

1. 一般雪糕配方

砂糖 13%～14%，淀粉 1.25%～2.5%，牛乳 32%左右，香料适量，糖精 0.010%～0.013%，精炼油脂 2.5%～4.0%，麦乳精及其他特殊原料 1%～2%，着色剂适量。

2. 各种雪糕配方

雪糕配方见表 5-7。

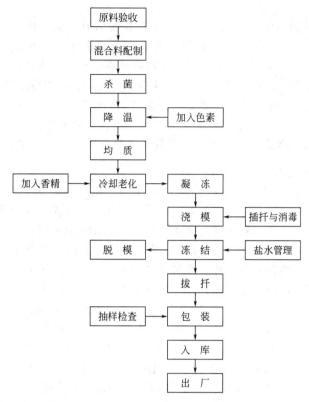

图 5-1　雪糕的生产工艺流程

表 5-7　雪糕配方（以 1200kg 计）　　　　　　　　　　　　单位：kg

原料	品　种						
	可　可	橘　子	香　蕉	香　草	菠　萝	草　莓	柠　檬
水	845	836	816	838	871	855	818
白砂糖	105	135	106	125	175	149	105
全脂奶粉		22.5		16	52	33	
甜炼乳	175	100	175	125		60	175
淀粉	15	15	15	15	15	15	15
糯米粉	15	15	15	15	15	15	15
可可粉	12						
精油	37	40	40	40	40	40	40
禽蛋		37	37	37	37	37	37
糖精	0.17	0.15	0.15	0.15	0.15	0.15	0.15
精盐	0.15	0.15	0.15	0.15	0.15	0.15	0.15
香草香精	0.90			1.14			
橘子香精		1.50					
香蕉香精			0.60				
菠萝香精					0.65		
草莓香精						1.20	
柠檬香精							1.14

四、普通雪糕加工工艺

1. 混合料配制

配料时，可将黏度低的原料如水、牛奶、脱脂奶等先加入，黏度高或含水分低的原料如冰蛋、全脂甜炼乳、奶粉、奶油、可可粉、可可脂等依次再加入，经混合后制成混合料液。

在配制时需注意以下几点：

① 对于冰蛋或自制的已结冰的鸡蛋浆，要将其先切成小块，并与牛奶和水混合，比例为 1：4，在混合缸内加热，温度不能高于 55℃，以免鸡蛋变成鸡蛋花。

② 在使用淀粉前，要先用 5～6 倍的水将其稀释成淀粉浆，然后在搅拌的前提下将淀粉浆加入混合缸内，加热温度为 60～70℃，使其初步糊化，然后再通过泵循环过滤，将未溶化的淀粉颗粒及杂质过滤掉。将过滤过的淀粉浆打入杀菌缸内。

③ 要将可可脂与奶油切成小块，加热熔化后一起在混合缸中过滤，再打入杀菌缸内。

④ 奶粉可与砂糖、水或牛奶一起搅拌混合，加热温度为 75℃左右，过滤打入杀菌缸内。

2. 杀菌、均质、冷却

① 杀菌温度是 85～87℃，时间为 5～10min。均质时料温为 60～70℃，均质压力为 15～17MPa。雪糕和棒冰的混合原料的配制及杀菌过程是在杀菌缸中进行的，小型企业可用简单的加热杀菌设备灭菌。雪糕原料一般可用 75～80℃的加热温度，时间 15～20min。棒冰原料一般可用 85～87℃的加热灭菌温度，时间 10～15min。混合原料经灭菌后，不但能保证混合原料中加入的淀粉充分糊化，增加混合原料的黏度，而且能达到灭菌目的。一般经杀菌后的混合料，不得发现大肠杆菌，每毫升菌数控制在 100 个以下。

② 制作雪糕，因油脂及粗质原料用量较高，因此需经均质处理。否则会使脂肪上浮，使产品组织粗糙，并有乳酪粗粒存在。均质压力 14.7～16.7MPa，均质温度控制在 68～70℃。棒冰混合原料经巴氏杀菌处理后，立即冷却，不必经过均质处理。

③ 均质后的料液可直接进入冷却缸中。温度降至 4～6℃。一般冷却温度愈低，则雪糕（棒冰）的冻结时间愈短，这对提高雪糕的冻结率有好处。但冷却温度不能低于 -1℃或低至使混合料有结冰现象出现，这将影响雪糕的质量。冷却缸的刷洗与消毒很重要，在混合料冷却前，必须彻底将冷却缸刷洗干净，然后再将其进行消毒，以保证料液不被细菌污染。缸的刷洗与消毒工作分两个步骤进行，否则难以达到清洗与消毒的目的。

3. 浇模

冷却好的混合料需要快速硬化，因此要将混合料灌装到一定模型的模具中，此过程称为浇模。浇模之前要将模具（模盘）、模盖、扦子进行消毒。

一般采用密闭装置，避免操作时增加污染的机会。即从配料池通过管道直接流入棒冰模或雪糕模盘中。浇模时，棒冰模应放在配料池边，操作时要小心，避免喷出的料浆溅入配料池和棒冰模内。勺把经手接触后不得侵入浆料，否则会造成污染。

4. 插扦

要求插得整齐端正，不得有歪斜、漏插及未插牢现象。现常用机械插扦。

5. 冻结

雪糕的冻结有直接冻结法和间接冻结法。

直接冻结法是直接将模盘浸入盐水内进行冻结；间接冻结法是速冻库（管道半接触式冻结装置）与隧道式（强冷风冻结装置）速冻。冻结速度愈快，产生的冰结晶就愈小，质地愈细；相反则产生的冰结晶大、质地粗。

食品的中心温度从 -1℃降低到 -5℃所需的时间在 30min 内称作快速冻结。目前雪糕的冻结指的是将 5℃的雪糕料液降温到 -6℃，是在 24～30°Bé、-24～-30℃的盐水中冻结，冻结时间只需 10～12min，故可以归入快速冻结行列。

食品的冻结速度与食品的热导率成正比，因棒冰的含水量大、脂肪含量低，所以，冰棒的热导率比雪糕大，故棒冰的冻结效率比雪糕大，在同等条件下，棒冰的产量也就比雪糕大。

由于盐水的浓度与温度已成为生产雪糕（棒冰）的重要条件之一（其次是料液的温度），所以，冻结缸内盐水的管理必须有专人负责。每天应测4次盐水浓度与温度，在生产前0.5h测一次，生产后每2h测一次，并做好原始记录以备检查。测量时如发现盐水的浓度符合要求，温度却达不到要求时，应检查原因。在生产雪糕的冻结过程中，如发现氨蒸发器的管道上有结冰或结霜现象时，要设法将冰或霜清除，否则也会影响盐水的温度。

在将装好料液的模盘放入冻结缸中时不能溅入一滴盐水，否则要将料液倒掉，模盘经刷洗、消毒后才能再用，否则会影响成品质量。

6. 脱模

需用烫模盘槽，烫模盘槽内的水温度应控制在48～54℃，浸入时间为数秒钟，以能脱模为准。烫模后使雪糕脱模并立即嵌入拔扦架上，用金属钳用力夹住雪糕扦子，将一排雪糕送往包装台。

7. 包装

包装时先观察雪糕的质量，如有歪扦、断扦及沾污上盐水的雪糕（沾污上盐水的雪糕表面有亮晶晶的光泽）则不得包装，需另行处理。取雪糕时只准手拿木扦而不准接触雪糕体，包装要求紧密、整齐，不得有破裂现象。包好后的雪糕送到传送带上由装箱工人装箱。装箱时如发现有包装破碎、松散者，应将其剔出重新包装。装好后的箱面应打印上生产品名、日期、批号等。

五、膨化雪糕加工工艺

膨化雪糕的生产工艺基本同雪糕一样，只是多了一个凝冻工序，即在浇模前将雪糕混合料液送进间歇式冰淇淋凝冻机内搅拌凝冻后，再浇模。

通过凝冻可以达到两个目的：一是使雪糕的质地更加松软，味道更加可口；二是凝冻后料液的温度在－1～－2℃，有利于提高雪糕产品的质量。

1. 凝冻

料液的加入量与冰淇淋生产有所不同，第一次的加入量约占机体容量的1/3，第二次则为1/2～2/3。加入的雪糕料液通过凝冻搅拌，外界空气混入，使料液体积膨胀，因而浓稠的雪糕料液逐渐变成体积膨大而又浓厚的固态。制作膨化雪糕的料液不能过于浓厚，因过于浓厚的固态会影响浇模质量。控制料液的温度在－1～－3℃，膨胀率为30％～50％。

2. 浇模

从凝冻机内放出的料液可直接放进雪糕模盘内，放料时尽量估计正确，过多、过少都会影响浇模的效率与卫生质量。已放进模盘的料液因过于浓厚难以进入模子内，故需用无毒的橡皮刮将其刮平（橡皮刮子是用一块不锈钢皮将橡皮夹在中间制成的），并稍微振动几下，目的是将料液震进模底。待模盘内全部整平后，盖好模盖即可冻结。

第三节　冰淇淋加工技术

一、概述

冰淇淋是以牛奶或乳制品和蔗糖为主要原料，并加入蛋或蛋制品、乳化剂、稳定剂、香料、着色剂等食品添加剂，经混合、均质、杀菌、老化、凝冻等工艺或再经成形、硬化等工艺制成的体积膨胀的冷冻食品。

1. 质构

冰淇淋的物理构造很复杂。气泡包围着冰的结晶连续向液相中分散，在液相中含有固态的脂肪、蛋白质、不溶性盐类、乳糖结晶、稳定剂、溶液状的蔗糖、乳糖、盐类等，即由液相、气相、固相三相构成。

2. 工艺特点

冰淇淋制造过程大致可分为前、后两个工序。前道工序为混合工序，包括配料、均质、杀菌、冷却与成熟。后道工序则是凝冻、成形和硬化，它是制造冰淇淋的主要工序。

3. 产品特点

冰淇淋中含有一定量的乳脂肪和干物质，所以它具有浓郁的香味、细腻的组织和可口的滋味，还具有很高的营养价值。

随着科学的发展和新技术的应用，目前已广泛地使用连续式凝冻机，最近已有能在 30s 内冷却到 6~9℃ 的快速低温凝冻机出现，还研究出了用以超滤法或反渗透法浓缩的脱脂乳制造冰淇淋的新技术。在新品种研制方面，除考虑添加各种风味成分（如果酱、糖浆、坚果类）外，还研制出了加入乳酸菌的冰淇淋或糖尿病患者用的低热能冰淇淋。在欧美各国，研制出了用植物油取代乳脂肪的仿造冰淇淋等。

二、冰淇淋的组成及种类

1. 组成

一般冰淇淋中的脂肪含量在 6%~12%，高的可达 16% 以上，蛋白质含量为 3%~4%，蔗糖含量在 14%~18%，而水果冰淇淋中含糖量可达 27%。冰淇淋的发热值可达 8.36kJ/kg。

2. 分类

冰淇淋品种繁多，按照脂肪的含量可以分为以下几种：

（1）高级奶油冰淇淋　一般其脂肪含量在 14%~16%，总干物质含量在 38%~42%，按其成分可分为：奶油的、香草的、巧克力的、草莓的、胡桃的、葡萄的、果味的、鸡蛋的以及夹心品种。

（2）奶油冰淇淋　一般其脂肪含量在 10%~12%，总干物质量在 34%~38%，按其成分又可分为奶油的、香草的、巧克力的、草莓的、胡桃的、咖啡的、果味的、糖渍果皮的、鸡蛋的以及夹心的品种。

（3）牛奶冰淇淋　一般其脂肪含量在 5%~6%，总干物质含量在 32%~34%，按其成分又可分为牛奶的、牛奶香草的、牛奶可可的、牛奶鸡蛋的以及牛奶夹心的等。

（4）果味冰淇淋　一般其脂肪含量为 3%~5%，总干物质含量在 26%~30%。按其品种可分为橘子的、香蕉的、菠萝的、杨梅的等。

按照形状分砖状冰淇淋、杯状冰淇淋、蛋卷冰淇淋、蛋糕冰淇淋等。

按照组分分为完全由乳制品制备的冰淇淋；含有植物油脂的冰淇淋；添加了乳脂和乳干物质的果汁制成的莎白特（Sherbet）冰淇淋；由水、糖和浓缩果汁生产的冰果。前两种冰淇淋可占到全世界冰淇淋产量的 80%~90%，以下所述也主要针对前两种。

按其加入原辅料不同，又可分为水果冰淇淋、香料冰淇淋、果仁冰淇淋、布丁冰淇淋、酸味冰淇淋、外涂巧克力冰淇淋（俗称紫雪糕）。

三、冰淇淋的加工工艺

1. 冰淇淋加工工艺流程

冰淇淋加工的一般工艺流程见图 5-2。

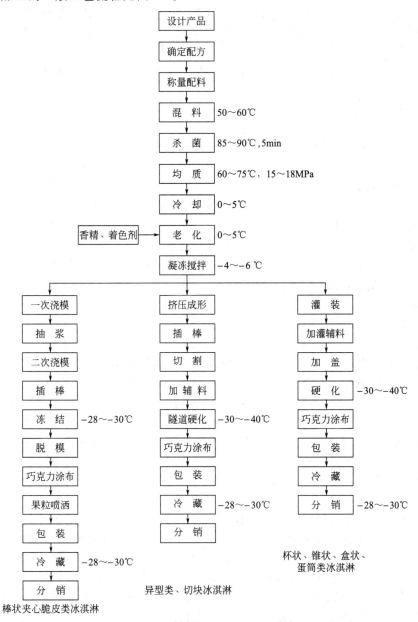

图 5-2　冰淇淋加工的一般工艺流程

2. 冰淇淋操作要点

（1）混合原料配制　将所有成分（如奶油、奶粉、水、糖、稳定剂、乳化剂等）加入配料缸，部分原料在加入配料缸前需经过预处理。配料缸最好用夹层式，以热水加热，可以减少蒸汽温度过高引起的不良后果。混合料温度一般为 70℃ 左右，过滤采用 100 目的不锈钢网。大型工厂生产使用自动化设施，缸中的原料被加热并混合均匀，随后进行巴氏杀菌和均质。在大型生产厂通常有两个混料缸，其生产能力按巴氏杀菌器的每小时生产能力设计，以保证稳定的连续流动。干物料,尤其是乳粉通常被加入到一个混料单元,在此液体循环流过,形成一定喷射状态将乳粉吸入到液体中。在液体返回到缸之前,液体被加热到50～60℃以提高溶解性。液态物料如奶、稀奶油、糖液等经计量泵进入到混料缸。

(2) 混合料的杀菌消毒　在杀菌缸内进行杀菌,可采用75～78℃,保温15min的巴氏杀菌条件,能杀灭病原菌、细菌、霉菌和酵母等。但可能残存耐热的芽孢菌等微生物。如果所用原材料含菌量较多,在不影响冰淇淋品质的条件下,可选用75～76℃,保持20～30min的杀菌工艺,以保证混合料中杂菌数低于50个/g。杀菌效果可通过做大肠杆菌试验确定。若需着色,则在杀菌搅拌初期加入色素。杀菌要安全,不合格的要用回流水再次杀菌。

(3) 均质

① 均质作用。未经均质处理的混合料虽亦可制造冰淇淋,但成品质地较粗。均质可使冰淇淋组织细腻,形体润滑柔软,稳定性和持久性增加,提高膨胀率,减少冰结晶等,十分必要。杀菌之后料温在63～65℃之间,采用均质机以15～18MPa压力均质。

② 影响均质效果的因素

a. 温度。在较低温度(46～52℃)下均质,料液黏度大,则均质效果不良,需延长凝冻搅拌时间;当在最佳温度(63～65℃)下均质时,凝冻搅拌所需时间可以缩短;若在高于80℃的温度下均质,则会促进脂肪聚集,且会使膨胀率降低。

b. 均质压力。过低,脂肪乳化效果不佳,会影响制品的质地与形体;若均质压力过高,使混合料黏度过大,凝冻搅拌时空气不易混入,这样为了达到所要求的膨胀率则需延长凝冻搅拌时间。

(4) 冷却与老化

① 冷却。使均质后的料液温度降至2～4℃以便进入老化缸(有的在HIST上进行冷却)。若混合料温度较高,如大于5℃,则易出现脂肪分离现象,但亦不宜低于0℃,否则容易产生冰结晶影响质地。冷却过程可在板式热交换器或圆筒式冷却缸中进行。

② 老化。老化又名物理成熟,是将混合原料在2～4℃的低温下保持一定时间,进行物理成熟的过程。目的在于使蛋白质、脂肪凝结物和稳定剂等物料充分地溶胀水化,提高黏度,以利于凝冻膨胀时提高膨胀率,改善冰淇淋的组织结构状态。通过老化,可以进一步提高料液的黏度和稳定性,防止料液中游离水析出或脂肪上浮,并可缩短凝冻时间。一般老化温度为2～4℃,时间为8～12h,但不宜超过24h,搅拌速度为15～30r/min,时间为1～2h。

老化持续时间与混合料的组成成分也有关,干物质越多,黏度越高,老化所需要的时间越短。现由于制造设备的改进和乳化剂、稳定剂性能的提高,老化时间可缩短。有时,老化可以分两个阶段进行,将混合原料在冷却缸中先冷却至15～18℃,并在此温度下保持2～3h,此时混合原料中明胶溶胀比在低温下更充分。然后混合原料冷却至2～3℃保持3～4h,这样进行混合原料的黏度可以大大提高,并能缩短老化时间,还能使明胶的耗用量减少20%～30%。在老化过程中主要发生了如下的变化:

a. 干物料的完全水合作用。尽管干物料在物料混合时已溶解了,但仍然需要一定的时间才能完全水合,完全水合作用的效果体现在混合物料的黏度以及后来的形体、奶油感、抗融性和成品贮藏稳定性上。

b. 脂肪的结晶。甘油三酯熔点最高,结晶最早,离脂肪球表面也最近,这个过程重复地持续着,因而形成了以液状脂肪为核心的多壳层脂肪球。乳化剂的使用会导致更多的脂肪结晶。如果使用不饱和油脂作为脂肪来源,结晶的脂肪就会较少,这种情况下所制得的冰淇淋其食用质量和贮藏稳定性都会较差。

c. 脂肪球表面蛋白质的解吸。老化期间冰淇淋混合物料中脂肪球表面的蛋白质总量减少。现已发现，含有饱和的单甘油酸酯的混合物料中蛋白质解吸速度加快。电子显微照片研究发现，脂肪球表面乳化剂的最初解吸是黏附的蛋白质层的移动，而不是单个酪蛋白粒子的移动。在最后的搅打和凝冻过程中，由于剪切力相当大，界面结合的蛋白质可能会更完全地释放出来。

（5）凝冻 凝冻是冰淇淋制造中的一个重要工序，它是将混合原料在强制搅拌下进行冷冻，这样可使空气呈极微小的气泡状态均匀分布于混合原料中，而且使水分中有一部分（20%～40%）呈微细的冰结晶。

凝冻工序对冰淇淋的质量和产率有很大影响，其作用在于冰淇淋混合原料受制冷剂的作用而降低了温度，逐渐变厚而成为半固体状态，即凝冻状态。搅拌器的搅动可防止冰淇淋混合原料因凝冻而结成冰屑，尤其是在冰淇淋凝冻机筒壁部分。在凝冻时，空气逐渐混入而使料液体积膨胀。

① 冰淇淋在凝冻过程发生的变化

a. 空气混入。冰淇淋一般含有50%体积的空气，由于转动的搅拌器的机械作用，空气被分散成小的空气泡，其典型的直径为$50\mu m$。空气在冰淇淋内的分布状况对成品质量最为重要，空气分布均匀就会形成光滑的质构、奶油的口感和温和的食用特性。而且，抗融性和贮藏稳定性在相当程度上取决于空气泡分布是否均匀、适当。

b. 水冻结成冰。混合物料中大约50%的水冻结成冰晶，这取决于产品的类型。灌装设备温度的设置常常比出料温度略低，这样就能保证产品不至于太硬。但是值得强调的是，若出料温度较低，冰淇淋质量就提高了，这是因为冰晶只有在热量快速移走时才能形成，在随后的冻结（硬化）过程中，水分仅仅凝结在产品中的冰晶表面上。因而，如果在连续式凝冻机中形成的冰晶多，最终产品中的冰晶就会少些，质构就会光滑些，贮藏中形成冰屑的趋势就会大大减小。

c. 由于凝冻机中搅拌器的机械作用，失去了稳定的乳化效果，一些脂肪球被打破，液态脂肪释放出来。对于被打破和未被打破的脂肪球，这些液态脂肪起到了成团结块的作用，使脂肪球聚集起来。脂肪变成游离脂肪的最合适比例应为15%。

在连续式凝冻机中，凝冻过程所获得的搅拌效果显示了乳化剂添加量的多少、均质是否适当、老化是否发生以及所使用的出料温度是否适当。脂肪球的聚集将对冰淇淋的成品品质有很大的影响，聚集的脂肪位于冰淇淋所结合的空气和乳浆相的界面间，因而包裹并稳定了结合的空气。食用冰淇淋时，稳定的空气泡感觉像脂肪球，从而可以增加奶油感。聚集空气的稳定效果也使混入的空气分布得更好，从而产生了更光滑的质感，提高了抗融性和贮藏稳定性。凝冻机中的出料温度越低，搅拌效果越明显，这也是温度应当尽可能低的另一个原因。

② 冰淇淋凝冻温度。冰淇淋混合原料的凝冻温度与含糖量有关，而与其他成分关系不大。混合原料在凝冻过程中的水分冻结是逐渐形成的。在降低冰淇淋温度时，每降低$1℃$，其硬化所需的持续时间就可缩短10%～20%。但凝冻温度不得低于$-6℃$，因为温度太低会造成冰淇淋不易从凝冻机内放出。

如果冰淇淋的温度较低和控制制冷剂的温度较低，则凝冻操作时间可缩短，但其缺点是所制冰淇淋的膨胀率低、空气不易混入，而且空气混合不均匀、组织不疏松、缺乏持久性。凝冻时的温度高、非脂乳固体物含量多、含糖量高、稳定剂含量高等均能使凝冻时间过长，其缺点是成品组织粗并有脂肪微粒存在，冰淇淋组织易发生收缩现象。

③ 膨胀率。冰淇淋的膨胀是指混合原料在凝冻操作时，空气被混入冰淇淋中，成为极小的气泡，而使冰淇淋的体积增加的现象，又称为增容。此外，因凝冻的关系，混合原料中

绝大部分水分的体积亦稍有膨胀。冰淇淋的膨胀率是冰淇淋的一个重要质量指示，一般应控制在95%～100%，果味冰淇淋则为60%～70%。混合原料在凝冻搅拌时，空气变成微小气泡混入冰淇淋中，从而使冰淇淋的容积增大。此外，由于凝冻的关系，混合物料中绝大部分水分的体积亦稍有膨胀。冰淇淋的膨胀率实际上指冰淇淋容积增加的百分率。其表示方法如下：

$$膨胀率 = \frac{冰淇淋的容积 - 原来混合料容积}{原来混合料的容积} \times 100\%$$

或者也可用下式表示：

$$膨胀率 = \frac{混合料质量 - 与混合原料同容积的冰淇淋质量}{与混合原料同容积的冰淇淋质量} \times 100\%$$

冰淇淋的体积膨胀，可使混合原料凝冻与硬化后得到优良的组织与形体，其品质比不膨胀或膨胀不够的冰淇淋适口，且更为柔润与松散，又因空气中的微泡均匀地分布于冰淇淋组织中，有稳定和阻止热传导的作用，可使冰淇淋成型硬化后较持久不融化。但如冰淇淋的膨胀率控制不当，则得不到优良的品质。膨胀率过高，则组织松软；过低时，则组织坚实。

在制造冰淇淋时应适当地控制膨胀率，为了达到这个目的，对影响冰淇淋膨胀率的各种因素必须加以适当控制。影响膨胀率的因素如下：

a. 混合原料的配比。乳脂肪量在10%以下时，脂肪愈多膨胀率愈大，当脂肪含量超过10%，对膨胀率影响较小，故一般乳脂肪含量应控制在8%～12%。

b. 非脂乳固物。非脂乳固物的含量高，能提高膨胀率。其含量在8%～10%时，膨胀率约为80%～90%，此时可获得品质优良的制品，反之若含量不足时，大部分则显示膨胀率在10%以下。故含适量的非脂乳固物才能体现膨胀效果。但非脂乳固物中的乳糖结晶，乳酸值升高会使部分蛋白质凝固变性，对混合原料的膨胀率有显著影响。

c. 糖分。砂糖若在13%～14%范围内，有利于提高膨胀率。但含量过多，膨胀率反而有降低的倾向，糖分含量高，会使冰点降低，因此会延长凝冻搅拌时间。

d. 鸡蛋。适量的鸡蛋，可使膨胀率增加。但含量过多，则黏性过大，反而阻碍气泡的混入。

e. 稳定剂。用量适当可提高膨胀率，但用量过多，则黏度过高，空气不宜混入，因而影响膨胀率，一般用量在0.2%～0.5%之间。

f. 混合原料的处理方法。混合原料采用高压均质及老化等处理，能增加黏度，混合原料黏度增加时，则空气容易混入，可使膨胀率提高。如混合原料采用高压均质处理，脂肪球数目增多，使混合原料在凝冻过程中形成的泡沫坚韧不易破裂，这就为冰淇淋起泡制造了条件。

g. 混合原料的凝冻。凝冻操作是否得当与冰淇淋膨胀率有密切关系。其他如凝冻搅拌器的结构及其转速，混合原料凝冻程度等与膨胀率同样有密切关系，要得到适宜的膨胀率，除控制上述因素外，尚需有丰富的操作经验或采用仪表控制。

④ 凝冻过程及操作要点。凝冻过程是将混合物料在强搅拌下进行冷冻，使物料逐渐变稠，呈半固体状，使空气以微小的气泡状态均匀分布于全部混合料中，使一部分水分变成微细结晶的过程。凝冻工艺对冰淇淋质量和产率有很大的影响。

凝冻设备又称冰淇淋机，分连续式与间歇式两种，多数采用液氨作制冷剂。其操作规程如下：

a. 先将冰淇淋机洗净、消毒，放净圆筒里的水滴，开启冷气阀门，待圆筒上面起霜后待用。

b. 开泵，将老化后的料液输送到冰淇淋上面的贮料槽内，开进料阀门，定量加入机内，开始凝冻搅拌。第一次加入料液量为机内容积的 51%～54%，以后每次为 47%～50%，不要加得过满，从而阻碍空气混入。如果制造水果或巧克力冰淇淋，其料液加入量要适当减去水果和巧克力的加入量。

c. 从料液成为冰淇淋的整个过程约 8～12min，在此期间需经常观察窥视孔，注意从料液转化为冰淇淋的情况，如发现窥视孔上面堆集成浓厚的固态云带形状，即可开始放入桶内。

在凝冻过程中，要严格控制凝冻机的凝冻温度，间歇式凝冻机凝冻温度在 −5.5℃ 时，空气摄入量较好。连续凝冰机温度在 −20℃ 左右，空气压力为 0.25～0.35MPa 时，利于发泡，并使凝动机出口处得到足够的膨化率和很低的出口温度（−6℃），以防止在灌装前升温过高而形成冰碴。

（6）成型与硬化

① 成型。凝冻后的冰淇淋为了便于贮藏、运输以及销售，需进行分装成型。我国目前市场上一般有纸盒散装的大冰砖、中冰砖、小冰砖、纸杯装等几种。冰淇淋的分装成型，是采用各种不同类型的成型设备来进行的。冰淇淋成型设备类型很多，目前我国常采用冰砖灌装机、纸杯灌注机、小冰砖切块机、连续回转式冰淇淋凝冻机等。关于冰淇淋的分装成型，系根据所制产品品种形态要求，采用各种不同类型的成型设备来进行的。

a. 筒冰砖。将凝冻后的冰淇淋浇注在已消毒过的冰砖模盘中。用刀刮平，然后在工作台上略加振动，使冰淇淋分布均匀。浇好的冰砖模盘立即送入 −22～−26℃ 的冰库中，进行硬化。经过 20～24h 硬化后，将模盘取出，放在常温的盐水中脱模。此后放在冰砖切块机上切块。随时用包装纸包装和装盒，再送入硬化室硬化贮存。每块冰淇淋中 80g，也称小冰砖。

b. 大中型冰砖。这两种冰砖是用包装纸和纸盒两层包装。将冰淇淋直接浇注在每个衬有包装纸的盒内，放在模型上，排列在清洁的容器中，由冰砖灌装机定量注入，再送入硬化室中硬化。在 −22～−24℃ 的温度下硬化 20～24h，取出装盒再送入 −20℃ 的冷库中贮存。中冰砖每块重 160g，大冰砖每块重 320g。净重误差不得大于 ±3%。

c. 纸杯冰淇淋。将凝冻后的冰淇淋注入纸杯灌装机的贮料斗中，由专人将纸杯不断放在灌装机的转盘或链带上，调节好注量杯，开动电动机，将冰淇淋逐一浇注在纸杯中，立即加盖装盒，送入温度为 −22～−24℃ 的冷库中进行硬化。每盒净重 50g，误差不得高于 ±4%。

② 硬化。为了保证冰淇淋的质量以及便于销售与贮藏运输，已凝冻的冰淇淋在分装和包装后，必须进行一定时间的低温冷冻的过程，以固定冰淇淋的组织状态，并完成在冰淇淋中形成极细小的冰结晶的过程，使其组织保持一定的松软度，这称为冰淇淋的硬化。

冰淇淋凝冻后是半固体状态，为了便于在市场上销售，必须硬化，就是成型包装后，放入 −20～−25℃ 冷库中或其他冷冻机中进行急冻，继续完成冰淇淋的组织状态。

如果凝冻后的冰淇淋不能及时降温硬化，冰淇淋温度会回升融化，形成粗大冰结晶，甚至气体外渗体积缩小，冰淇淋品质降低。冰淇淋硬化的情况与产品品质有着密切的关系。硬化迅速，则冰淇淋融化少，组织中冰结晶细，成品细腻润滑；若硬化迟缓，则部分冰淇淋融化，冰的结晶粗而多，成品组织粗糙，品质低劣。如果用硬化室（速冻室）进行硬化，一般温度保持在 −23～−25℃，需 12～24h。冰淇淋的硬化通常是在分装和包装后进行的，硬化室有以下几种：

- 速冻冷库。
- 快速冷冻机。

● 低温盐池水。

● 冷冻硬化隧道（见图5-3）。一般冷饮工厂在速冻冷库中进行。

在大型工厂中，广泛采用硬化室和快速冷冻机进行冰淇淋硬化。硬化室温度一般是−23～−25℃。硬化时间根据包装的规格和形状而定。冰淇淋硬化以采用速冻为好，速冻时间受以下因素影响：

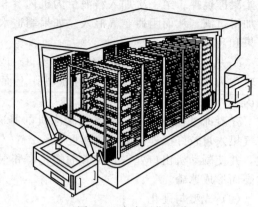

图5-3 冷冻硬化隧道

a. 与冰淇淋的品种、包装、规格大小有关。如大冰砖320g，在同一条件下要比中冰砖160g硬化得慢，而纸杯冰淇淋50g的要比中冰砖快。

b. 与速冻室冷空气流动方式有关。无鼓风机装置的自然对流，速冻时间慢。有鼓风机装置的为强制对流，速冻时间快。

c. 与强制对流的空气循环速度快慢有关。空气流动快，则速冻时间快，反之则慢。

d. 与堆装方式有关。堆装时箱与箱之间要有一定的距离，最好间隔2～4cm，不宜过于紧密，否则也会影响速冻效果。

（7）包装贮藏 硬化后的冰淇淋可完成涂巧克力等工序，进入包装机成为最终产品，也有部分冰淇淋是在速冻硬化前已包装完毕，要注意包装封口完好，冰淇淋无损伤断裂。硬化后的冰淇淋应贮存在−20℃的冷库中，库内的相对湿度为85%～90%，贮存温度不能高于−18℃。否则冰淇淋会融化，使其中的部分冻结，水分流失。即使温度再下降，其品质仍会显现粗糙。由于温度上下波动变化，促使制品中的乳糖结晶形成沙粒状，所以贮藏冰淇淋的温度不得忽高忽低。冰淇淋贮藏时间不能过长，一般3～6个月，贮藏时间过长会使其风味变差。

四、加工中的注意事项

① 称量准确。

② 混合料在配制时需注意以下几点：

a. 在使用淀粉前，要先用5～6倍的水将其稀释成淀粉浆，然后在搅拌的前提下将淀粉浆加入混合缸内，加热温度为60～70℃，使其初步糊化，然后再通过泵循环过滤，将未溶化的淀粉颗粒及杂质过滤掉。将过滤过的淀粉浆打入杀菌缸内。

b. 要将可可脂与奶油切成小块，加热熔化后一起在混合缸中过滤，再打入杀菌缸内。

c. 奶粉可与砂糖、水或牛奶一起搅拌混合，加热温度为75℃左右，过滤打入杀菌缸内。

③ 配制溶液要使用蒸馏水或冷开水，尽可能不用金属器皿。

④ 脱脂奶粉的酸化处理时要注意，将脱脂奶粉加少量水，加糖制成糖化乳，然后90℃、15min杀菌，冷却到40℃以下，用配制好的杀菌柠檬酸液对脱脂乳进行酸化处理后待用。加酸时应快速搅拌，使糖化乳的pH值迅速降至牛奶酪蛋白等电点下，以防蛋白质变性凝固。

⑤ 冰淇淋的生产中，均质的压力要控制好，一般是14.77～19.6MPa，如果压力过低，脂肪不能达到完全乳化，再加上凝冻搅拌不良，便会使冰淇淋粗糙。

均质压力随着干物质、稳定剂、脂肪等的含量略有变动。干物质含量高，均质压力也要相应提高，这样可杜绝冰结晶产生。

⑥ 果酸风味的冰淇淋产品生产中要注意，酸化乳与各种原料制成的混合液必须均匀混

合在一起，加入香精和柠檬酸钠溶液要经 14.7MPa 的压力均质，然后冷却到 40℃左右老化。老化结束后凝冻，硬化制得的果酸风味冰淇淋产品的 pH 值在 3.5～3.7 之间。

⑦ 冰淇淋的总干物质含量一般在 32%～38% 之间。冰淇淋中所含干物质不能过低，因为如果总干物质过少，被结合的水减少，大量的游离水在温度降低到水的冰点以下时形成冰晶体。因此，必须严格按工艺配方投料，准确掌握加水量。

⑧ 凝冻后的冰淇淋必须快速送入急冻库硬化，因为硬化不及时或硬化温度过低会形成冰分离现象。冰淇淋的凝冻温度为 -4℃时，水分子与稳定剂、蛋白质容易结合，但是如果不能及时送进硬化室，温度渐渐升高，水会游离出来，此时再降温硬化时，会产生冰结晶。此外，如果硬化室温度偏高，硬化速度很慢，水分也容易游离出来，形成大的冰结晶。

⑨ 在将装好料液的模盘放入冻结缸中时不能溅入一滴盐水，否则要将料液倒掉，模盘经刷洗、消毒后才能再用，否则会影响成品质量。

⑩ 在生产雪糕时，如果所用的原料比较好，可以不进行均质处理，仍可保证产品质量。但是在冰淇淋生产中，混合料必须进行均质处理，否则无法保证冰淇淋的质量。

第四节　生产中常见问题及防止方法

冷冻饮品的缺陷主要是风味缺陷、形体和组织的缺陷以及细菌污染。

一、棒冰和雪糕常出现的质量缺陷

1. 风味

① 甜味不足。

② 香味不正。主要是加入香精过多或是所用的香精质量差造成的。

③ 酸败味。造成酸败味的原因主要有以下两种：

a. 在配料中加入柠檬酸超过标准。

b. 配方中所用的果汁可能已经发酵。果汁发酵原因可能是榨汁后贮存时间太长，未能及时杀菌引起微生物繁殖；也可能是在运输、贮藏等过程中保存不善，引起果汁变质。为此，果汁在使用前必须按标准严格检验，不合格者不得投产。

④ 咸苦味。在雪糕配方中加盐量过高；以及在雪糕或棒冰凝冻过程中，由于操作不当溅入盐水（氯化钙溶液）；或浇注模具漏损等，均能产生咸苦味。其中模盘漏损造成咸味比较常见。因此定期检查模盘是否完好是必要的。

⑤ 油哈味。由于使用已经氧化的动植物油脂或乳制品等配制混合原料所造成的。

⑥ 烧焦味。该缺陷常出现在豆类棒冰中，原因是在蒸煮豆子时容易烧焦。另外在混合原料加热杀菌时，温度过高，搅拌不透，在锅底有烧焦的可能。因此在煮豆和热杀菌时，加强搅拌，可以防止棒冰、雪糕发生焦苦味。

配料杀菌方式不当或热处理时高温长时间加热，尤其在配制豆类棒冰时豆子在预煮过程中有烧焦现象，均可产生焦味。

⑦ 发酵味。在制造鲜果汁棒冰时，由于果汁贮放时间过长，本身已发酵起泡，则所制成的棒冰有发酵味。

2. 组织与形体

（1）组织粗糙　在制造雪糕时，如采用的乳制品或豆制品原料溶解度差、酸度过高、均质压力不适当等，均能让雪糕组织粗糙或有油粒存在。在制造果汁或豆类棒冰时，所采用的淀粉品质较差或加入的填充剂质地较粗糙等，亦能影响其组织。产生的原因主要有以下几点：

① 乳和豆制品的溶解度差，颗粒粗大，过滤筛网眼大，以致不溶解物未能去除。

② 均质压力不足。淀粉、稳定剂、脂肪等颗粒未能破碎，甚至产生脂肪球上浮现象。

解决的方法是将混合物料严格均质，必要时进行两次均质，基本可以杜绝组织粗糙现象。无条件均质时，必须选用鲜奶和优质奶油，并且在混合物料时，加强搅拌。

（2）组织松软　这主要是由于总干物质较少、油脂用量过多、稳定剂用量不足、凝冻不够以及贮藏温度过高等造成的。

（3）空头　空头是指在棒冰、雪糕与竿接触面有凹陷现象。造成这种现象的主要原因是冷量供应不足，盐水温度不足，冻结时间太短，或片面追求产量，凝冻尚未完整即行出模包装所致。解决空头的唯一方法是降低盐水温度或延长凝冻时间。

（4）歪竿与断竿　造成这种现象的主要原因是棒冰模盖、竿杆尖头不正。有的尖头弹簧已坏，夹不紧竿杆，当盖上模盘后，竿杆产生歪斜。一旦发生这种现象，必须立即调整好模盖或竿杆尖头。

3. 微生物超过指标

造成冷饮中微生物指标超标的因素很多，有的从原料带入，有的是由于工作人员的手和空气造成的污染。

二、冰淇淋生产中常出现的质量缺陷

1. 结晶

在冰淇淋中有冰晶的分离，食之有冰碴感，称之为冰结晶。冰淇淋的质量标准中规定不允许有乳糖或冰结晶存在。产生冰结晶主要有以下几种原因：

（1）冰淇淋中干物质含量过低　冰淇淋的总干物质含量一般在 32%～38% 之间。冰淇淋在加工过程中，各种干物质与水发生水合作用，减少了游离状态的水，在结晶降温后，少量的水分子不会产生冰结晶，但是由于总干物质过少，被结合的水减少，大量的游离水在温度降低到水的冰点以下时形成冰晶体。因此，必须严格按工艺配方投料，准确掌握加水量。

（2）稳定剂选用不当或用量不够　在冰淇淋中加入稳定剂的作用是改善产品的组织状态，提高凝结能力。因为稳定剂具有亲水性，也就是能与水发生化合作用，从而提高冰淇淋黏度和膨胀率，亦可阻止冰结晶的产生。稳定剂种类很多，如琼脂、明胶、淀粉、海藻酸钠、羧甲基纤维素等。淀粉一般用在雪糕和棒冰中，琼脂和明胶凝结力比淀粉强，但是价格较贵。羧甲基纤维素已被广泛地应用在冰淇淋的生产中，该稳定剂货源充足，价格便宜，凝结力强，用量仅需 0.2% 左右，比用明胶成本低。另外，即使选用理想的稳定剂，如果用量不足或质量差也会形成冰结晶。如前所述，稳定剂主要具有结合水的能力，有的结合水量是稳定剂的 20～30 倍，如果用量不足，不能充分结合水分，在冰淇淋中有过多的自由水，在温度下降时，便有冰晶分离出来。

（3）酸度增高　酸度过高时蛋白质很不稳定，特别是加热时，乳蛋白质易凝固，降低了同水的结合力，形成过多的游离水，温度降低后便有冰晶分离出来。

造成混合料中酸度增高的原因除原料不新鲜外，主要是在杀菌过程中酸度增高。在杀菌时，由于温度升高，在蛋白质存在下，乳糖逐渐分解成乳酸、蚁酸等，促使混合物料的酸度增高，原来呈液体状态的蛋白质微粒，在温度升到 60℃ 以上时，就引起轻度的脱水现象，温度越高，时间越长，脱水越严重。所以为了防止冰结晶，巴氏灭菌要严格控制加热温度和时间。

（4）均质压力低　冰淇淋的混合物料经高压均质后，蛋白质、脂肪、稳定剂的微粒变细，能更多地发生水合作用。如果均质压力不足，混合料中的组织比较粗，影响了混合料的黏度，降低了同水的结合能力，也能出现冰结晶。

均质压力随着干物质、稳定剂、脂肪等的含量不同略有变动。干物质含量高，均质压力也要相应增高，这样可杜绝冰结晶产生。

在生产雪糕时，如果所用的原料比较好，可以不进行均质处理，仍可保证产品质量。但是在冰淇淋生产中，混合料必须进行均质处理，否则无法保证冰淇淋质量。

（5）硬化不及时或硬化温度过低亦会形成冰分离现象　冰淇淋的凝冻温度为 $-4℃$ 时，水分子与稳定剂、蛋白质容易结合，但是如果不能及时送进硬化室，温度渐渐升高，水会游离出来，此时再降温硬化时，会产生冰结晶。此外，如果硬化室温度偏高，硬化速度很慢，水分也容易游离出来，形成大的冰结晶。所以在生产工艺中规定，凝冻后的冰淇淋必须快速送入急冻库硬化。

2. 组织粗糙

外观不细腻，有大颗粒，食之有粗糙感，称组织粗糙。产生这种现象的原因有原料问题，也有工艺加工问题。

（1）原料质量差

① 乳制品溶解度差，特别是采用乳粉和甜炼乳时。因为这些乳制品在加工过程中引起蛋白质变性，或者放置时间过长，溶解度降低，在冰淇淋中便有颗粒状物存在。

② 稳定剂质量差或用量不足。稳定剂亲水性很强，在冰淇淋混合料中能起到乳化作用。如果稳定剂质量差，混合料的黏度下降，蛋白质、脂肪球等会产生凝聚。

（2）均质压力不足　均质是冰淇淋生产中的重要工序之一。混合原料经过高压均质后，乳脂肪球碎裂而数量增加。增加了混合料的黏度，在凝冻时则不会产生乳酪析出现象。均质的压力一般是 $14.77\sim19.6MPa$，如果压力过低，脂肪不能达到完全乳化，再加上凝冻搅拌不良，便会使冰淇淋粗糙。

（3）温度控制不当　灭菌温度过高或是在高温下保持时间过长，引起乳蛋白质的凝固，造成冰淇淋组织粗糙。因为冰淇淋含有大量乳制品，乳蛋白在加热到 $60℃$ 以上就开始有轻微凝固，温度在 $80℃$ 以上时，有 80% 凝固，到达 $100℃$ 时几乎全凝固。蛋白质一旦凝固，便使冰淇淋组织粗糙。

（4）凝冻温度的影响　凝冻温度以 $-4℃$ 最为理想。如果温度偏高，黏度降低，混合物料失去结晶水，产生较大的冰结晶，并有脂肪粒上浮，亦会使冰淇淋组织显得粗糙；如果凝冻温度过低，黏度增大，空气混入量不足，膨胀率降低，组织坚实，食之亦有粗糙感。

（5）硬化室温度偏高，硬化速度慢　当硬化室温度过高时，硬化速度就减慢，这时原有的自由水分会形成大的冰结晶体。同时部分结合水也会变为自由水形成冰粒，就会使冰淇淋组织显得粗糙。另外，硬化室温度上下波动较大，甚至融化后再急冻，都会产生大的冰结晶，使冰淇淋粗糙。

3. 膨胀率低

冰淇淋的膨胀率一般为 $95\%\sim100\%$。膨胀率过低，则组织坚硬，食之感到不柔润适口，并增加了生产成本。影响膨胀率的因素有以下几种：

① 脂肪含量高。冰淇淋中脂肪含量一般是 $6\%\sim12\%$，如果高于 12%，其黏度增大，凝冻时，空气不易进入，体积不能膨胀。

② 在混合物料加工过程中，产生乳糖结晶，乳酸以及蛋白质凝固，亦降低了膨胀率。组织越细腻，膨胀率越高。

③ 糖分过高，使混合物料的冰点降低，在凝冻过程中，空气不易混入，影响了冰淇淋

的膨胀率。

④ 稳定剂过量，黏度增大，在凝冻时空气也不易混入。稳定剂一般用量不超过 0.5%。

⑤ 均质的影响。冰淇淋混合物料经过均质后，组织比较细腻，在凝冻搅拌时容易进入空气。如果压力不足，干物质组织比较粗，将会影响膨胀率。

⑥ 老化不够。冰淇淋老化的目的，是将混合物料在 2~3℃ 的温度下搅拌一段时间，发生水合作用使黏度增加，有利于凝冻搅拌时提高膨胀率。但是老化程度不到，黏度很低，也会影响冰淇淋的膨胀率。影响老化程度的主要因素是老化温度，一般以 2~3℃ 为佳，如果温度高于 6℃，即使延长时间，也不能取得满意的效果。

⑦ 凝冻操作对膨胀率影响最大。凝冻时间不够，空气不能充分混入；搅拌速度太慢，物料不能充分拌和，空气混入不均匀；搅拌速度过快，空气不易混入等都会影响冰淇淋的膨胀率。所以严格控制凝冻机的温度、时间以及搅拌速度，可以提高膨胀率。

4. 体积收缩

冰淇淋在硬化贮存过程中，发生体积缩小现象称为冰淇淋收缩。收缩的冰淇淋不仅形态差，而且组织粗糙，将严重影响销售。造成收缩现象的因素很多，最主要的有以下几点：

(1) 温度的影响　冰淇淋凝冻后不能及时送硬化室，在外界温度的影响下，其内部空气温度升高，发生外渗现象，使其冰淇淋陷落。其次是硬化室温度偏高，不能及时硬化，冰淇淋内部空气外渗也会产生陷落现象。再者是硬化室和冷藏库内温度发生变化。当温度升高时，冰淇淋内部气泡压力增大，气体外渗，组织陷落。如果温度过高，会出现融化现象，这时黏度大大降低，体积缩小。

(2) 膨胀率过高　由于膨胀率太高，水分和固体数量少，空气含量增多，压力变大，在温度变动时，空气很容易渗出，亦会引起冰淇淋收缩。

(3) 乳蛋白质影响　乳制品原料不新鲜，或是在高温灭菌时，增加了酸度，在硬化和贮存时，蛋白质发生失水，使组织变硬。

(4) 糖分的影响　含糖量高的冰淇淋凝固点低，并且糖的分子量越小，凝固点越低，这样温度略有变动，就可能引起冰淇淋的收缩。所以在冰淇淋的生产中，不宜采用淀粉糖浆和蜂蜜，这是因为它们的分子量都比砂糖小的缘故。

5. 融化快

冰淇淋融化快，是指在食用时，很快融化成乳液。造成这种现象的原因除了销售点的贮藏温度偏高外，与冰淇淋本身的质量有很大关系。

① 采用的稳定剂质量不好或用量不足，使混合料黏度不够，稳定性差，易于融化。

② 脂肪含量少，特别是硬化油用量偏少，则混合料熔点亦偏高。

③ 均质压力低，造成混合物的黏度不足。

④ 贮藏温度和运输工具温度偏高。

⑤ 销售店存放时间长。

6. 异味

由于操作不当，往往会造成冰淇淋带有不正常的味道，主要表现为有酸败味、咸味、煮熟味、油味、烧焦味、氧化味等。造成异味的因素很多，有原料不新鲜造成的，也有加工不当形成的。

(1) 酸败味　采用不新鲜的乳与乳制品，这种原料已因有细菌繁殖而产生了酸味。特别是夏季的鲜乳易产生酸败，所以采用鲜乳时，必须严格检验，不合格者不得投产。其次是采用大包装甜炼乳时，由于贮存时间过长或保管不当而引起酸败，如将这些酸败的原料投入生产，必然使成品带有酸败味。

（2）咸味　除机器漏盐水和浇注盐水外，采用含盐分较高的乳酪和过高的非脂乳固体也会给成品增加咸味。

（3）油味　采用酸败的脂肪和硬化油，或是过多地加入硬化油，都可能产生油味。

（4）氧化味　冰淇淋容易产生氧化味，原因是所用的乳制品和蛋制品有氧化味。主要是在乳制品加工和贮藏过程中脂肪产生了氧化；并且在冰淇淋加工中，由于加热，特别是在高温下同金属接触时，更容易产生氧化。因此要求同冰淇淋物料直接接触的设备和工具都应采用不锈钢制成。

（5）香味不正　主要是加入香精过多或是所用的香精质量差造成的。多加香精，结果反而使产品产生异味或怪味。所以香精的质量和使用量必须严格控制在国家规定的范围内。

（6）焦味　在巴氏杀菌时，由于温度过高，搅拌不好，在锅底发生焦煳现象，会引起焦煳味。

（7）微生物超标　造成微生物超标的原因主要有以下四点：

① 巴氏杀菌不足，可能是杀菌温度或杀菌时间没有达到工艺规定要求，有些耐热微生物未能杀死。

② 有的原料污染严重，虽然是严格按照规定的杀菌工艺规程进行，但仍有部分微生物未能杀死。

③ 设备、工具等消毒不佳，有微生物污染冰淇淋物料。设备环境、个人卫生、车间卫生不好，特别是个人卫生，生产工人手上的大肠杆菌容易带入产品中去。所以，严格执行各项卫生制度，是保证产品质量的重要措施。

第五节　冷冻饮品标准

一、冷冻饮品质量标准

冷冻饮品：以饮用水、食糖、乳、乳制品、果蔬制品、豆类、食用油脂等其中的几种为主要原料，添加或不添加其他辅料、食品添加剂、食品营养强化剂，经配料、巴氏杀菌或灭菌、凝冻或冷冻等工艺制成的固态或半固态食品，包括冰淇淋、雪糕、雪泥、冰棍、甜味冰、食用冰等。

1. 感官要求
感官要求应符合表5-8的规定。

表5-8　感官要求

项　目	要　求	检验方法
色泽	具有产品应有的正常色泽	在冻结状态下，取单只包装样品，置于清洁、干燥的白色瓷盘中，先检查包装质量，然后剥开包装物，观察其色泽和状态等，品其滋味，闻其气味
滋味、气味	无异味、无异臭	
状态	具有产品应有的状态，无正常视力可见外来异物	

2. 理化指标
理化指标应符合表5-9规定。

表5-9　理化指标

项　目	指　标
铅/(mg/kg)	≤0.3
锡/(mg/kg)	≤250

3. 微生物指标

微生物指标应符合表 5-10 规定。

表 5-10 微生物指标

项　目	采样方案及限量			
	n	c	m	M
菌落总数[①]/(CFU/mL)	5	2(0)	$2.5 \times 10^4 (10^2)$	$10^5 (—)$
大肠菌落/(CFU/mL)	5	2(0)	10(10)	$10^2 (—)$
致病菌　沙门菌/(CFU/mL)	5	0	0	—
致病菌　金黄色葡萄球菌/(CFU/mL)	5	1	10^2	10^3

① 不适用于终产品含有活性菌种（好氧和兼性厌氧益生菌）的产品。

注：括号内数值仅适用于食用冰。

二、冰棍质量标准

1. 感官指标

冰棍的感官指标要求见表 5-11。

表 5-11 冰棍感官指标

项　目	要　求
色泽	色泽均匀，应符合该品种应有的色泽
形态	形态完整，大小一致。表面起霜，插扦整齐，无断扦，无多扦，无空头[①]
组织	冻结坚实，无明显粗糙的冰晶，无空洞
滋味、气味	滋味和顺，香气纯正，符合该品种应有的滋味、气味，无异味、异臭
杂质	无肉眼可见的杂质

① 空头指在冰棍根部用刀切开，有凹入现象。

2. 理化指标

冰棍理化指标要求见表 5-12。

表 5-12 冰棍理化指标

项　目	要　求	项　目	要　求
总固形物/%	≥10.0	总糖(以蔗糖计)/%	≥8.0

3. 重量要求

按标示重量，误差范围允许在±4%以内。

4. 卫生要求

应符合 GB 2759 的规定。

三、雪糕质量标准

本标准规定了雪糕的产品分类、技术要求、试验方法、检验规则、标志、包装、运输及贮运。

本标准适用于以乳品、甜味料、食用油脂、蛋品、饮用水等为主要原料，加入适量的食品添加剂，经加工制成的雪糕。

1. 感官指标

雪糕感官指标见表 5-13。

表 5-13　雪糕感官指标

项　目	要　求
色泽	色泽均匀,应符合该品种应有的色泽
形态	形态完整,大小一致。表面起霜,插杆整齐,无断杆、无多杆,无空头。涂层均匀,无破损
组织	冻结坚实,细腻滑润,无明显粗糙的冰晶,无空洞
滋味、气味	滋味和顺,香气纯正,符合该品种应有的滋味、气味,无异味、异臭
杂质	无肉眼可见的杂质

2. 理化指标

雪糕理化指标见表 5-14。

表 5-14　雪糕理化指标

项　目		要　求		
		高脂型	中脂型	低脂型
脂肪/%	≥	3.0	2.0	1.0
总固形物/%	≥	24.0	21.0	16.0
总糖(以蔗糖计)/%	≥	16.0	14.0	14.0

3. 重量要求

按标示重量,误差范围允许在±4%以内。

4. 卫生要求

应符合 GB 2759 的规定。

四、冰淇淋质量标准

本标准规定了冰淇淋的产品分类、技术要求、试验方法、检验规则、标志、包装、运输及贮存。

本标准适用于以乳品、甜味料、食用油脂、蛋品、饮用水等为主要原料,其中乳品中蛋白质的含量为原料的 2%以上,加入适量的食品添加剂,经加工制成的冰淇淋。

1. 感官指标

冰淇淋感官指标见表 5-15。

表 5-15　冰淇淋感官指标

项　目	要　求
色泽	色泽均匀,应符合该品种应有的色泽
形态	形态完整,无变形,无软损,无收缩。涂层均匀,无破损
组织	细腻滑润,无凝粒及明显粗糙的冰晶,无空洞
滋味、气味	滋味和顺,香气纯正,符合该品种应有的滋味、气味。无异味、异臭
杂质	无肉眼可见的杂质

2. 理化指标

冰淇淋理化指标见表 5-16。

表 5-16　冰淇淋理化指标

项　目		要　求		
		高脂型	中脂型	低脂型
脂肪/%	≥	10.0	8.0	6.0
总固形物/%	≥	35.0	32.0	30.0
总糖(以蔗糖计)/%	≥	15.0	15.0	15.0
膨胀率/%	≥	95.0	90.0	80.0

3. 重量要求

按标示重量，净重250g及250g以上误差允许在±4%以内，100～250g以下误差允许在±3%以内，净重100g以下误差允许在±2%以内。

4. 卫生要求

应符合GB 2759的规定。

第六节 冷冻饮品加工技能综合实训

一、实训内容

【实训目的】

1. 本实训重点在于学会制备冷冻饮品的基本工艺流程。并且正确使用各种添加剂，同时注意投料顺序，要求计算所需要的各种原料的配比数量并进行实验，观察每一步发生的现象并记录。

2. 写出书面实训报告。

【实训要求】

4～5人为一小组，以小组为单位，从选择、购买原料及选用必要的加工机械设备开始，让学生掌握操作过程中的品质控制点，抓住关键操作步骤，利用各种原辅材料的特性及加工中的各种反应，使最终的产品质量达到应有的要求。

【材料设备与试剂】

1. 果酸冰淇淋

(1) 原料 白砂糖、脱脂奶粉、单甘酯、海藻酸钠、果汁、人造奶油、麦精粉、50%柠檬酸溶液、20%柠檬酸钠溶液、香精。

(2) 材料设备 配料缸、100目的不锈钢网、计量泵、杀菌缸、均质机、搅拌器、老化缸、凝冻机、纸杯灌注机、冷冻机、冷冻硬化隧道（或低温盐池水）、包装机。

2. 紫雪糕

(1) 原料 全脂奶粉、绵白糖、明胶、单甘酯、CMC、糊精、甜炼乳、白砂糖、可可块、可可脂、蛋黄素、精盐、香草粉、硬化油、水。

(2) 材料设备 配料缸、杀菌缸、冷却缸、模具、模盖、扦子、冻结缸、烫模盘槽、金属钳、冷冻机、包装机。

3. 清型冰霜

(1) 原料 玉米淀粉、马铃薯淀粉、砂糖、明胶、CMC、柠檬香精、叶绿素、饮用水。

(2) 材料设备 配料缸、杀菌缸、80目筛、间歇式凝冻机、杯子灌装机、冷冻机、包装机。

【参考配方】

1. 冰淇淋类

果酸冰淇淋配方见表5-17。

表 5-17　果酸冰淇淋配方（以 100mL 计）

原料名称	含量/%	配方用量/g	原料名称	含量/%	配方用量/g
白砂糖	18	18	人造奶油	6	6
脱脂奶粉	7	7	麦精粉	1	1
单甘酯	0.2	0.2	50%柠檬酸溶液	6	6
海藻酸钠	0.75	0.75	20%柠檬酸钠溶液	适量	适量
果汁	3	3	香精	适量	适量

2. 雪糕类

雪糕配方见表 5-18。

表 5-18　雪糕配方（以 2kg 计）

原料名称	含量/%	配方用量/kg	原料名称	含量/%	配方用量/kg
全脂奶粉	8	0.16	CMC	0.6	0.012
绵白糖	10	0.2	糊精	4	0.08
明胶	0.4	0.008	甜炼乳	14.5	0.29
单甘酯	0.5	0.01	水	加水至 2kg	

3. 冰霜类

清型冰霜配方见表 5-19。

表 5-19　清型冰霜配方（以 1000kg 计）

原料名称	含量/%	配方用量/kg	原料名称	含量/%	配方用量/kg
玉米淀粉	1.5	15	CMC	0.2	2
马铃薯淀粉	1.5	15	柠檬香精	0.1	1
砂糖	13	130	叶绿素	0.0005	0.005
明胶	0.2	2	饮用水	83.7	837

【工艺流程示意图】

1. 果酸冰淇淋

脱脂奶粉→脱脂炼乳→杀菌→冷却→酸化奶

其他原辅料→混合—杀菌→冷却→混合←香精

柠檬酸钠 均质→冷却→老化→凝冻→灌装→硬化→检验→成品

2. 紫雪糕

加入色素　　　加入香精　　　　　盐水管理

原料验收→混合料配制→杀菌→降温→均质→冷却老化→凝冻→浇模→冻结→脱模、切块、硬化→

涂巧克力外衣→包装→硬化→入库→冷藏

抽样检查

3. 冰霜类

添加色素　　添加香精　　　容器消毒

原料验收→配料→高温杀菌→冷却老化→凝冻→包装→出售或贮藏（−18～−20℃）

抽样化验

【操作要点】

（一）果酸冰淇淋

1. 混合原料配制

准确称取各种原辅料。

（1）脱脂奶粉的酸化处理　将脱脂奶粉倒入混合器，加适量凉开水和少量糖，制成糖化乳。加热至 90～95℃，杀菌 15min，冷却。用配制好的杀菌柠檬酸液对脱脂乳进行酸化处理后待用。加酸时应快速搅拌，使糖化乳 pH 迅速降至牛奶酪蛋白等电点下，以防蛋白质变性凝固。

（2）将白砂糖、麦精粉、海藻酸钠、单甘酯混合均匀，加入适量水，加热充分溶解，将准备好的人造奶油、果汁依次倒入混合溶液中，用凉开水定容，搅拌均匀。加热至 92℃，保持 15min，杀菌，冷却。

2. 混合

将酸化乳与各种原料制成的混合液再均匀混合在一起，加入适量香精和柠檬酸钠溶液。

3. 均质

均质可使冰淇淋组织细腻，形体润滑柔软，稳定性和持久性增加，提高膨胀率，减少冰结晶等，十分必要。杀菌之后料温在 63～65℃间，采用均质机在 14.7MPa 压力下均质。

4. 老化

使均质后的料液冷却至 40℃左右，置于 2～4℃的温度下老化 8～12h。

5. 凝冻

将老化成熟的混合料加入到冰淇淋机中，开动制冷进行搅冻，增加料液的容气量，达到要求的膨胀率后即可进行下一步操作。

6. 成型与硬化

① 成型。凝冻后的冰淇淋为了便于贮藏、运输以及销售，需进行分装成型。

② 硬化。成型包装后，放 -20～-25℃冷库中或其他冷冻机中进行急冻，制得 pH 在 3.5～3.7 之间的果酸风味的冰淇淋产品。

7. 包装贮藏

硬化后的冰淇淋应保持在 -20℃的冷库中，库内的相对湿度为 85%～90%，贮存温度不能高于 -18℃。

（二）紫雪糕

1. 原料混合

按配方要求准备好各种原辅料。先将明胶与糊精分别溶解，然后将白砂糖、单甘酯、CMC 充分混合，加入适量的水，煮沸，将准备好的明胶溶液、糊精溶液、甜炼乳依次倒入混合溶液中，搅拌均匀。

2. 杀菌

将混合料放入高压灭菌锅中水浴杀菌，边加热边搅拌，混合料杀菌条件为：90～95℃维持 5～7min。杀菌后过滤，备用。

混合料的杀菌可采用不同的方法，如低温间歇杀菌、高温短时杀菌和超高温杀菌三种。

低温间歇杀菌法，通常的杀菌方法为 68℃ 30min 或 75℃ 15min。采用低温间歇法，混合料液的黏度有所提高。

高温短时杀菌法采用 80～83℃，5～10min。

超高温杀菌的温度为 100～104℃，数秒钟即可。

3. 均质

均质是冰淇淋生产中的一个重要工序，其目的是使混合物料获得均匀一致的乳浊液，增加混合料的黏度，防止在凝冻过程中脂肪等析出。混合料液可以采用一级均质，也可以采用二级均质。温度控制在 63～70℃，均质压力为 15～17MPa。

4. 冷却、老化

将均质后混合料液迅速冷却至 0～4℃，并在此温度下老化成熟，8～12h。

一般冷却温度愈低，则雪糕的冻结时间愈短，这对提高雪糕的冻结率有好处。但冷却温度不能低于−1℃或低至使混合料有结冰现象出现，这将影响雪糕的质量。

5. 凝冻

凝冻是冰淇淋加工中一个重要的工序，它是将混合原料在强制搅拌下进行冷冻，从而使雪糕达到一定的膨胀率。

6. 浇模

将凝冻后的物料注入一定模型的模具中，然后在工作台上略加振动，使冰淇淋料液分布均匀充满盘中及四角，盖上白蜡纸。浇模之前要将模具（模盘）、模盖、扦子进行消毒。不锈钢盘的尺寸一般为 650mm×135mm×55mm，也可根据产品要求自定。

7. 成型、冻结

送进−25℃的速冻室冻结 20～24h，或在−24～−30℃的盐水中降温到−6℃，冻结时间 10～12min。

8. 脱模、切块、硬化

将模盘浸于常温盐水中放数秒钟，进行脱模。再及时将雪糕块送至切块机切块，调节好切块机板前进的距离，定量切块。切好后，再放入模盘中，盖上硫酸纸，送至速冻库内再冻结 12h，进行二次硬化。

9. 巧克力外衣的制造

本制法是先生产巧克力块，在生产紫雪糕时，再配制巧克力外衣（巧克力浆）。

（1）巧克力块配方（单位：kg）

白砂糖	235	全脂奶粉	45
可可块	67	香草粉	0.45
可可脂	108	精盐	0.312
蛋黄素	1.35		

（2）巧克力外衣配方　巧克力块 100kg，硬化油 60kg。

（3）制作方法　先将溶化缸清洗干净，采用蒸汽严格消毒，再将预先切成小块的巧克力加入，开动搅拌器，通入蒸汽加热，最后将溶化后的硬化油缓缓加入，进行充分搅拌。在加热温度升至 75～78℃ 时停止加热，保温 30min，进行巧克力外衣杀菌。此后将温度降至 40～46℃保温备用。

10. 涂巧克力外衣

将已经二次冻结的雪糕送到专用于涂巧克力外衣的工作台上，由专人负责，将已切过的雪糕用消毒过的刀按照原来的切痕轻轻切开。将经过二切的雪糕送到涂巧克力外衣的工作台两侧，由专人负责，用钢丝钩将冰淇淋吊牢，并浸入 40～46℃的巧克力糖浆中涂层。涂层要求均匀一致，不得有破碎或厚薄不一的现象。让涂层好的冰淇淋自然冷却成型。及时进行包装，包装要整齐。再及时送入冷库内硬化 20～24h。成品转入冷库内贮藏。

（三）清型冰霜

1. 原料验收

原辅料质量的好坏直接影响到产品质量。所以各种原辅料必须严格按照质量标准进行检验，不合格者不许使用。通常首先进行感官检查，如外观上变色、有异物混入，以及有异味、异臭者必须除去。同时检测原料相对密度、黏度及固形物、脂肪、糖分等含量是否合格，其细菌、砷、铅重金属等的含量是否在法定标准以下，使用食品添加剂是否合乎规定等。

液体原料在收纳时要及时冷却灌装，必要时原料要先杀菌处理。

2. 配料

按配方领料，配料方法同冰淇淋。

3. 杀菌

杀菌温度 85℃，保温 5min。

淀粉在杀菌工序加入。淀粉在未加入杀菌缸前，需在淀粉内加入 7～8 倍于淀粉量的水调成淀粉浆，此时淀粉颗粒仍未完全溶解于水中，因此淀粉浆的黏度还不高。但当将淀粉浆加热到 70℃左右时，淀粉外层的纤维素开始膨胀裂开，中层的淀粉层和最外层的纤维开始溶解于水中，白色的淀粉浆逐渐变为青白至灰白色，黏度开始增加，完成了糊化过程。在将淀粉浆加入杀菌缸时，必须通过 80 目筛过滤，在搅拌的前提下徐徐加入。

4. 冷却

将混合料液冷却至 4～6℃时即可开始凝冻。

当冰霜混合料的杀菌时间达到后就应迅速冷却，这样做有以下几点好处：

① 有利于提高冰霜的凝冻效率。

② 可防止由于高温与搅拌时间过长而导致料液"凝沉"。

5. 凝冻

冰霜的凝冻多采用间歇式凝冻机。使用前该机的消毒方法与冰淇淋凝冻机一样。凝冻机中冰霜料液的加入量第一次为该机总容量的 1/3，第二次以后为机器总容量的 1/2。

6. 灌装

生产的冰霜通过冰淇淋灌注机或杯子灌装机灌装，包装形式为冰砖或杯型。

7. 包装与贮藏

包装时先观察冰霜的质量，如有质量问题则不得包装，需另行处理。取冰霜时不准接触雪糕体，包装要求紧密、整齐，不得有破裂现象。包好后的雪糕送到传送带上由装箱工人装箱。装箱时如发现有包装破碎、松散者，应将其剔出重新包装。装好后的箱面应打印生产品名、日期、批号等。包装好的冰霜产品应及时送入－18～－20℃的冷库内贮藏，化验合格后方可出厂销售。

【注意事项】

参见第三节四。

二、实训质量标准

（一）冰淇淋类（表5-20）

表5-20　冰淇淋类质量标准参考表

实训程序	工作内容	技能标准	相关知识	单项分值	满分值
一、准备工作	（一）清洁卫生	能发现并解决卫生问题	操作场所卫生要求	3	10
	（二）准备并检查工器具	(1)准备本次实训所需所有仪器和容器 (2)仪器和容器的清洗和控干 (3)检查设备运行是否正常	(1)本次实训内容整体了解和把握 (2)清洗方法 (3)不同设备操作常识	7	
二、配料	（一）脱脂奶粉杀菌、冷却	掌握脱脂奶粉的杀菌冷却条件	脱脂奶粉的特性	5	20
	（二）其他原辅料的混合、杀菌、冷却	掌握其他原辅料投料前的处理方法	其他原辅料的特性	5	
	（三）香精和柠檬酸钠的加入	掌握香精和柠檬酸钠的加入量	香精和柠檬酸钠的作用	5	
	（四）投料顺序	根据原料特性确定合理的投料顺序	各原料特性	5	
三、杀菌与均质	（一）杀菌条件	掌握杀菌的温度和时间	确定杀菌工艺的方法	10	20
	（二）均质条件	掌握均质的料温和压力	均质的作用	10	
四、冷却与老化	（一）冷却	掌握冷却的温度和时间	冷却工艺的注意事项	5	10
	（二）老化	掌握老化的温度和时间	(1)老化工艺的注意事项 (2)老化过程中发生的变化	5	
五、凝冻	凝冻	(1)掌握凝冻的温度和时间 (2)掌握搅拌的操作方法	(1)凝冻的温度和时间 (2)冰淇淋在凝冻过程中发生的变化 (3)搅拌操作的注意事项 (4)膨胀率的计算方法	5	5
六、成型与硬化	成型	灌装机的类型及使用方法	灌装的注意事项	5	10
	硬化	硬化设备的选择与操作要求	硬化操作的注意事项	5	
七、包装贮藏	包装	包装的要求	包装的注意事项	5	10
	贮藏	贮藏的要求	贮藏时间的确定	5	
八、实训报告	（一）实训内容	实训完毕能够写出实训具体的工艺操作	—	5	15
	（二）注意事项	能够对操作中应注意的问题进行分析比较	—	5	
	（三）结果讨论	能够对实训产品做客观的分析评价探讨	—	5	

（二）雪糕类（表 5-21）

表 5-21　雪糕类质量标准参考表

实训程序	工作内容	技能标准	相关知识	单项分值	满分值
一、准备工作	（一）清洁卫生	能发现并解决卫生问题	操作场所卫生要求	3	10
	（二）准备并检查工器具	(1)准备本次实训所需所有仪器和容器 (2)仪器和容器的清洗和控干 (3)检查设备运行是否正常	(1)本次实训内容整体了解和把握 (2)清洗方法 (3)不同设备操作常识	7	
二、配料	（一）稳定剂的配制	掌握稳定剂的制备方法	稳定剂的生化特性	5	20
	（二）可可脂与奶油的熔化	掌握可可脂与奶油处理方法	可可脂与奶油的特性	5	
	（三）投料顺序	根据原料特性确定合理的投料顺序	各原料特性	10	
三、杀菌、均质、冷却	（一）杀菌条件	掌握杀菌的温度和时间	确定杀菌工艺的方法	10	25
	（二）均质条件	掌握均质的料温和压力	溶糖搅拌的注意事项	10	
	（三）冷却	掌握冷却的温度和时间	冷却工艺的注意事项	5	
四、浇模	模具(模盘)、模盖、扦子的消毒	(1)掌握模具(模盘)、模盖、扦子的消毒条件	(1)模具（模盘）、模盖、扦子的消毒条件	5	10
	使用密闭自流装置浇模	(2)掌握密闭自流装置的操作	(2)密闭自流装置使用方法	5	
五、插扦	插扦	掌握机械插扦的使用方法	机械插扦的注意事项	5	5
六、冻结	冻结	冻结方法的选择与操作要求	冻结操作的注意事项	5	5
七、脱模	脱模	掌握脱模的条件	烫模盘槽的使用方法	5	5
八、包装	包装	包装的要求	包装的注意事项	5	5
九、实训报告15	（一）实训内容	实训完毕能够写出实训具体的工艺操作	—	5	15
	（二）注意事项	能够对操作中应注意的问题进行分析比较	—	5	
	（三）结果讨论	能够对实训产品做客观的分析评价探讨	—	5	

（三）冰霜类（表 5-22）

表 5-22　冰霜类质量标准参考表

实训程序	工作内容	技能标准	相关知识	单项分值	满分值
一、准备工作	（一）清洁卫生	能发现并解决卫生问题	操作场所卫生要求	3	10
	（二）准备并检查工器具	(1)准备本次实训所需所有仪器和容器 (2)仪器和容器的清洗和控干 (3)检查设备运行是否正常	(1)本次实训内容整体了解和把握 (2)清洗方法 (3)不同设备操作常识	7	
二、原料验收	（一）原料验收	掌握原辅料质量要求	各原辅料的特性	5	10
	（二）原料检测	掌握原料检测的方法	原料检测的内容	5	
三、配料	（一）投料量的计算	能根据配方计算投料量	投料的注意事项	10	15
	（二）投料顺序	根据原料特性确定合理的投料顺序	各原辅料的特性	5	
四、杀菌	杀菌	(1)掌握杀菌的工艺条件 (2)掌握杀菌工艺中淀粉的加入方法	(1)杀菌工艺的注意事项 (2)淀粉的特性	10	10
五、冷却	冷却	掌握冷却的工艺条件	冷却工艺的注意事项	10	10

续表

实训程序	工作内容	技能标准	相关知识	单项分值	满分值
六、凝冻	凝冻	(1)掌握凝冻的温度和时间 (2)掌握间歇式凝冻机的操作方法	(1)凝冻的温度和时间 (2)间歇式凝冻机的操作方法	10	10
七、灌装	灌装	灌装机的类型及使用方法	灌装的注意事项	10	10
八、包装与贮藏	(一)包装	包装的要求	包装的注意事项	5	10
	(二)贮藏	贮藏的要求	贮藏时间的确定	5	
九、实训报告	(一)实训内容	实训完毕能够写出实训具体的工艺操作	—	5	15
	(二)注意事项	能够对操作中应注意的问题进行分析比较	—	5	
	(三)结果讨论	能够对实训产品做客观的分析评价探讨	—	5	

三、考核要点及参考评分

(一)考核内容

1. 冰淇淋类（表 5-23）

表 5-23　冰淇淋类考核内容及参考评分

考核内容	满分值	水平/分值		
		及格	中等	优秀
清洁卫生	3	1	2	3
准备并检查工器具	7	4	5	7
脱脂奶粉杀菌、冷却	5	3	4	5
其他原辅料的混合、杀菌、冷却	5	3	4	5
香精和柠檬酸钠的加入	5	3	4	5
投料顺序	5	3	4	5
杀菌条件	10	7	8	10
均质条件	10	7	8	10
冷却	5	3	4	5
老化	5	3	4	5
凝冻	5	3	4	5
成型	5	3	4	5
硬化	5	3	4	5
包装	5	3	4	5
贮藏	5	3	4	5
实训内容	5	3	4	5
注意事项	5	3	4	5
结果讨论	5	3	4	5

2. 雪糕类（表 5-24）

表 5-24　雪糕类考核内容及参考评分

考核内容	满分值	水平/分值		
		及格	中等	优秀
清洁卫生	3	1	2	3
准备并检查工器具	7	4	5	7
稳定剂的配制	5	3	4	5
可可脂与奶油的熔化	5	3	4	5

续表

考核内容	满分值	水平/分值		
		及格	中等	优秀
投料顺序	10	7	8	10
杀菌条件	10	7	8	10
均质条件	10	7	8	10
冷却	5	3	4	5
模具(模盘)、模盖、扦子的消毒	5	3	4	5
使用密闭自流装置浇模	5	3	4	5
插扦	5	3	4	5
冻结	5	3	4	5
脱模	5	3	4	5
包装	5	3	4	5
实训内容	5	3	4	5
注意事项	5	3	4	5
结果讨论	5	3	4	5

3. 冰霜类（表 5-25）

表 5-25　冰霜类考核内容及参考评分

考核内容	满分值	水平/分值		
		及格	中等	优秀
清洁卫生	3	1	2	3
准备并检查工器具	7	4	5	7
原料验收	5	3	4	5
原料检测	5	3	4	5
投料量的计算	10	7	8	10
投料顺序	5	3	4	5
杀菌	10	7	8	10
冷却	10	7	8	10
凝冻	10	7	8	10
灌装	10	7	8	10
包装	5	3	4	5
贮藏	5	3	4	5
实训内容	5	3	4	5
注意事项	5	3	4	5
结果讨论	5	3	4	5

（二）考核方式

实训地现场操作。

四、实训习题

1. 影响均质效果的因素有哪些？

答：（1）温度　在较低温度（46～52℃）下均质，料液黏度大，则均质效果不良，需延长凝冻搅拌时间；当在最佳温度（63～65℃）下均质时，凝冻搅拌所需时间可以缩短；如若在高于80℃的温度下均质，则会促进脂肪聚集，且会使膨胀率降低。

（2）均质压力　过低，脂肪乳化效果不佳，会影响制品的质地与形态；若均质压力过高，使混合料黏度过大，凝冻搅拌时空气不易混入，这样为了达到所要求的膨胀率则需延长凝冻搅拌时间。

2. 冰淇淋硬化储存过程中，体积收缩的原因是什么？

答：（1）温度的影响　冰淇淋凝冻后不能及时送硬化室，在外界温度的影响下，其内部空气温度升高，发生外渗现象，使其冰淇淋陷落。其次是硬化室温度偏高，不能及时硬化，冰淇淋内部空气外渗也会产生陷落现象。再者是硬化室和冷藏库内温度发生变化。当温度升高时，冰淇淋内部气泡压力增大，气体外渗，组织陷落。如果温度过高，并会出现融化现象，这时黏度大大降低，体积缩小。

（2）膨胀率过高　由于膨胀率太高，水分和固体数量少，空气含量增多，压力变大，在温度变动时，空气很容易渗出，亦会引起冰淇淋收缩。

（3）乳蛋白质影响　乳制品原料不新鲜，或是在高温灭菌时，增加了酸度，在硬化和贮存时，蛋白质发生失水，使组织变硬。

（4）糖分的影响　含糖量高的冰淇淋凝固点低，并且糖的分子量越小，凝固点越低，这样温度略有变动，就可能引起冰淇淋的收缩。所以在冰淇淋的生产中，不宜采用淀粉、糖浆和蜂蜜，这是因为它们的分子量都比砂糖小的缘故。

思　考　题

1. 冷冻饮品通常分为哪几类？
2. 简述冷饮混合料的基本组成及配制方法。
3. 简述冰淇淋、雪糕生产的工艺流程。
4. 什么叫膨胀率？影响膨胀率的因素有哪些？
5. 什么叫冰淇淋的老化？冰淇淋混合料在老化过程中发生了哪些变化？
6. 冷饮生产中常见的质量问题有哪些？如何预防？

第六章 茶饮料加工技术

【学习目标】

1. 掌握茶的主要原料性质、营养、作用。
2. 理解茶饮料的生产工艺过程。
3. 了解目前茶饮料的种类和发展趋势。

第一节 概 述

一、茶饮料的定义及其分类

茶饮料是用水浸泡茶叶，经抽提、过滤、澄清等工艺制成的茶汤或茶汤中加入水、糖液、酸味剂、食用香精、果汁或植（谷）物抽提液等调制而成的制品。我国的茶饮料主要分为如下几种：

1. 茶饮料（茶汤）

将茶汤（或浓缩液）直接灌装到容器中的制品。

2. 果汁茶饮料

在茶汤中加入水、原果汁（或浓缩果汁）、糖液、酸味剂等调制而成的制品。成品中果汁含量不低于 50g/L。

3. 果味茶饮料

在茶汤中加入水、食用香精、糖液、酸味剂等调制而成的制品。

4. 奶味茶饮料

在茶汤中加入水、鲜乳或乳制品、糖液等调制而成的茶饮料。

5. 碳酸茶饮料

在茶汤中加入水、糖液等经调味后，充入二氧化碳气的茶饮料。

6. 其他茶饮料

其他还有在茶汤中加入植（谷）物抽提液、糖液、酸味剂等调制而成的制品。

7. 奶味茶饮料

在茶汤中加入水、鲜乳或乳制品、糖液等调制而成的茶饮料。

二、茶饮料的特点

在我国茶作为一种古老并象征着文明的饮料已有数千年的历史。茶叶中含有丰富的活性物质，目前鉴定出的化学成分已有 500 多种。现代研究表明，茶叶中含有咖啡碱、可可碱、茶叶碱、游离的茶素、儿茶酚及多种维生素、矿物质、蛋白质和糖类等化学物质。茶叶中不同的芳香物质以不同的浓度组合构成了茶叶的独特风味和色泽，也决定了茶具有生津止渴、提神、利尿、助消化、降血压、降血糖、防癌、抗衰老等保健功能。我国作为产茶大国，有着悠久的文化历史，而且茶以无糖、低热量、低钠的特性，及其清爽、甘醇的口感，符合现代饮料的潮流，必将成为饮料市场上最具潜力的产品。

1. 茶叶中的主要化学成分

（1）茶多酚　茶多酚又名茶单宁、茶鞣质，是茶叶中多酚类物质及其衍生物的总称，其含量为20%～30%。茶叶中茶多酚主要包括儿茶素、黄酮醇、花色素、酚酸类等物质，其中儿茶酚的含量最高，占茶多酚总量的70%左右。现已鉴定出十几种儿茶酚，其中含量较高的为儿茶素（EC）、没食子儿茶素（EGC）、儿茶素没食子酸酯（ECG）、没食子儿茶素没食子酸酯（EGCG）四种物质。茶多酚含有较多的酚羟基，自身易于被氧化。如儿茶酚本身是一种无色物质，但在pH<4或pH>8时极易氧化变色。

（2）生物碱　茶叶中的生物碱主要是咖啡碱、可可碱、茶叶碱。其中咖啡碱的含量最高，占茶叶干重的2%～5%，在热浸提过程中约有80%溶出。

（3）芳香物质　芳香物质是一种具有挥发性的混合物。研究发现，绿茶中的芳香物质达100多种，而红茶由于经过发酵工序产生一些新的芳香物质，因而其中的芳香物质多达300多种。芳香物质主要是一些醇、酚、醛、酸、酯、含氮化合物、碳氢化合物、氧化物、硫化物、酚酸类化合物。芳香物质的主要作用是呈现茶饮料特有的风味。

（4）碳水化合物　茶叶中碳水化合物主要包括茶多糖、淀粉、果胶及小分子多糖等物质，茶叶中碳水化合物的含量达到20%～30%左右，但能被热水浸提出来的碳水化合物的量不到5%，因此，茶饮料也被视为低能量的饮品。

（5）维生素　茶叶中富含多种维生素，这包括了维生素A、维生素D、维生素E、维生素K等脂溶性维生素和维生素C、维生素B_1、维生素B_2、维生素B_3、维生素B_5、维生素B_{11}、维生素H等水溶性维生素。除了维生素C由于加工方式不同，在不同品种的茶叶中含量差异较大，其他成分在不同品种的茶叶中含量基本相同。此外，在热浸提时，茶中的可溶性维生素几乎可以全部溶出，能够为人类所利用。

（6）矿物质　茶中含有30多种矿物质，其中不仅包含了钾、钙、磷、镁、铁、锌等人体必需的矿物质，还包括了矾、硅、硒、镍等微量元素，是自然界中矿物质含量较全面的植物，而且茶中所含的矿物质几乎一半可以溶解于热水之中，为人类所利用。

（7）蛋白质和氨基酸　茶叶中的蛋白质含量一般为20%左右，但是茶叶中的蛋白质在加热浸提时不易溶出，因此，不能为人类利用。茶叶中氨基酸的含量很低，但茶中富含多种氨基酸，其中也包含了人体所必需的8种氨基酸。

（8）茶叶色素　茶叶中的色素物质主要是叶绿素（茶叶中含量0.3%～0.8%）、叶黄素（0.1%～0.2%）、胡萝卜素（0.01%～0.07%）、黄酮醇、花色素等。叶绿素、叶黄素、胡萝卜素都属于脂溶性色素，不溶于水，在热浸提和杀菌等加热过程中，叶绿素易被氧化使茶汁的色泽变深，而叶黄素、胡萝卜素稳定性差，极易被氧化分解。黄酮醇是一类水溶性的黄色素，使茶汁呈现黄褐色。

2. 茶饮料的风味

茶饮料的风味主要是指干茶经热水浸泡后的茶汤香气和滋味。茶的风味主要是由茶中的氨基酸、生物碱、蛋白质、糖类和多酚类等物质构成的。表6-1和表6-2列出了茶叶中主要成分与茶汁色、香、味的关系。

表 6-1　茶叶中主要物质与风味品质的关系

内含成分	色	香	味
多酚类	儿茶素为无色物质,易氧化而呈色;黄酮类为黄色或黄绿色色素;茶黄素呈黄色,茶红素呈红色,茶褐素呈褐色;花色素在不同 pH 条件下呈不同颜色	儿茶素是茶香的传递体,茶黄素对茶香有一定贡献	简单儿茶素滋味醇和,复杂儿茶素具较强苦涩味和收敛味;茶黄素影响茶汤的浓度、强度和鲜爽度,有一定的收敛性;茶红素影响茶汤浓度,具甜醇、酸味的口感;茶褐素过多则使茶汤味淡
氨基酸	能与茶多酚、咖啡碱、茶黄素和茶红素等形成沉淀	可转化为香气成分,茶氨酸具有焦糖香味	主要使茶汤呈鲜爽味,缓解茶的苦涩味,不影响茶的收敛性
生物碱(主要是咖啡碱)	与蛋白质、茶多酚、氨基酸等形成沉淀	提高人对茶香的敏感性	茶汤苦味的主要贡献者,具刺激性
可溶性糖	可通过美拉德反应生成褐色色素,影响茶汁的色泽	参与形成茶的焦糖香、板栗香、甜香	茶汤甜味贡献者,增加浓厚感,调节滋味
芳香物质		对茶香起决定作用	有增益茶味功效
维生素	B 族维生素影响茶汁色泽	茶香单体转化为维生素,使香气品位降低	有增益茶味功效
蛋白质	形成沉淀		降解为氨基酸,可增加风味

表 6-2　茶叶中的氨基酸及其滋味

滋味	鲜味	甜味	酸味	苦味
氨基酸	茶氨酸、谷氨酸钠盐、天冬氨酸钠盐	丙氨酸、茶氨酸、丝氨酸、苏氨酸、谷氨酸、赖氨酸	天冬氨酸、谷氨酸、组氨酸、天冬酰胺	色氨酸、组氨酸、精氨酸、苯丙氨酸、亮氨酸、缬氨酸

3. 茶饮料的保健功能

（1）茶多酚的保健功能　茶多酚作为茶叶中的一种重要的抗氧化物质,具有良好的抗衰老作用。自由基理论认为人体代谢过程中不断地产生高度氧化活性的自由基,导致细胞衰老。而茶多酚具有比天然维生素 C 高 100 倍的强抗氧化能力,具有清除人体自由基、抗衰老的作用。其次,茶多酚中的儿茶酚具有抗癌、抗辐射的作用。实验表明,儿茶酚具有抗氧化作用,可抑制亚硝酸胺致癌物的形成。此外,研究表明,茶多酚也可通过阻止致癌物与 DNA 的共价结合,有效清除体内自由基等作用来对抗放射性的损伤。再次,茶多酚具有抗菌、灭菌的作用。有许多报道称,茶叶中的茶多酚和茶多糖具有良好的抗菌和灭菌作用,低浓度条件下,对白癣菌也具有显著的抑制作用,经酶处理过的绿茶汁,对特异性皮炎具有很好的治疗效果。此外,临床应用表明,茶多酚还具有降低血糖、血压,预防心血管疾病的效果,对高血脂、脑血栓、粥状动脉硬化等均有很好的治疗效果。

（2）茶多糖的保健功能　茶多糖可增强巨噬细胞的吞噬功能,从而增强机体的免疫力;研究发现,茶多糖具有延缓血栓形成的药理作用,从而可起到抗血栓的作用;此外,茶多酚还具有减少心脑血管系统疾病发病率和降低血糖的作用。

（3）生物碱的保健功能　茶叶中主要含有咖啡碱、茶叶碱和可可碱三种生物碱。

生物碱具有兴奋神经中枢、消除疲劳、提高思维效率、强心、利尿、松弛平滑肌等作用,茶叶中一些主要物质的保健功能如表 6-3 所列。

表 6-3　茶叶中一些主要物质的保健功能

茶叶成分		保健功能
多酚类物质及衍生物	黄酮类及其苷类物质	促进维生素 C 的吸收,防治坏血病;利尿作用
	儿茶素类物质	抗辐射损伤;抗菌、抑菌作用;抗癌、抗突变作用;有效清除体内自由基
	多酚类及其复合物	对病原菌及病毒的生长发育起抑制和杀灭作用;治疗烧伤;重金属盐和生物碱中毒的解毒剂;缓解肠胃紧张、抗炎止泻;增加微血管韧性;防治高血压;治疗糖尿病;抑制肿瘤;减少牙垢量;抑制和消除口臭
生物碱	咖啡碱	兴奋神经中枢,消除疲劳,提高思维效率;抵抗酒精、烟碱、吗啡等的毒害作用;对中枢性和末梢性血管系统有兴奋作用,有强心作用;增加肾脏血流量;提高肾小球过滤率,有利尿作用;对平滑肌有弛缓作用,能消除支气管和胆管的痉挛;控制下丘的体温中枢,有调节体温的作用
	茶叶碱	功能与咖啡碱相似;兴奋神经中枢作用较咖啡碱弱,强化血管,有强心作用,利尿,弛缓平滑肌等功能比咖啡碱强
	可可碱	功能与咖啡碱和茶叶碱相似,兴奋神经中枢的功能比前两者都弱,强心作用较茶叶碱弱但较咖啡碱强,利尿作用比前两者都差但持久性强
芳香类物质	萜烯类	祛痰药物;治疗气管炎
	酚类	杀灭病原菌;对皮肤黏膜有刺激、麻醉和镇痛作用
	醇类、醛类	杀灭病原菌
	酸类	抑制和杀灭霉菌和细菌;对黏膜、皮肤伤口有疗效
	酯类	消炎镇痛;治疗急性风湿性关节炎;使肾上腺皮质中的维生素 C 和胆固醇量减少;使血液中的嗜酸性白细胞数目减少;促使尿酸排泄,治疗痛风;对糖代谢起良好作用,减轻糖尿病症状
氨基酸	半胱氨酸、蛋氨酸	治疗放射性伤害;参与机体的氧化还原及生化过程;调解脂肪代谢
	谷氨酸、精氨酸	降低血氨水平;治疗肝昏迷
茶多糖		抗辐射作用;抗凝血及抗血栓作用;降低血糖;增强机体的免疫功能;耐缺氧作用;降低血压及减慢心率

第二节　茶饮料加工工艺

一、茶叶的前处理

1. 茶叶前处理的基本工艺流程

(1) 绿茶茶叶前处理的基本工艺流程

新鲜茶叶摊放→杀青→揉捻→干燥→筛分→切细→风选→拣剔→复火→车色→匀堆

(2) 红茶茶叶前处理的基本工艺流程

新鲜茶叶萎凋→揉捻→发酵→干燥→筛分→切断→风选→拣剔→干燥→拼堆成色

2. 绿茶茶叶前处理的基本工艺流程操作要点

(1) 摊放(萎凋)　将新鲜的茶叶进行摊放,茶叶中的水分挥发,茶叶颜色加深,叶质变软,增强可塑性,便于后期加工。此外,堆放有利于茶叶进行有氧呼吸,将茶叶中的碳水化合物、蛋白质、茶多酚等成分氧化水解,既可促使其风味物质的形成,提升茶叶的品质,又可防止茶叶腐败变质。因此,新鲜的茶叶在采摘后要及时运至加工厂进行堆放,以保证茶原料的品质。

摊放时,将茶叶按品种、采摘时间及等级分开放置,应选择清洁、透气、阴凉的场所,堆放的厚度为 15～20cm,密度约为 20kg/m^2,时间一般不超过 10h。除了可采用上述自然通风的方式，还可以采用贮青设备来进行摊放作业。贮青设备主要有贮青箱、贮青槽、自动箱式贮青设备。目前，我国主要使用的是贮青槽。贮青槽中鲜叶堆放过厚可达90cm左右，贮叶密度90kg/m² 左右，可采用间歇通风的方式进行贮青，贮存时间不超过24h。

摊放作业要注意堆放的厚度、时间和温度。若堆放过厚，时间过久，茶叶则无法散发有氧呼吸时产生的能量和二氧化碳，导致茶堆内的温度上升，加速酶促反应，影响茶叶的品质。在鲜茶叶的含水量达到68%～70%、叶质变软并有清香味时方可进入下一道工序。

（2）杀青 杀青是指采取高温措施，散发茶叶中的水分，破坏茶中的酶活性，并使茶鲜叶中的内含物发生一定的化学反应的过程。该操作对茶叶品质具有决定性作用。茶叶中酶的最适温度（即酶活性最强温度）为45～55℃，温度达到70℃以上时被灭活。杀青时应使温度在短时间内迅速上升至80℃以上，既可使鲜茶叶中的水分快速蒸发，又可破坏酶活性，抑制酶促反应温度过高，叶绿素等物质会被氧化破坏，使茶叶颜色泛黄，影响茶叶品质。低温加热时间过长，茶多酚发生酶促反应而氧化分解，使茶叶颜色泛红，减轻茶叶的苦涩味。

杀青可采用手工杀青和机械杀青两种方式。

① 手工杀青包括平锅杀青和斜锅杀青两种方法。

a. 平锅杀青。将炒茶锅水平放置在茶灶上。锅温根据茶叶投入量来确定。一般茶叶量少，锅温较低；茶叶量多，锅温较高。杀青时用手快速炒茶，5～6min后叶质变软，有清香气息即可。

b. 斜锅杀青。将炒茶锅斜放置在茶灶上。炒茶时，采用先快后慢的方法，用手掌不断地将茶叶从锅的低处推向高处，并抖散茶叶使之受热均匀。注意炒制过程中茶叶不能滞留在锅底。

② 机械杀青的方式众多，在此仅介绍锅式机械杀青和滚筒式机械杀青。

a. 锅式机械杀青。该方式属于手工投叶，因此由炒茶的锅温来决定投叶量。一般锅温较低，投叶量少；锅温较高，投叶量多。炒茶时，先盖上锅盖进行2min的闷炒，然后打开盖子进行9～12min的抛炒杀青。

b. 滚筒式杀青。滚筒式杀青机属于一种连续式杀青机，机器上装有温度指示计，根据温度来确定投叶量，加工时，可以使用杀青机输送带上的匀叶器调整投叶量，以满足不同等级或不同含水量的茶叶杀青时的温度要求。生产中，常选择筒径为30cm的小型滚筒杀青机进行加工使用，其产量约为25kg/h左右。杀青结束前30min，停止加入燃料，利用剩余温度进行加热杀青，以免加热过火使茶叶焦化。

经杀青后的茶叶应有叶色暗绿，叶质柔软，略带黏性，青气消失，有茶香味等的外观特征；一、二级杀青叶的含水量应为58%～60%，中级杀青叶的含水量应为60%～62%，低级杀青叶的含水量应为62%～64%为宜；此外，也可通过愈创木酚、酒精和过氧化氢标定酶含量，来判断杀青是否充分。

（3）揉捻 揉捻主要是为了使茶叶卷成条形或颗粒的形状，同时，使茶叶中的细胞组织破碎。对于较嫩的茶叶，应杀青后摊凉冷却再进行揉捻；对于老叶，则应趁热揉捻。

揉捻主要有手工揉捻和机械揉捻两种方式。

① 手工揉捻。揉捻时，采用先轻后重、先快后慢的方式，用竹丝编织而成揉板进行单把揉（推揉）或双把揉（团揉），擦破茶叶的表皮，挤压出茶汁，将茶叶捻成条状。

② 机械揉捻。不同型号的揉捻机，其投叶量不尽相同。在投叶时，对于嫩度高或水分含量少的茶叶，可稍微多投一些；而嫩度差或水分含量多的茶叶，则不宜过多投料。在揉捻

时，应采取"先轻再重后轻"的原则进行加压，揉捻操作要根据茶叶本身的含水量、柔韧性等物理性能来确定适当的揉捻力度和时间。揉捻机的转速应控制在 $45\sim55r/min$，转速过快，茶叶易被压成扁片且易碎，转速过慢，则工作效率太低。在颗粒形茶叶生产中，进行揉捻前，应将已揉捻的条状茶叶切碎，使之成为细小的颗粒，再进行重新造粒形成团块状的大颗粒。

揉捻后应达到揉捻叶形成紧结而直挺的条状或紧密的颗粒状，叶表应粘有茶汁，有黏湿的手感，茶叶中细胞组织的破损率应达到 $45\%\sim55\%$。

（4）干燥　干燥工序不仅可去除茶叶中的水分，而且会发生一定的化学变化；从而形成茶叶特有的风味和形状。在实际操作中，一般采用烘干机进行干燥操作，根据茶叶种类和等级决定烘干的温度、风量、时间、摊叶厚度等操作条件。

干燥依据其操作的不同作用分为以下三个阶段：

① 初期阶段。此时茶叶中的水分含量高，应适当提高温度进行干燥，以去除茶叶中的水分，抑制茶叶中的化学变化；若温度过高，茶叶内部的水分无法及时输送至叶表进行蒸发，易造成茶叶表面硬化而内部水分无法蒸发的现象，对茶叶的品质有严重影响。

② 中期阶段。叶片较柔软，宜进行叶片的塑形处理。

③ 末期阶段。茶叶的水分含量降至 8% 以下，有利于茶叶风味的形成，在该阶段，低温干燥使茶叶产生清香味，中温干燥产生熟香味，高温干燥则产生老火香味。

（5）筛分　利用平面圆筛机或往复式抖筛机，将长短、粗细不同的茶叶分开。

① 平面圆筛机。平面圆筛机用来分清茶叶的长短。一般分筛工序要经三至四次来进行。第一次筛分操作称为分筛，中间操作称为撩筛，最后一次称为净筛。分筛是指通过配置相连的筛网，将不同筛号的茶叶分开，并按其筛号划分品质。撩筛是指将茶叶通过集中筛面，不符合规格要求的茶条筛留在筛面，符合规格要求的落入筛底。通过筛分的各孔茶中，一般 $4\sim10$ 孔茶的质量最好，4 孔以上茶品质较差，12 孔以下碎茶属于副茶。

② 滚筒抖筛机。滚筒抖筛机用来划分茶叶品质和定级。一般抖筛工序要经 $2\sim3$ 次来进行。第一次称为抖筛，第二次称为前紧门，第三次称为后紧门。经抖筛后，抖筛上层是粗松的品质较差的茶，中间部分是一类茶条紧密、品质较好的符合规格要求的茶叶，抖筛底层是含较多筋梗的细茶。在筋梗中也含有部分品质较好的嫩茶叶，需要将其提取出来以提高利用率。

（6）切细　利用齿轮机或滚切机将分筛出的茶叶切细短，使茶叶的外形、粗细、长短一致，以便符合茶叶规格的要求。

目前使用的切茶机主要有滚筒式方孔切茶机、螺旋滚筒切茶机、橡胶滚辊切机及风力切茶机等。在加工中，切细作业易使茶叶切碎，茶叶发灰，因此加工中遵守少切少筛，轻切多筛，分次切，分次筛的原则。

（7）风选　按重力原理，在风力作用下将茶叶吹散，重的茶叶落在近处，轻的茶叶落在较远处，从而达到按轻重来区分茶叶级别的目的。

风选机按风力输送方式的不同划分为吹风式和吸风式两种类型。吹风式风选机主要适用于较为细小的茶叶的风选。吸风式风选机主要用于较粗大的茶叶的风选。

在风选时，应根据茶叶的筛号、质量来确定风力的大小。对于质量好且夹杂物少的下茶，宜选用较大风力；对于质量较轻的下茶，宜选用较小风力。风选完毕后应将出茶口清理干净。

（8）拣剔　拣剔是去除茶中的茶梗及其他夹杂物，以保证茶叶的品质纯净的过程。

拣剔分为手拣和机拣两种方式。目前拣剔操作主要机型有阶梯式拣梗机、振动式圆孔取梗机、静电式拣梗机，利用茶叶与茶梗的重力、含水量的不同来进行机拣，然后利用风选机将各孔级茶叶分清，最后再辅以手工拣剔。

（9）复火与车色　复火是指利用烘焙机内的热空气对流，蒸发茶叶中的水分，从而达到干燥茶叶和提高茶香的目的。通常在茶叶的精制过程中需对茶叶进行二次复火，复火要采取适当的温度和时间，将水分含量降至出厂要求。然后利用车色机不断滚动，使茶叶间摩擦生热，从而使茶叶起霜、紧密，汤色黄绿。

（10）匀堆　按加工规格要求，将不同筛号的茶叶按比例均匀混合，成为成品茶。

匀堆作业可采取人工匀堆和机器匀堆两种方式来进行。人工匀堆因其工作强度大，一般适合产量较小的茶叶生产厂。对于大型的茶叶生产厂可选用匀堆机来进行匀堆。

上述是绿茶的生产工艺流程。红茶的生产流程与绿茶的主要区别在于茶鲜叶不经杀青作业，而是在萎凋、揉捻后直接进行发酵。茶叶在发酵时应注意以下几点问题：

① 发酵室的气温应在 $24\sim25℃$，叶温应在 $30℃$ 为佳，气温和叶温若过高，则发酵过于剧烈，茶叶色暗、味淡，品质劣，反之则发酵不完全，需延长发酵时间。

② 发酵室的相对湿度应保持在 95%，可提高多酚氧化酶活性，有利于形成茶黄素，若相对湿度较小，茶褐素会大量形成和积累，使茶叶色暗、味淡，进而影响茶汤的风味和品质。

③ 发酵时，茶叶需消耗大量的氧气，一般 1kg 红茶可消耗 4.5L 左右的氧气，同时释放出大量的二氧化碳，若氧气不足，则会导致发酵无法正常进行。

④ 在发酵时，摊叶厚度应控制在 10cm 左右。摊叶过薄，茶叶不易保持温度；摊叶过厚，则通气效果差，叶温上升较快。对于低温且大而老的叶子，应将厚度摊薄一些；对于高温且小而嫩的叶子，应摊厚一些。

⑤ 从揉捻开始计时到发酵完毕，一般用 4h 左右的时间，但不同品质的茶叶其具体的发酵时间差别很大。当茶叶原有的青草气味消失，产生新鲜的花果香味，且叶色泛红，叶温达到最高点且恒温时，说明茶叶发酵到适度的水平了。发酵后的茶叶下一步要继续进行干燥处理，因此发酵程度应略微偏轻一些。红茶生产的其他工艺流程与绿茶生产流程相近似，在此不再赘述。

二、罐装茶饮料的一般生产工艺

茶饮料的生产工艺流程基本相同，根据各类型茶饮料的不同的风味品质和包装容器，其工艺流程稍有差别。

几种典型的茶饮料加工工艺流程
（1）茶抽提液生产工艺流程　具体如下：

水→水处理→去离子水→茶叶→热浸提→过滤→冷却→调配→过滤→加热灌装→密封→杀菌→冷却→检验

（2）PET 瓶装茶饮料工艺流程　具体如下：

去离子水→茶叶→热浸提→茶抽提液→过滤→加热→UHT 杀菌→冷却→无菌灌装（无菌 PET 瓶）→封口（无菌瓶盖）→冷却→贴标→检验→装箱→成品

（3）易拉罐纯茶饮料生产工艺流程　具体如下：

去离子水→茶叶→热浸提→冷却→过滤→调配→加热→灌装→封口→杀菌→冷却→检验→装箱→成品

（4）罐装绿茶饮料生产工艺流程　具体如下：

绿茶→热浸提→过滤→维生素 C 和碳酸氢钠调和→加热（90～95℃）→灌装→充氮→封口→杀菌→冷却→包装→检验→装箱→成品

三、操作要点

1. 原料处理

（1）原料茶　为了提高浸提效率，浸提前应将茶叶切细，一般将茶叶的粒径控制在40~60目即可。若茶叶的粒径过大，则茶中的活性成分不易溶出；若粒径过小，则给后续的过滤工艺增加难度。

（2）水处理　使用自来水进行浸提不仅会影响茶汤色泽、滋味，还会使茶饮料中产生茶乳，因而最好用去离子水进行茶饮料的加工。以下为水处理的简单步骤：

① 混凝。在水中加入铝盐或铁盐，生成的 $Al(OH)_3$ 和 $Fe(OH)_3$ 可吸附水中有色成分和悬浮物质，从而达到水质澄清的目的。

② 过滤。可采用砂床过滤器、砂滤棒过滤器、微孔过滤器及活性炭过滤器等过滤设备滤除水中的悬浮物和胶体物质。

③ 软化。采用石灰、反渗透、离子交换等方法进行水的软化，以去除水中的离子。

④ 消毒。为达到软饮料用水的微生物指标的要求，需要对经化学处理的水进行消毒。消毒的方法有氯消毒、紫外线消毒和臭氧消毒等。其中臭氧消毒的效果较好，常用在瓶装水的消毒处理上。

2. 浸提

浸提是将热水加入茶叶中，使茶叶中的各种可溶性成分溶出，继而使茶叶中可溶物与不可溶物分离的过程，又称之为茶汁萃取。经浸提后含有各种茶叶可溶性化学成分的溶液，称为浸出液。

一般采用带搅拌和大型茶袋上下浸渍的浸提装置，可减少茶叶颗粒表面质量传递阻力，提高萃取率。此外，也可采用加压热水喷射浸提或逆流浸提的浸提装置。浸提温度一般为80~95℃，时间不超过20min。浸提对茶的香味和有效成分的浓度有直接影响，因此其具体采用的温度、时间等条件，应依据茶的品种、产品类型来确定具体浸提条件。

3. 冷却

通常采用板式热交换器或冷热缸，用自来水作为介质进行冷却。将茶汁冷却至室温20~30℃即可。

4. 过滤

为了节约过滤成本和取得较好的过滤效果，通常采用多级过滤的方式逐步去除茶汁中的固体物质。

首先采用以80~200目的不锈钢筛网或尼龙、无纺布等作为过滤介质的双联过滤器或板框过滤器进行粗滤，该步骤主要为了滤除茶汁中肉眼可见的悬浮物。然后采用以 $1~70\mu m$ 的澄清滤板、滤纸、微孔滤膜、醋酸纤维膜或硅藻土作为过滤介质的管式微孔过滤器或板框过滤器进行精滤，该步骤主要可滤除茶汁中粒径大于 $0.05\mu m$ 的微小颗粒。

5. 调配

调配主要是将精滤后的茶汁调至适当的浓度、pH值，并按照品质类型的要求加入糖、香精等必要的香味品质改良剂。在实际生产中，浸提后的茶汁为浓缩汁，需要对其浓度进行调整。在茶饮料中，咖啡碱和可溶性固形物含量相对较小，因而通常以茶多酚含量作为主要指标。根据茶汁中茶多酚的量来计算需加水的量，配制成小样，再测定pH值和可溶性固形物含量，评价其感官品质，而后可按小样的配比进行具体操作。

最后根据茶汁稀释的总体积，加入抗坏血酸0.03%~0.07%，再用碳酸氢钠调整pH值至

5.0～7.5左右（最佳pH值为6～6.5左右）。加入的抗坏血酸可防止杀菌过程破坏茶饮料的香味。

6. 灌装与封口

根据包装方式的不同将茶饮料的灌装分为热灌装和常温灌装两种方式。

热灌装是指利用板式热交换器或UHT将茶汁加热至90℃以上，随后将茶汁立即灌装到易拉罐或耐热PET瓶等包装容器中，随即送至封口机进行密封。热灌装减少茶汁中的含氧量，可更好地保持茶汁的品质，是茶汁灌装常用的方法。

常温灌装是利用板式热交换器或UHT将茶汁加热进行灭菌，然后冷却至25℃左右的常温，在无菌条件下进行灌装。通常该法用于利乐包装等无菌纸包装茶饮料的生产。常温灌装下茶汁受热时间较短，可使茶汁保持新鲜。

7. 杀菌与冷却

采用不同包装的茶饮料其灭菌操作有差别。用PET瓶或纸包装的产品，采用先灭菌后灌装封口的工艺流程；用易拉罐包装的产品，采用先灌装封口再灭菌的工艺流程。

① PET瓶包装茶饮料。对于已灌装入PET瓶的产品不能再次进行高温杀菌。实际生产中，利用高温瞬时灭菌机或超高温瞬时灭菌机对茶汁进行杀菌处理（135℃，3～6s）。而后对于耐热性的PET瓶，将茶汁冷却到85～87℃后趁热灌装，随后将已密封的PET倒置30～60s，用茶汁的剩余热量对瓶盖进行杀菌。对于非耐热性的PET瓶，则将茶汁冷却到40℃左右进行灌装。最后让茶饮料自然冷却至室温即可。

② 易拉罐包装的茶饮料。在茶汁灌装后，采用板式热交换器将茶汁加热到90℃左右，以除去茶汁中的氧气，然后将之封口。封口后，在121℃的条件下进行高温杀菌处理7～15min。杀菌完毕可采用喷淋冷水的方法将茶汁冷却至25℃左右的室温即可。

8. 检验与装箱

按产品标准的规定，对杀菌冷却后的茶饮料进行产品感官、理化、卫生指标等的检测。合格产品打上生产日期装箱，不合格的产品则按规定处理。

四、加工中的注意事项

从原料到产品茶饮料的生产要经历几十道相互紧密关联的工序，我们在生产加工的过程中要分清主次，对主要工序进行严格的监管。以下是生产中需要注意的几点问题：

1. 原料

茶叶是茶饮料生产中较为重要的原料之一，其品质对茶饮料品质有至关重要的影响。应选择香气纯正浓郁、外观色泽良好的当年茶叶或新茶，且蛋白质、淀粉、果胶等大分子物质的含量较低的茶叶为宜。对于久置或保存失当的陈茶，浸提前应先进行烘焙，该操作具有减少茶汁沉淀、改善香气和风味品质的作用。对于陈年红茶，可通过烘烤来提高其香气。为了提高浸提效率，浸提前可将茶叶进行适当研磨，研磨的粒径不得过细（一般不得小于40目）。

水质对茶饮料的品质也有重要的影响。浸提用水中含有钙、镁、铁、氯等离子时，对茶汤的色泽和滋味不利。当水中的钙、镁离子达到3mg/L时，茶饮料中的浑浊沉淀现象十分明显；当水中的铁离子含量大于5mg/L时，茶汤的味道苦涩且呈现黑色；当水中的氯离子含量过高时，茶汤带有腐臭味。使用蒸馏水浸提茶叶也会使茶汤呈现出较强的苦涩味。此外，去离子水的pH值对茶饮料品质也有较大影响。如红茶茶汁在pH值为5或小于5时，茶汁的色泽正常，在pH值为5以上时，茶汁的色泽会加重；乌龙茶在pH值为4时最容易形成浑浊，在 pH 值为 6.7 以上时浑浊可自行溶解，因而乌龙茶饮料 pH 值以控制在 5.8～6.5 左右为宜。

茶饮料对水质的要求较为严格，建议使用纯净水作为茶饮料用水。

茶饮料生产中，应采用碳化糖作为原料，溶解后糖浆需净化，可通过硅藻土过滤或活性炭脱色从而达到净化目的，最终保证茶饮料成品不会因为糖浆不洁净导致饮料中产生絮凝物。此外，实际生产中涉及的速溶茶粉、鲜榨果汁、香精、辅料等必须通过精滤，以防止配料中的杂质在茶饮料中产生粒状悬浮物，并保证茶饮料成品不会因为糖浆及其他辅料的不洁净导致饮料中产生絮状物。茶饮料的过滤精度要求达到 500 目以上，如果采用超滤方法则更能保证茶饮料在加工和贮藏过程中的透明澄清度。

抗氧化剂主要有维生素 C 及其钠盐、半胱氨酸等，具有防止茶饮料中的活性成分氧化而导致茶饮料风味品质下降的作用。抗氧化剂自身极易被氧化分解，因此保存与使用时应避免光、热等不良条件的影响。

2. 浸提

浸提是茶饮料生产过程中较关键的工序之一，类似于日常泡茶过程。其产出浸出液的品质对终产品的品质起到了决定性的作用，是茶饮料生产中最重要的因素。应本着低温度、短时间充分萃取、保证品质的原则进行。具体生产中主要注意如下问题：

（1）茶与水的比例　茶浓度应控制在适当的比例，浓度过高，则茶汁味苦涩；浓度过低，则茶汁味道变淡。据报道，茶浓度为 1% 时口味最佳，但按该比例生产耗能大，因此，在实际生产中一般以 1∶（8～20）的比例进行生产，得到浓缩汁后按产品要求进行稀释处理即可。

（2）浸提的温度与时间　茶叶中的可溶性成分及一些主要化学成分其萃取率（即 100kg 原料茶中被萃取出的可溶性固形物）随浸提温度升高和时间延长而相应增加，但高温长时间浸提会造成茶黄素和茶红素的氧化分解、呈香物质的挥发、类胡萝卜素和叶绿素等色素结构发生变化，造成茶汁的氧化褐变，且加工成本增加。研究发现，在 70～100℃ 的温度条件下进行萃取，在时间达到 20min 以后，萃取率曲线趋于平缓，即时间延长，萃取率不再升高，因此在实际生产中，一般浸提的时间不超过 20min；反之，如果温度太低，呈色物质就不能被完全萃取出来，而使色泽不足。

为使茶叶中的活性物质更好地溶出，一般可采取在适当温度下，加入果胶酶或纤维素酶等细胞裂解酶进行浸提，其浸提的时间不应超过 20min。如果初次萃取得不完全，可进行二次提取。

（3）添加抗氧化剂　在生产中加入维生素 C、半胱氨酸等抗氧化剂，可防止高温、氧气使茶汁氧化褐变。

3. 冷却

冷却主要是为了使茶汁快速降至室温，最大限度地保持茶饮料的呈香和呈味物质，避免长时间高温放置造成茶汁氧化褐变。浸提结束后，应迅速冷却茶汁至室温。

4. 过滤

过滤时应注意以下问题：

① 当茶汁中的固形物、小颗粒及蛋白质、果胶等胶体物质含量高时，易在过滤介质上形成滤饼，从而降低过滤速度。

② 过滤时压力越大，则过滤速度越快，但各种过滤介质和过滤机均有一定的耐压程度限制，而且过滤压力过高，会快速地在过滤介质上形成滤饼，从而降低过滤速度。

③ 过滤面积越大，则过滤速度越快，但投入资金也越多。因此，应通过试验来确定最佳的过滤面积，以达到经济合理。

④ 用于茶汁过滤的介质有金属网、尼龙、无纺布、滤纸及纤维膜等材料，其中以澄清滤板的机械强度高、耐高温和酸碱，过滤效果好，此外精密度最高的澄清纸板具有滤除细菌的作用，其过滤茶汁的效果也很好。各种过滤介质其材质、特性、过滤机制都有所差异。应根据实际需要选择适当的过滤介质。

精滤后要求得到澄清透明、无浑浊沉淀的茶汁。

5. 调配

调配是茶饮料生产中的一个重要工序，直接影响茶饮料的品质。调配过程应注意以下几点：

① 调配时，应注意各辅料添加顺序。先加白砂糖，而后边搅拌边缓慢加入溶解的柠檬酸，以防止因形成不溶性酸沉淀物而导致最终产品中产生絮状物。最后添加柠檬香精。

② 调香时，对于柠檬香精等添加剂，由于其在高温下易挥发，因此应在室温或冷却温度下添加。

③ 调配后应进行过滤，除去可能存在的沉淀物质。

④ 对调配的小样可通过测吸光度来确定其固形物含量。吸光度值若小于 0.5，则应减少加水量。

⑤ 抗氧化剂（维生素 C）的添加顺序及添加量。添加时间过早，不仅起不到抗氧化的作用，反而由于其自身易被氧化的特性，加速茶饮料的氧化；添加过迟，起不到抗氧化的作用。若添加过多，会使茶饮料呈现维生素 C 的酸味；添加过少，不仅不能起到良好的抗氧化作用，而且会加速茶饮料的氧化变色。

⑥ 甜味剂主要有葡萄糖、蔗糖、果糖、麦芽糖、糖精钠等，具有缓和茶汁苦涩味的作用。对茶饮料生产使用的甜味剂要求：色泽洁白、颗粒均匀、松散干燥；无异味，水溶液清澈；微生物含量达标。

⑦ 酸味剂主要有柠檬酸、苹果酸、酒石酸、琥珀酸等，具有增加茶饮料的酸度、调整茶饮料风味的作用。对茶饮料生产使用的酸味剂要求：具有良好的酸味，无其他异味；呈无色或白色的颗粒或粉末，松散干燥，无结块、变质现象。复配使用时应注意其搭配比例。

⑧ 调配时，水等添加物质的加入量"宜少不宜多"，即加入量不足可通过配比计算继续添加，而加入量过多则很难调整。

⑨ 要对调配好的茶汁进行检验并进行理化感官品质的记录，合格后方可转入下一道工序。

6. 灌装与封口

① 灌装前，用次氯酸钠或过氧化氢水溶液对 PET 瓶或利乐包装等纸包装进行杀菌处理。

② 封口前，也可采用充入氮气或二氧化碳气的方法来置换容器中的残存氧气。对于充入的气体要求无色、无味、含气量高、含水量小、不能含有矿物油等杂质。

③ 包装容器的外形、规格、材质、密封性能、耐压性等都对茶品的品质和保质期有直接的影响。容器在进厂和清洗时都要进行抽样检验。

④ 采用玻璃瓶或涂料铁罐进行灌装，应避免茶饮料直接接触铁等金属物质，以防止茶汁中的多酚类物质与金属反应，使茶汁的颜色变黑。封口时，可充入氮气来置换容器中残存

的空气。

⑤ 每天应有专人对封口质量进行检验，并作好记录。此外，应定期对封口机的精密度进行检验。当封口机出现故障或产品不达标时立即停止生产，对机器进行维修调试，验收合格后方可继续生产，并作好记录。

7. 杀菌

对于不同酸度的茶饮料采取的杀菌条件应有所差别。如纯茶饮料是一类 pH 值为 5～7 的低酸性饮料，在 121℃ 3～13min 或 115℃ 15min 的条件下进行杀菌处理，均可有效杀灭茶饮料中的肉毒杆菌芽孢，达到预期杀菌效果。当茶饮料在 pH 值为 4.5 以上时，则应采用高压杀菌。

杀菌时的高温条件会使茶饮料的香气变淡和色泽变暗，对茶饮料的风味品质造成一定的影响。因此，生产中注意对温度与时间的控制，防止加热杀菌造成茶饮料品质下降。目前，茶饮料中多采用 UHT 法进行灭菌，该法对茶饮料的香气影响较小，色泽略有褐变。

灭菌操作要达到工艺标准的要求，对于原料进行菌落的抽样检验，以此来保证灭菌的效果达到生产工艺的要求，同时要求对每次的检验进行记录。

8. 检验与装箱

成品检验是出厂前对产品的最后一次检验，要求做到严格把关，防止不合格产品出厂。除按产品标准的要求进行严格检验并作好记录外，还可在 28℃ 左右的条件下保温培养 7～10h 再进行检验，以确保茶饮料的品质。

第三节　生产中常见问题及预防方法

一、茶饮料浑浊沉淀的形成及其防治方法

1. 茶饮料浑浊沉淀的形成原因

茶的浸出液冷却后，会出现絮状浑浊，该现象称为"冷后浑"，其中形成的沉淀物称为茶乳。产生该现象主要是由于在一定条件下，茶多酚与咖啡碱形成缔合物。

2. 预防方法

为防止茶饮料在贮藏销售过程中出现浑浊和沉淀，可采取一些理化方法来解决。

（1）碱性转溶法　转溶就是在茶汁中加入一定的碱性物质，使茶多酚与咖啡碱之间的氢键断裂，并同茶多酚及其氧化物生成稳定的水溶性更强的盐，避免茶多酚及其氧化物再次同咖啡碱配合，从而溶于冷水中。

① 亚硫酸盐转溶。加热茶汁降低茶乳的自由能，使氢键断裂，茶乳解聚，此时加入亚硫酸盐可与茶多酚及其氧化物化合成磺酸钠盐，其性质稳定，水溶性强，从而达到转溶的目的。

② 苛性碱转溶。茶多酚及其氧化物在水溶液中显弱酸性，在茶汁加热的条件下，加入氢氧化钠等苛性碱，羟基能与多酚类物质竞争咖啡碱，同时钠离子又能同茶多酚及其氧化物形成稳定的水溶性钠盐。

该方法效果比较明显，但由于前期需加热处理，最后需加酸调整 pH 值，对茶饮料的风味色泽有较大影响。

（2）浓度抑制法　茶乳主要是由咖啡碱、茶多酚、儿茶酚等物质构成的。除去茶汁中一

定量的咖啡碱、茶多酚可减少茶乳的形成。因此,可在茶汁中加入聚酰胺、聚乙烯吡咯烷酮、阿拉伯胶、海藻酸钠、丙二醇、三聚磷酸钠、维生素C等物质,这些物质可与茶汁中的部分茶多酚或咖啡碱形成沉淀,静置后用滤纸或硅藻土过滤,即可得到澄清的茶汁。该法可有效解决茶饮料沉淀问题,而且避免了在后期冷藏时形成茶乳沉淀,但损失了一部分有效可溶物。

(3) 沉淀法　在茶汁中加入酸碱调节剂、明胶、乙醇、钙离子等物质,可促使茶乳或沉淀迅速产生,而后通过离心去除。

(4) 酶促降解法　在茶汁中加入单宁酶可切断儿茶酚中的没食子酸的酯键,从而释放出没食子酸,没食子酸阴离子可与咖啡碱结合,形成分子量较小的水溶性物质。对于没食子酸阳离子则应在通氧搅拌条件下,加入碱中和,以免茶汁颜色变深。

(5) 氧化法　茶汁中的沉淀经氧化剂(如过氧化氢、臭氧、氧气等)的处理,可转化为可溶性成分,再次溶解于茶汤之中。该法可获得澄清的茶汁,提高了茶汁中有效成分的含量,节约了原料。

(6) 吸附法　可采用硅藻土、活性炭等吸附剂来吸附茶汁中参与沉淀的物质,从而得到澄清的茶汁,该法使茶汁中的有效可溶成分减少,从而味道变淡,且在后期贮存中可能再次产生沉淀。

二、茶汤褐变及其预防方法

1. 茶汤褐变原因

在pH值、氧气、金属离子等因素的影响下,茶浸出液中的叶绿素、黄酮类物质、儿茶素等物质发生一定的理化变化,颜色变深。

2. 预防方法

(1) 改变茶汁的pH值　儿茶素是一种无色物质,但在氧化或强酸、强碱条件下可转化为茶褐素,影响茶汁的色泽。因此,可在经pH值调整的茶汁中加入缓冲剂以维持茶汁pH值的稳定。

(2) 添加抗氧化剂　实际生产中,通常将维生素C作为抗氧化剂添加到茶汁中,用来防止氧气等物质使茶汁氧化变色。一般添加量为 $400\sim600mg/kg$。

(3) 冷浸提　如在较低温度下对茶叶进行浸提,则可避免高温浸提时茶汁色泽会加深的缺陷。低温浸提时,加入果胶酶或纤维素酶等物质不仅可以提高浸提的效率,而且可以保护色泽。

三、茶汁风味变化及其预防方法

1. 茶汁风味变化的原因

茶汁风味主要取决于风味物质(茶多酚、氨基酸、咖啡碱等)的组成及含量。实际生产中,茶叶本身的品质和贮存条件,浸提时采用的温度、时间等条件,茶汁的pH值及茶汁的澄清方法等因素均会影响到茶饮料的风味。

2. 预防方法

(1) 分子包埋法　在实际生产中通常采用 β-CD 来包埋茶汁中的叶绿素、儿茶素等物质。当人们饮用时,这种由 β-CD 包埋的叶绿素、儿茶素等物质又会被释放出来。这种方法既保持了茶饮料中有效成分的含量,又起到了包埋儿茶素等具有苦涩味道的物质,使茶饮料的味道易于为消费者所接受。

(2) 改变茶汁中呈味物质的组成及比例　茶汁中各种氨基酸类物质(如天冬氨酸、谷氨酸、精氨酸、天冬酰胺和茶氨酸等），具有使茶汁呈现鲜爽味，缓解茶的苦涩味的作用；茶汁中的多酚类物质（如儿茶酚、茶黄素等）和生物碱（主要是咖啡碱），具有使茶汁呈现苦涩味、收敛味和刺激性的作用。因此，对于含咖啡碱、茶多酚较多而氨基酸含量较少的茶汁，可脱除部分咖啡碱等物质并适当添加某些氨基酸，调整茶汁中呈味物质的组成及比例，改进茶叶饮料的风味，使之易为消费者所接受。

四、香气成分的劣变及其预防方法

1. 香气成分劣变的原因

茶叶中含有丰富的芳香物质，但这些物质热稳定性较差，经茶饮料的热加工处理后芳香物质的组分含量减少并会产生一些其他芳香物质，从而影响了茶饮料的香气品质。

2. 预防方法

（1）原料烘焙　应尽量选择新鲜的茶叶作为原料，并应在低温无氧等条件下贮存。对于久置陈化的茶叶，可通过高温复火的方法，减轻或消除其异味物质，其香气成分也略有减少，因此可在烘焙过程中添加芳香物质，增加茶叶的香气。复火后的茶叶应摊放至冷却后再进行包装，否则会产生"煳味"。

（2）分子包埋法　β-CD 也可用来包埋茶汁中的芳香物质，从而减少加热造成的损害，同时还可以掩蔽不良味道。具体操作如下：

茶叶(50g)→浸提(茶水比例 1 : 100)→加入 0.01% 维生素 C→碳酸氢钠调整 pH 值至 6.0→加入 0.05% β-CD→90℃ 充氮灌装→封口→121℃、7min 杀菌→成品

（3）香气回收　芳香物质的稳定性较差，在茶饮料加工过程中极易分解变化。因此，可采用超临界二氧化碳萃取法或分馏法对茶叶中的芳香成分进行回收，在最后的工序将其包埋加入到茶汁中，可增强茶饮料的天然香气。

（4）调香　实际生产中，将高档茶叶中的芳香成分用超临界萃取法提取出来，并进行定性定量地分析萃取成分，而后交由调香师进行调香。茶饮料的最终品质取决于原料茶叶品质，萃取成分分析的精确性，调香师的经验。为了取得良好的加香效果，调香时注意以下一些问题：

① 香精在食品中的用量应适当，用量过多或不足，都不能取得良好的效果。各厂所制造的香精的浓度不同，可通过反复的加香试验来调节，最后确定最适合人们口味的用量。

② 香精在茶饮料中必须分散均匀，才能使产品香味一致。否则会造成产品部分香味不均一的严重质量问题。

③ 除香精外其他原料如果质量不好，对调香味效果也有一定的影响。如饮料其他辅料具有较强的气味，会使香精的香味受到干扰而降低质量。

④ 饮料中添加的香精均属于水溶性香精，这类香精的溶剂和香料的沸点较低，容易挥发，因此在加香时，必须控制温度，一般控制不超过常温。

第四节　茶饮料质量标准

一、感官指标

感官指标是指对于茶饮料的外观、汤色、香气、滋味和杂质等的要求，具体参见表6-4。

表 6-4 茶饮料的感官要求

项目	要 求					
	茶汤饮料	调味茶饮料				
		果味茶饮料	果汁茶饮料	碳酸茶饮料	含乳茶饮料	其他茶饮料
色泽	具有原茶类应有的色泽	呈茶汤和类似某种果汁应有的混合色泽	呈茶汤和某种果汁应有的混合色泽	具有原茶类应有的色泽	呈浅黄或浅棕色的乳液状	具有该品种应有的特征性色泽
香气与滋味	具有原茶类应有的香气和滋味	具有类似某种果汁和茶汤的混合香气和滋味,香气柔和、甜酸适口	具有某种果汁和茶汤的混合香气和滋味,甜酸适口	具有品种应有的特征性香气和滋味,香气柔和,甜酸适口,有清凉刹口感	具有茶和奶混合的香气和滋味	具有品种应有的特征性香气和滋味,无异味,味感纯正
外观	透明,允许稍有沉淀	清澈透明,允许稍有浑浊和沉淀	透明或略带浑浊,允许稍有沉淀	透明,允许稍有浑浊和沉淀	允许有少量沉淀,振摇后仍呈均匀状乳浊液	透明或略带浑浊,允许稍有沉淀
杂质	无肉眼可见的外来杂质					

二、理化指标

理化标准是指对于茶饮料的茶多酚、咖啡碱、pH 值、二氧化碳气容量、蛋白质含量等指标的要求。具体要求参见表 6-5 和表 6-6。

表 6-5 茶饮料重金属限量指标

项 目	指 标
铅/(mg/L) ≤	0.3
锡/(mg/kg) ≤	150

表 6-6 茶饮料的理化指标

项目		茶饮料(茶汤)	调味茶饮料						复(混)合茶饮料
			果汁型	果味型	奶型	奶味型	碳酸型	其他	
茶多酚/(mg/kg) ≥	红茶	300	200		200		100	150	150
	绿茶	500							
	乌龙茶	400							
	花茶	300							
	其他茶	300							
咖啡因/(mg/kg) ≥	红茶	40	35		35		20	25	25
	绿茶	60							
	乌龙茶	50							
	花茶	40							
	其他茶	40							
果汁含量(质量分数)/%		—	≥5.0		—			—	
蛋白质含量(质量分数)/%		—			≥0.5			—	
二氧化碳气体含量(20℃容积倍数)		—					≥1.5		—

注:如果产品声称为低咖啡产品,咖啡因含量应不大于表中规定的同类产品咖啡因最低含量的 50%。

三、微生物指标

微生物质量指标是指对于茶饮料的大肠菌落数、霉菌、酵母菌数等微生物含量的要求。

除金属罐装茶饮料的微生物指标应符合商业无菌要求外，茶汤饮料、果味茶饮料、果汁茶饮料、其他茶饮料的微生物指标参见表 6-7。

表 6-7　微生物质量指标

项　　目	采样方案[①] 及限量				检验方法
	n	c	m	M	
菌落总数[②]/(CFU/mL)	5	2	10^2	10^4	GB 4789.2
大肠菌落/(CFU/mL)	5	2	1	10	GB 4789.3 中的平板计数法
霉菌/(CFU/mL)	≤20				GB 4789.15
酵母/(CFU/mL)	≤20				GB 4789.15
致病菌　沙门菌/(CFU/mL)	5	0	0	—	GB 4789.4
金黄色葡萄球菌/(CFU/mL)	5	1	10^2	10^3	GB 4789.10 第二法

① 样品的采样及处理按 GB 4789.1 和 GB/T 4789.21 执行。
② 不适用于活菌（未杀菌）型饮料。

第五节　茶饮料加工技能综合实训

一、实训内容

【实训目的】

1. 本实训重点在学习茶饮料的基本生产工艺流程和制作方法，掌握茶饮料的护色技术。并且正确使用各种添加剂，并注意投料顺序，要求进行分组对比实验（安排一组不按投料顺序进行配料实验），观察发生的现象并记录。
2. 写出书面实训报告。

【实训要求】

4～5 人为一小组，以小组为单位，从选择、购买原料及选用必要的加工机械设备开始，让学生掌握操作过程中的品质控制点，抓住关键操作步骤，利用各种原辅材料的特性及加工中的各种反应，使最终的产品质量达到应有的要求。

【材料设备与试剂】

（1）主要仪器　烧杯、量筒、长滴管、耐热性 PET 瓶、抽滤瓶、压盖机、电炉、板框过滤器、真空抽滤器、手持式糖度计、pH 试纸、滤纸、玻璃棒。
（2）主要原料　红茶、白砂糖、纯净水、食用酒精、柠檬汁、柠檬酸、焦亚硫酸钠。

【参考配方】

1. 柠檬红茶饮料（表 6-8）

表 6-8　柠檬红茶饮料配方（每 1L）

原料名称	含量/%	配方用量/g	原料名称	含量/%	配方用量/g
红茶	2	20	食用酒精	65	650
白砂糖	8	80	焦亚硫酸钠	0.3	3
柠檬香精	0.05	0.5	柠檬酸		调 pH 至 4.0～4.2

2. 豆奶冰茶（表 6-9）

表 6-9　豆奶冰茶的配方

成分	茶汁	黄胶原	豆乳	β-环糊精	白砂糖	CMC	柠檬酸
用量/g	72.3	0.2	25	0.3	2	0.2	调 pH 至 4.6～4.8

【工艺流程示意图】

1. 柠檬红茶饮料

红茶→烘干→水浸提→精滤→真空浓缩→转溶→乙醇沉淀→冷却→抽滤→回收乙醇→红茶汁（6.0°Bx）→调和→调酸→调香→灌装→封口→灭菌→成品

　　　　　　过滤　过滤　过滤

　　　　　　糖　　柠檬酸　柠檬
　　　　　　　　　溶液　　香精

2. 豆奶冰茶

豆乳、白砂糖、稳定剂→混合→均质

碎红茶→烘焙→粉碎→浸提→茶汤→调配→灌装→杀菌→检验→成品

【操作要点】

（一）柠檬红茶饮料

1. 原料预处理

（1）准确称取 80g 白砂糖，溶于适量纯净水中，待完全溶解后精滤备用。

（2）准确称取 2g 柠檬酸溶于适量纯净水中，待完全溶解后精滤备用。

（3）将红茶在约 110℃下烘烤 5min，以促进香气逸出。

2. 红茶汁的制取

（1）以红茶与水为 1∶50 的比例，用 60～70℃的水浸提约 10min。

（2）抽滤去除茶渣，而后进行精滤，在 60～65℃温度下真空浓缩约 40min，得到 4.0°Bx 以上的浓缩茶汁。

（3）在 40～50℃茶汁中加入 3g 焦亚硫酸钠，控制 20～30min，充分搅拌进行转溶。

（4）在转溶后的茶汁中加入 650g 食用酒精，搅匀后在 0℃左右冷藏约 20h，而后通过精滤和回收酒精操作。

3. 调配

在茶汁中按顺序加入白砂糖、柠檬酸，使饮料的 pH 为 4.0～4.2，酸甜适宜。

4. 调香

准确称取 0.5g 柠檬香精加入调配好的红茶汁中，混匀，得到红茶汁（6.0°Bx）。

5. 灌装

将调配好的茶饮料灌装封口。

6. 灭菌

采用 100℃水浴 30min 的方式进行灭菌处理。

7. 冷却

将灭菌后的茶饮料冷却至室温，即可得到成品。

（二）豆奶冰茶

① 精选大豆，微波处理 2～4min，用清水浸泡 14～16h，去皮按干重的 6 倍加水，加热至 80℃，打浆，过 150 目筛，冷却至 50～60℃备用（豆浆浓度 14～15°Bx）。

② 按配方加入白砂糖和稳定剂，并在 24.5MPa 下均质。

③ 碎红茶微波加热 15min，按 1∶10 比例用蒸馏水浸提，待茶水体积减至 1/4 时，停止加热，然后向蒸馏液中加入环糊精并混匀。

④ 将茶汁与豆乳混合，用柠檬酸调整 pH4.6～4.8，灌装，在 85℃下杀菌 20～25min，即得到产品。

【注意事项】

1. 对于陈年红茶，可通过烘烤来使其香气更浓郁。为了提高浸提效率，浸提前可将茶叶进行适当研磨，研磨的粒径不得过细（一般不得小于 40 目）。

2. 茶饮料对水质的要求较为严格，建议使用纯净水作为茶饮料用水。

3. 浸提时应注意控制浸提温度，温度过高或过低都会影响茶汁的色泽和香气。温度过高时会使香气成分挥发，颜色加深；温度过低时会浸出效率低，颜色较浅，茶汁带有一定的草腥味。

4. 茶饮料生产中，应采用碳化糖作为原料，溶解后糖浆需净化，可通过硅藻土过滤或活性炭脱色从而达到净化目的，最终保证茶饮料成品不会因为糖浆不洁净导致饮料中产生絮凝物。此外，实际生产中涉及的速溶茶粉、鲜榨果汁、香精、辅料等必须通过精滤，以防止配料中的杂质在茶饮料中产生粒状悬浮物，并保证茶饮料成品不会因为糖浆及其他辅料的不洁净导致饮料中产生絮状物。茶饮料的过滤精度要求达到 500 目以上，如果采用超滤方法，则更能保证茶饮料在加工和贮藏过程中的透明澄清度。

5. 调配时应注意各辅料添加顺序。并应在室温或冷却温度下添加柠檬香精等添加剂。

6. 由于本实验使用高温下易挥发的柠檬香精，因而先灌装封口，再使用巴氏杀菌法进行灭菌处理。

二、实训标准

质量标准参考表 6-10。

表 6-10　质量标准参考表

实训程序	工作内容	技能标准	相关知识	单项分值	满分值
一、准备工作	（一）清洁卫生	能发现并解决卫生问题	操作场所卫生要求	3	10
	（二）准备并检查工器具	(1)准备本次实训所需所有仪器和容器 (2)仪器和容器的清洗和控干 (3)检查设备运行是否正常	(1)本次实训内容整体了解和把握 (2)清洗方法 (3)不同设备操作常识	7	

续表

实训程序	工作内容	技能标准	相关知识	单项分值	满分值
二、备料	(一)茶叶的选择	(1)根据产品要求 (2)按照要求等级选择	(1)茶叶的种类 (2)茶叶的质量标准	3	15
	(二)砂糖的选择	按照要求等级选择	砂糖的质量标准	3	
	(三)水的选择	按照相关生产要求选择	饮料用水的质量标准	5	
	(四)食品添加剂的选择	(1)能按产品特点选择合适的食品添加剂 (2)能够对选择的食品添加剂进行预处理	(1)食品添加剂的使用卫生标准 (2)食品添加剂溶液的配制方法,定量的方法	4	
三、茶汁的制备及辅料的处理	(一)茶叶前处理	(1)能正确采用复火方法 (2)研磨茶叶	(1)采用适当温度烘烤茶叶 (2)将茶叶研磨至适当粒径	5	20
	(二)转溶	要求掌握茶汁转溶方法	转溶的注意事项	5	
	(三)糖度测定	能正确使用糖度表或折光计	糖度表和折光计的使用方法	5	
	(四)辅料过滤	能使用板框过滤器	过滤注意事项	5	
四、茶汁的调配	(一)添加辅料	能根据配方确定经预处理辅料的加入量和加入顺序	(1)食品添加剂溶液加入量确定方法 (2)加入顺序对产品的影响	10	15
	(二)搅拌	能解决搅拌过程中出现的一般问题	搅拌的注意事项	5	
五、茶汁的调香与灌装	(一)调香	掌握茶饮料调香方法	添加香精的注意事项	10	15
	(二)灌装	掌握饮料的灌装方法	灌装的注意事项	5	
六、封盖	压盖密封	能使用压盖机对瓶装饮料进行压盖密封	压盖机的使用方法	5	5
七、灭菌	灭菌	掌握茶饮料灭菌的方法	根据产品类型采用适合的灭菌方法	5	5
八、实训报告	(一)实训内容	实训完毕能够写出实训具体的工艺操作	—	5	15
	(二)注意事项	能够对操作中应注意的问题进行分析比较	—	5	
	(三)结果讨论	能够对实训产品做客观的分析评价探讨	—	5	

三、考核要点及参考评分

(一) 考核内容 (表 6-11)

表 6-11 考核内容及参考评分

考核内容	满分值	水平/分值		
		及格	中等	优秀
清洁卫生	3	1	2	3
准备并检查工器具	7	4	5	7
茶叶的选择	3	1	2	3
砂糖的选择	3	1	2	3
水的选择	5	3	4	5
食品添加剂的选择	4	2	3	4
茶叶前处理	5	3	4	5
转溶	5	3	4	5
糖度测定	5	3	4	5
辅料过滤	5	3	4	5

考核内容	满分值	水平/分值		
		及格	中等	优秀
添加辅料	10	6	8	10
搅拌	5	3	4	5
调香	10	6	8	10
灌装	5	3	4	5
压盖密封	5	3	4	5
灭菌	5	3	4	5
实训内容	5	3	4	5
注意事项	5	3	4	5
结果讨论	5	3	4	5

（二）考核方式

实训地现场操作。

四、实训习题

1. 在实训操作中，浸提前烘烤红茶的目的是什么？

答：浸提红茶的主要目的是为了通过复火来提高茶叶自身的香气，从而提高茶饮料的品质。

2. 亚硫酸钠和食用酒精在实验柠檬茶配制中分别起到什么作用？

答：（1）亚硫酸钠是一种转溶剂，可防止茶多酚与咖啡碱形成缔合物，从而形成沉淀物，可防止茶饮料在贮藏销售过程中出现浑浊和沉淀。

（2）添加食用酒精的主要是为了沉淀茶汁中的蛋白质等大分子物质，防止沉淀的形成，此外还可提升茶饮料的香气。

3. 茶饮料在调配中添加糖、柠檬香精等辅料的顺序是什么？

答：其添加顺序应为：白砂糖、柠檬酸、柠檬香精。

思　考　题

1. 茶饮料的概念是什么？
2. 茶饮料的特点是什么？
3. 茶饮料生产的操作要点有哪些？
4. 茶饮料生产中常见质量问题有哪些？如何解决？

第七章 瓶装饮用水加工技术

第一节 概 述

一、瓶装饮用水的分类

瓶装饮用水一般分为饮用天然矿泉水、饮用人工矿泉水和饮用纯净水三种。

1. 饮用天然矿泉水

我国国家标准（GB 8537—2008）对饮用天然矿泉水的定义是：从地下深处自然涌出的或经钻井采集的，含有一定的矿物盐、微量元素或其他成分，在一定区域未受污染并采取预防措施避免污染的水；在通常情况下，其化学成分、流量、水温等天然动态指标在天然周期波动范围内相对稳定。根据产品中二氧化碳含量分为含气天然矿泉水、充气天然矿泉水、无气天然矿泉水和脱气天然矿泉水。

2. 饮用人工矿泉水

饮用人工矿泉水指的是用地下井、泉水或自来水经过人工矿化处理而制得的与天然矿泉水水质相接近的能饮用的水。

3. 饮用纯净水

饮用纯净水是以符合生活饮用水卫生标准的水为水源，采用蒸馏法、电渗析法、离子交换法、反渗透法及其他适当的加工方法，去除水中的矿物质、有机成分、有害物质及微生物等加工制成的水。

4. 其他饮用水

其他饮用水是由符合生活饮用水卫生标准的水，经过加工制得的水。

二、特点

19世纪后期，瓶装水成为一个新兴行业。20世纪30年代，瓶装水行业进入了快速发展时期。近年来，随着现代工业的飞速发展，全球性环境污染日趋加重。在工业发达的国家和地区，大气、土壤、植被、地表水和地下水均遭到不同程度的污染，危害人体健康。许多国家和地区的城镇供水水质已超出饮用水标准，人们强烈渴求饮用安全、清洁的水，桶装水则以其严格的生产工艺为人们提供了不仅品质安全可靠，饮用方便，而且还含有大量常量元素和微量元素的高品质饮用水，满足了人们的需求，受到了人们的普遍欢迎。

1. 天然水的分类及其特点

天然水按其地理位置可分为地表水和地下水。地表水主要包括河水、江水、湖水、海水和水库水等,具有矿物质含量较少、硬度较低等特点。常含有较多的悬浮物杂质,如:黏土、泥沙、水草、腐殖质及微生物等。含杂质情况随其所处的自然环境的不同而变化。水质通常较浑浊。地下水主要包括井水、泉水、自流井水等,具有矿物质含量高、泥土沙粒等悬浮物较少、水质澄清等特点。天然水中所含有的大量杂质使水质呈现浑浊、沉淀,带有一定的颜色和特殊味道。

2. 水中各种杂质指标及处理方法

(1) 浊度   是指水中悬浮物杂质对光线透过时所产生的阻碍程度,1mg SiO_2/L 为 1 度。形成浊度的物质主要是微生物、泥土、沙粒、原生生物等悬浮物质。可采取凝聚沉淀法、过滤法,或将二者联合的方法去除。

(2) 色度   是指除去悬浮物后水样的颜色。每升水中含有 1mg 铂的量为 1 度。形成色度的物质主要是腐殖质、腐殖酸、铁、锰等盐类及其他有色物质。可采用氧化法、活性炭吸附处理。

(3) 臭气和味   水中的臭气和味,会影响制品的风味,往往也是产生沉淀的原因。臭气和味主要是由氯或其他有味的气体;铁、锰等金属离子所引起的金属味;微生物生长、繁殖及其代谢产物引起的味道。由气体引起的可用脱气方法处理;由有微生物引起的可用杀菌、超滤等方法处理;由金属离子引起的可用氧化、离子交换、电渗析、反渗透等方法处理。

(4) 碱度   指能与 H^+ 结合的 OH^-、HCO_3^-、CO_3^{2-} 的含量。碱度主要由于水中含有 OH^-、HCO_3^-、CO_3^{2-}。可采用离子交换、电渗析、反渗透等方法进行处理。

(5) 硬度   是指水中离子沉淀肥皂的能力。主要由水中钙、镁离子所引起。可用化学软化、离子交换、电渗析、反渗透等方法处理。

(6) 铁和锰   铁和锰在地下水中一般以二价的铁盐和锰盐存在。采用氧化法使 Fe^{2+} 转变为 Fe^{3+},再转化成 $Fe(OH)_3$,使 Mn^{2+} 转变为 MnO_2。

(7) 高锰酸钾耗用量   是指水中所含有的还原性物质的总含量,主要是由水中所含有的还原性物质形成的。可采用氧化处理,活性炭吸附处理或除铁、锰处理。

(8) 余氯   是指水质采用氯法消毒时所残留的游离氯。采用活性炭吸附处理即可。

(9) 微生物   包括水中存在或繁殖的藻类、细菌类、霉菌类和原生生物等。可采用杀菌、过滤等方法处理。

3. 饮用天然矿泉水中的有益元素

天然水中除含有大量的杂质外,还富含多种人体生长发育所必需的矿物质及微量元素,有利于人体的健康。

(1) 锌   是人体必需的微量元素,能增强食欲,促进生长发育,具有重要生理功能,增强创伤组织的再生能力,加速组织愈合,壮阳等作用。有重要的营养价值。此外,锌能保护心肌免遭损害;锌与利尿剂合用能增强降压作用,有利于控制冠心病的发生。人体缺锌,将引起锌酸活力减退而产生营养不良、嗅觉、味觉丧失,视力下降,贫血、肝脾肿大、生殖器官发育不全等。同时,还可引起心血管疾病。

(2) 铜   是人体必需的微量元素之一,具有造血、影响铁代谢、强壮骨骼、软化血管、增强防御机能等功能。铜在人体内(尤其是心脏中)主要以含铜蛋白酶和血浆细胞素形式存在,促进铁的吸收和利用,加速细胞成熟,影响造血过程。人体缺铜将引起心脏增大,血管变弱,心肌变性和肥厚,以及主动脉弹性组织变性,导致动脉病变,引起胆固醇增高,导致冠心病发生等。

(3) 铁　是人体血液中运输和交换氧所必需的成分。铁参与血红蛋白、细胞色素及各种酶的合成，激发辅酶 A 等多种酶的活性，能促进造血、能量代谢、生长发育和杀菌的功能。人体缺铁或利用不良时，将导致发生贫血、免疫功能障碍和新陈代谢紊乱等。

(4) 锰　在人体内参与精氨酸酶等多种酶的合成作用，激活酶合成核酸，参与造血过程，并在胚胎的早期发挥作用，具有促生长发育、强壮骨骼、防治心血管病的功能。人体缺锰时，会发生骨骼畸形和不育症，导致贫血、动脉硬化及癌肿。

(5) 锶　是人体必需的微量元素，但含量甚少，它是人体骨骼及牙齿的正常组成成分。锶与心血管的功能及构造有关，锶在人体内有强壮骨骼、防治心血管疾病之功效，锶的聚集程度可以用于观察骨折愈合情况。人体缺乏锶时，将会阻碍新陈代谢、产生牙齿和骨骼发育不正常等症状。

(6) 钴　是人体内维生素的主要组成成分，具有治疗恶性贫血和刺激造血、改善锌的活性，促进生长发育，预防冠心病、心肌炎、贫血、动脉硬化和白内障等作用，还可延年益寿等。人体缺钴时，可导致恶性贫血、神经系统产生广泛性神经脱鞘髓，同时也可出现舌及口腔炎症。

(7) 钼　是人体黄嘌呤氧化酶、醛氧化酶等的重要成分。参与细胞内电子的传递，影响肿瘤的发生，具有防癌抗癌的作用。人体钼缺乏时，阻止人体亚硝酸还原成氧，使亚硝酸在体内富集，将会导致癌症的发生。

(8) 铬　可使胰岛素的活性增加，防治粥样动脉硬化，促进人体生长发育。同时，还可防治糖尿病、胆固醇增高，导致心血管疾病的发生。

(9) 硒　其生理功能与维生素 E、胱氨酸的作用相似，它是谷胱甘肽过氧化酶的必需成分；硒对高血压、心肌梗死、肾脏损害具有重要的保护作用；硒是心肌健康的必需物质，有改善线粒体的功能，对高血压、胃肠病有治疗作用。硒具有预防克山病、心脏病、衰老、免疫力降低等有较好效果。人体缺乏硒时，则增加人体对癌肿的易感性，导致癌症的发生，促进人体心、肝、肾、肌肉等多种组织产生病变，易患心肌病。

(10) 碘　是人体不可缺少的元素，它具有治疗甲状腺肿及各种心脏疾病的功效。人体缺乏碘则导致甲状腺肿大、发育停滞、痴呆等症状。

(11) 硅酸　对人体主动脉硬化具有软化作用，对心脏病、高血压、动脉硬化、神经功能紊乱、胃病及胃溃疡等均有一定医疗保健作用。可强壮骨骼、促进生长发育，对消化道系统，心血管系统疾病、关节炎和神经系统紊乱等可起到防治作用，并具有防癌抗衰老的功能。人体缺乏硅酸时，将导致心血管疾病的发生。

(12) 钙　是组成人体骨骼的必需元素，对青少年的生长发育起着主要控制作用。钙的含量影响水的硬度，硬度与心血管发病率呈负相关，常饮含钙的水可增强心肌活力。

(13) 镁　是人体营养的必需物质，是一种催化剂，促使人体中各种酶的形成，具有强心镇静的作用。据报道，缺镁可导致食道癌的发生。

(14) 氡　是一种弱放射性物质，它放射出的射线能量很低，对人体一般不产生危害。在氡的影响下，人体内尿酸易于溶解排除，故对痛风有明显治疗效果。氡能促进人体新陈代谢，具有活跃酶系统、促进细胞的再生和激活结缔组织的功能。并有良好的脱敏作用，对风湿、类风湿病有良好的治疗功效。由于氡是亲脂性气体，进入肌体后很快和饱和脂肪的神经鞘结合，有良好的镇痛作用。所以对神经系统疾病有良好的治疗功能，适量饮、浴含氡矿泉水，除对上述疾病的医疗作用外，还可解除动脉痉挛，对高血压有缓解作用。氡对心血管能起到调节作用，对动脉硬化，冠心病有较好疗效。

第二节　饮用天然矿泉水加工技术

一、工艺流程

1. 不含气体矿泉水的生产工艺流程

水源→抽水→贮存→沉淀→粗滤→精滤→灭菌→超滤→灌装→压盖→贴标→喷码→质检→包装→成品

空瓶→洗涤→冲洗→灭菌

2. 含二氧化碳矿泉水的生产工艺流程

CO_2→净化→压缩→贮气

水源→抽水→水、气分离→沉淀→粗滤→精滤→灭菌→超滤→水、气混合

空瓶—洗涤→冲洗→灭菌

成品←包装←质检←喷码←贴标←压盖←灌装

二、操作要点

瓶装饮用矿泉水的生产工艺应由引水、曝气、过滤、消毒、超滤、充气、灌装等组成。

1. 引水

引水过程一般分为地下和地表两个部分。地下部分主要是指由地下引矿泉水至天然露出口或地上出口，通过对矿泉的封闭，避免地表水的混入。现一般采用打井引水法。地表部分是把矿泉水从最适当的深度引到最适当的地表，再进行后续加工。

2. 曝气

当矿泉水中含有 CO_2 及 H_2S 等多种气体时，水溶液呈酸性，可溶解大量金属离子。矿泉水从地下抽出后，对泉水而言压力有所下降，水与空气接触，泉水中的 CO_2 大量释放出来，溶解的金属盐类沉淀出来，水的 pH 值升高。泉水中含有的 H_2S 等气体和铁等金属盐类，装瓶后会产生异味及氢氧化物沉淀，影响产品感官指标。因此，通过曝气使原水与空气充分接触，可以脱除各种气体，驱除不良气味，气体脱除后，泉水由原来的酸性变为碱性，促使金属盐类形成沉淀，从而降低了水的硬度，提高矿泉水的品质。

曝气主要有自动式曝气和强制式曝气两种方式。自动曝气是将原水通过喷头从高处向下进行喷淋，使水与空气充分接触，达到曝气的目的。强制式曝气可采用叶轮表面强制曝气，也可在泉水喷淋时，用鼓风机的强大气流强化曝气，以增强曝气的效果。

3. 过滤

过滤主要是为了去除矿泉水中不溶性的杂质和微生物，使水质澄清、透明、清洁。矿泉水的过滤主要分为粗滤、精滤两步。

一般先采用砂滤罐进行粗滤，以去除水中的细沙、泥土、矿物盐等大颗粒杂质。用于粗滤的滤料主要有石英砂、天然锰砂及活性氧化铝等，每种滤料取出离子的功能各不相同，如石英砂具有良好的除铁效果，天然锰砂可除去水中的铁、锰离子，活性氧化铝可去除水中的氟。

粗滤后，将水转入砂滤棒过滤器中，进行精滤。精滤作业的过滤器中装有数根由骨粉和硅藻土混合烧制而成的砂滤棒，其上有微孔，在高压（150kPa 左右）作用下，可滤除水中的一些微生物和有机物质。

4. 灭菌

矿泉水灭菌多采用紫外线灭菌和臭氧灭菌两种方式。

紫外线是一种穿透力差但表面灼烧性强的不可见光。当细菌细胞内的核酸吸收其能量后，会引起核酸变性，导致细菌的死亡。紫外线的波长在 $250\sim260nm$ 时，杀菌力最强。紫外线灭菌设备主要由外筒、低压汞灯、石英套等部分组成，其构造较简单，造价低廉，操作方便，杀菌速度快，不影响矿泉水的理化性质，在国内外应用较为普遍。

臭氧是氧的同素异形体，是空气通过高电位电场对空气中氧电离化得到的一种不稳定的气体，在常温下为浅蓝色，低温时有新鲜气味，它由三个氧原子构成，具有极强的氧化能力，能杀灭水中各种细菌、病毒及芽孢。臭氧灭菌是在臭氧反应塔中将臭氧与水逆流接触反应，杀灭矿泉水中的微生物，除去水中的有机物、硫化物、硝酸盐等色、臭、味物质，具有灭菌速度快、操作简单、无二次污染等优点。

5. 超滤

超滤是矿泉水生产的一个重要工艺过程，主要利用超滤膜过滤器或微孔膜过滤器进行过滤。超滤膜过滤器的外壳为不锈钢或有机玻璃的立式圆筒，内置数只滤芯。超滤时，应根据水质的情况选择适当孔径的滤膜，以保证水流畅通，滤除水中的大分子、细菌、霉菌、病毒等，且水质不变。除了可采取精滤、灭菌、超滤的工艺流程顺序外，也可在精滤后直接进行超滤作业，然后进行灭菌灌装。

6. 充气

充气是指矿泉水在经过引水、水气分离、过滤、灭菌后，充入二氧化碳气，而后灌装成为充气天然碳酸矿泉水。充气作业是为充气碳酸矿泉水所设置的，一般的矿泉水不需要经过该工序。

充气的操作工序主要分为如下两部分。

(1) 水气分离　先在分离器中将碳酸型矿泉水进行水气分离，再分别用高锰酸钾的碱性溶液洗涤和活性炭净化分离出来的气体，最后将气体导入气柜，经压缩后装入贮气罐。

(2) 充气　将过滤、灭菌处理过的水放到的贮水罐。贮水罐上部放置水气混合器，混合器下方放置贮气罐，贮气罐释放出的二氧化碳气体由下方进入混合器进行水、气的混合，而后经过冷却方可灌装。

7. 灌装

灌装分为人工灌装和机械灌装两种方式。人工灌装方便灵活，但产量低，易造成水的二次污染。机械灌装可选用冲瓶、灌装、封盖三位一体的机器，其效率高，节省能耗，避免二次污染。

含气与不含气的矿泉水，其灌装工艺有所区别。

(1) 不含气瓶装矿泉水　若原水中不含 CO_2，成品又不要求含 CO_2，则将原水进行过滤、灭菌和超滤处理后即可进行灌装；若原水中含有 H_2S、CO_2 等混合气体，需经曝气工艺脱气，成为不含气瓶装矿泉水，再进行过滤、灭菌、超滤、灌装。灌装前，将矿泉水瓶抽真空使之形成负压，而后贮水罐中的矿泉水以常压进入瓶中，瓶中的液面到达规定高度后，水管中多余的水流回贮水罐，水管装好后压盖即可。其工艺流程如下：

深井潜水泵→预处理贮水罐→石英砂过滤器→活性炭过滤器→贮水罐→精滤器→臭氧发生器→氧化塔→无菌水贮罐

(2) 含气的瓶装矿泉水　将天然碳酸矿泉水用泵抽出，然后在气水分离器中进行气水分离。气体经过净化、加压进入贮气罐，水经过滤、灭菌、超滤后倒入气液混合机与 CO_2 混合，最后进入灌装、封口工序。灌装时，一般采用等压灌装，如要采用负压灌装，则应先使矿泉水形成负压，再进行等压灌装。灌装完毕后，进行压盖，即得成品。

三、加工中的注意事项

1. 引水

① 在引水工程中应注意取得最大可能的流量，并应对泉水进行封闭，防止水温和水中气体的散失，并防止周围地表水的渗入，防止空气的冷却和氧化作用，防止有害物污染引起矿泉水变质。

② 对不同种类的矿泉水进行开采时应采取不同的工艺方法。如对于含气量较大的碳酸型矿泉水，应采取适当的工艺设备，以防止其气体的损失，方便水的涌出和使用。

③ 引水时需要大量的水泵、输水管，而矿泉水含盐分较高、化学腐蚀性强，因此在开采时一般选用不锈钢或耐腐蚀工程塑料等性质稳定的管材，防止由出露口到利用处水的物理化学性质发生变化。此外，离心泵的搅拌会使水中气体逸出，因此一般选不锈钢齿轮泵来抽取泉水。

④ 在开采时，引水过量会对环境和地质造成严重的影响，因此应严格按照国家批准的许可量进行开采。

⑤ 引水时应注意对泉水进行封闭，以防止气体的损失和有害物质的污染。

2. 曝气

曝气作业主要注意以下问题：

① 曝气时，原水应与空气进行充分接触，而且其中的空气应经过净化处理。

② 曝气后的水质应符合矿泉水标准。

③ 对于含二氧化碳的矿泉水，则可曝气将脱除的 CO_2 气体净化后再充入矿泉水中。

3. 过滤

粗滤前，将泉水泵到贮水池中，静置沉淀以去除水中粗大的固体质。滤料时，应控制好砂滤罐中滤料的厚度，铺放均匀。此外，可加入硅藻土、活性炭等助滤剂，既能加快过滤速率，又能提高过滤的效果。粗滤滤料使用的注意事项如下：

① 天然锰砂。粗滤中应视锰离子和铁离子的含量来确定粗滤的方法。当水中锰含量高而铁含量低时，则先在水中加入强氧化剂，而后用锰砂过滤除铁、锰即可。当矿泉水中的锰、铁含量都很高时，则先用锰砂过滤除铁，然后在滤除铁的水中加入强氧化剂，恢复锰砂的活性，而后用恢复活性的锰砂过滤除锰；当矿泉水中铁含量较高而锰的含量较低时，将曝气后的泉水直接用锰砂过滤即可。

② 石英砂。将曝气后的水直接通过石英砂过滤即可除铁。实验研究表明，含铁量小于 10mg/L 且 pH 值大于 6.8 的泉水，经石英砂过滤效果更好。

③ 活性氧化铝。将曝气后的水直接通过活性氧化铝过滤即可除氟。当氧化铝的活性降低时，可用硫酸或硫酸铝使其恢复活性。此外，磷酸三钙也具有除氟的功能，其活性减低时，可用氢氧化钠使之恢复活性。

4. 灭菌

采用紫外线灭菌法进行灭菌时应注意如下问题：

① 调整紫外线的波长，其波长在 253.7nm 处灭菌效果最佳。

② 紫外线灭菌效果较臭氧差，如果灭菌不彻底，可能在水中残留极少量的细菌及其芽孢，灌装后带入产品中，会严重影响产品的品质。因此，操作时要特别注意紫外线的照射量、照射角度等问题，确保充分彻底进行灭菌。

③ 该法要求矿泉水达到色度＜15，浊度＜5，总铁含量＜0.3mg/L，细菌总数＜900 个/mL 的要求，经灭菌处理后，方可达到国家规定的标准。

影响臭氧灭菌效果的因素主要有臭氧的投加量，污水与消毒剂的有效接触时间长短，温度三个因素。因此，采用臭氧灭菌应注意对臭氧发生器功率、臭氧浓度，臭氧与水的流量、接触面积、流速和灭菌时间等操作条件的调控，并应以灭菌效果良好，微生物检验达标为准，进行上述操作工艺参数的确定。

灭菌是确保矿泉水产品安全卫生的重要工序。矿泉水在生产中经历了引水、贮存、过滤、灌装等一系列的工序，与空气、设备、工作人员等接触，均有引入微生物的可能性，为了保证产品品质安全，不仅要对矿泉水进行灭菌处理，而且对于灌装车间及包装容器也要进行灭菌处理。

5. 超滤

超滤作业中应注意如下问题：

① 要定期清洗超滤膜，除去膜表面截留的细菌和杂质，防止水质的二次污染。

② 超滤膜暂停使用期间要用含臭氧的水密封，以防污染。

③ 为保证水质的安全无菌，经臭氧灭菌和超滤的泉水，超滤后可再次进行紫外线灭菌，然后进入灌装作业。

6. 充气

充气可采用从矿泉水中分离出的二氧化碳，综合利用资源，保证碳酸矿泉水的天然特色。此外，可采用市售饮料用钢瓶二氧化碳。我国对于饮用矿泉水所用二氧化碳气体的要求为：二氧化碳的纯度达 99% 以上，无色、无臭，水分含量小于 0.1%，氢氧化钾小于 1%，不得含有一氧化碳、二氧化硫、氢气、氯化氢、氨气、矿物油等杂质。

充气时，为了使气、水充分混合，应适当加大二氧化碳气体的压力，降低水温（3～5℃），形成稳定的含气碳酸矿泉水。

7. 灌装

灌装、封盖使用的容器、生产车间应洁净无菌。此外，对于不含气的矿泉水饮料使用 PET 瓶进行包装即可。对于含气的矿泉水饮料，含气量低时，可采用 PET 瓶作为包装容器；含气量高时，需采用玻璃瓶作为包装容器。

第三节　饮用人工矿泉水的加工技术

一、工艺过程

天然矿泉水只是在特定的地质条件下才可能形成，并非普遍存在，其成分也不一定符合人们的要求，因此可以用清洁的地下水进行人工矿化加工，制成具有类似天然矿泉水特点的人工矿泉水。人工矿泉水的生产方法主要有直接溶化方法和二氧化碳浸蚀法两种。

1. 直接溶化法

直接溶化法是指在天然水中加入碳酸氢钠、氯化钙、氯化镁等，而后充入二氧化碳。

（1）工艺流程

原水→氯杀菌→脱氯→调配→精滤→杀菌→灌装→压盖→冷却→贴标→喷码→质检→包装→成品

（2）操作要点　取天然矿泉水、井水或自来水作为原水，先用氯进行杀菌，再用活性炭脱去氯，按设计的配比将无机盐类放入调配罐进行调配，而后用无机膜陶瓷过滤器进行精滤，所得滤液引入中间罐，经紫外线或臭氧灭菌后进行灌装压盖即可。对于充气人工矿泉水的生产中，则应调配后将水冷却，再充入二氧化碳气体，而后进行精滤、杀菌、灌装、封盖、包装等工序。

（3）加工中的注意事项

① 调配所使用的原料必须是经过药理检验可食用的无机盐类。

② 调配后将水冷却至 $3\sim5℃$，再进行充入二氧化碳气体。充气精滤后，应采取冷杀菌方式进行灭菌，可防止二氧化碳的挥发，该法较热杀菌更经济。

③ 直接溶化法难以生产出钙镁离子含量高的产品，但其生产出的矿泉水含大量的氯离子、硝酸根离子等阴离子，从营养角度，这些离子形成的盐类属于中性物质，即该法制得的矿泉水"碱性"较低，饮用后，在人体内不能起到良好地调节酸碱平衡的作用。

2. 二氧化碳浸蚀法

（1）工艺流程

原水→矿化→过滤→杀菌→灌装→压盖→冷却→贴标→喷码→质检→包装→成品

（2）操作要点　二氧化碳浸蚀法是在一定压力下，使含二氧化碳的原水直接作用于添加的粉状碳酸碱土金属盐，使其转化为碳酸氢盐而溶于水中，该法生产出的矿泉水中含大量的碳酸氢根离子，从营养角度属于"碱性饮料"。

二氧化碳浸蚀法是在一个密闭矿化器中，将白云石、石灰石、文石等碱性碳酸盐矿石粉末加入到原水中，密闭罐外安装循环泵，促使原水、矿石粉及二氧化碳一起不断循环，到达一定的矿化程度后，直接加入少量的可溶性物质，而后经过滤、灭菌、灌装、压盖即可。该法可解决钙、镁碳酸盐的溶解问题，可以用于各类型的矿泉水的生产。

二、加工中的注意事项

① 加工时，原水用柱塞泵打入，其压力应高于二氧化碳的压力，否则会造成液体不流动或倒流的现象。因此，该法难以制得成分稳定的矿泉水。

② 碱土碳酸盐的粒径、结晶形态及矿化时的搅拌速度等均对矿化速度有影响。因此，矿化时，应使用粉末状的矿物质，并可在矿化器一侧装配超声波发生器，以促使矿物质的溶解。

③ 对于可溶性的矿物盐类，在矿化后直接加入即可。

第四节　纯净水加工技术

一、工艺流程

纯净水包括蒸馏水、太空水等，因其生产采用的原水水质不同，生产厂家使用的设备各异，生产工艺流程也有所区别。但基本上可分为过滤、脱盐和灭菌三部分。以下为几种纯净水的生产工艺流程。

1. 一般纯净水工艺流程

原水→机械过滤→活性炭过滤→电渗析→反渗透→超滤→臭氧灭菌→灌装→质检→成品

2. 超纯水工艺流程

原水→砂滤→炭滤→精滤→超滤→反渗透→离子交换→脱气→离子交换→灭菌→灌装→检验→成品

3. 太空水工艺流程

原水→多介质过滤→活性炭过滤→精滤→反渗透→混合离子交换→臭氧灭菌→微孔过滤→灌装→质检→包装→成品

4. 蒸馏水工艺流程

原水→多介质过滤→活性炭过滤→离子交换→蒸汽压缩蒸馏→臭氧灭菌→灌装→质检→包装→成品

二、操作要点

1. 过滤

预处理主要先采用机械过滤或砂滤棒进行初滤，而后进行微孔过滤，从而达到降低水的色度和浑浊度的目的。

（1）初滤　机械过滤分为重力式和压力式两种过滤方式。通常采用压力式机械过滤，在一定的压力下，使水通过粒状滤料层，滤除水中的杂质。

砂滤棒过滤外部为一铝合金或不锈钢密封圆筒，分上下两层，中间以隔板隔开，隔板上（或下）为待滤水，内置特制砂滤棒。在筒内，原水从砂滤棒外壁通过棒上的微孔进入棒的内部，滤出的水可达到基本无菌。容器内安装的砂滤棒数量随过滤器的型号而异。砂滤棒过滤器的过滤效果取决于操作压力、原水水质及砂滤棒的体积。

（2）微孔过滤　微孔过滤主要是利用过滤介质微孔将水中的杂质截留，从而使水净化。传统的蜂房式过滤器过滤效率高，但其所使用的滤芯易堵塞，清洗较困难。因此，现多采用PE过滤器进行过滤。过滤时，水通过管外壁进入管内，杂质则被截留在管壁上，从而达到水净化的目的。该过滤器具有过滤精度高、过滤效果好、操作简便、机械强度高、使用寿命长的优点，且PE管材也具有良好的耐热、耐酸碱及有机溶剂的化学性能。

（3）活性炭过滤　活性炭是一种多孔径的碳化物，有极丰富的孔隙构造，具有良好的吸附特性，能吸附水中的气体、臭味、氯离子、有机物、细菌及铁与锰等杂质，一般可将水中90％以上的有机物除去。活性炭过滤器的结构与压力过滤器相似，只是将滤料由砂变成颗粒状活性炭。过滤器的底部可装填0.2～0.3m高的卵石及石英砂作为支持层，石英砂上面再装填1.0～1.5m厚的活性炭作为过滤吸附层。

活性炭过滤器按其体积可分为大、中、小三种型号。对于大中型活性炭过滤器，在其内部装配颗粒状活性炭进行过滤；而对于小型活性炭过滤器，在其内部装配一根或多根活性炭芯进行过滤。

2. 去除盐类物质

除盐操作主要是通过离子交换、电渗析、反渗透、蒸馏等方法去除水中的盐分，从而使之达到饮用水的标准。

（1）离子交换法　离子交换法主要利用离子交换剂将原水中人们不需要的离子暂时占有，而后再将之释放到再生液中，使水得到软化。离子交换剂通常是一种不溶性高分子化合物，如树脂、纤维素、葡聚糖等，它的分子中含有可解离的基团，这些基团在水溶液中能与溶液中的其他阳离子或阴离子起交换作用。

水处理中常用的离子交换剂主要有离子交换树脂。离子交换树脂是一种球形网状固体的高分子共聚物，不溶于水、酸和碱，吸水后会膨胀。按所带功能基团的性质，离子交换树脂可分为阳离子交换树脂和阴离子交换树脂，通过离子交换树脂解离出的阴、阳离子交换水中的钙镁等阳离子和硫酸根、氯离子等阴离子，使原水通过树脂层时，水中的阴阳离子被吸附，离子交换树脂中的 H^+ 和 OH^- 进入水中，达到水质软化的目的。

（2）反渗透法　反渗透法是 20 世纪 60 年代发展起来的一项纯水处理技术，现广泛用于海水和苦咸水淡化、电子、医药用纯水、饮用纯水等方面，它具有脱盐率高、水利用率高、自动化程度高、能耗低等优点。

反渗透亦称逆渗透（RO），是用足够大的压力把原水中的纯水通过反渗透膜（半透膜）分离出来，从而达到脱盐的目的，因与自然渗透方向相反，故称反渗透。根据各种物料的不同渗透压，就可以用大于渗透压的反渗透法达到分离、提取、纯化和浓缩的目的。反渗透器中装有由有机材料制成的反渗透膜，其孔径很小，水在一定压力下透过反渗透膜，方可去除水中微小颗粒、无机盐和分子量很小的有机物，如细菌、病毒等，而后进行灭菌即可。为了适应不同水质的要求，减少净化设备的投资，在实际生产中可将离子交换与反渗透结合起来进行纯净水的生产。

（3）电渗析　电渗析是 20 世纪 50 年代发展起来的一种新技术，最初用于海水淡化，现在广泛用于化工、轻工、冶金、造纸、医药工业，尤以制备纯水和在环境保护中处理三废最受重视。

电渗析是根据同性相斥、异性相吸的原理，在外加直流电场的作用下，使水中的阴、阳离子在阴、阳离子交换膜中定向移动，水中的一部分离子迁移到另一部分水中，排出浓度高的水，引出需要的淡水，即可得到水净化。渗析器中插入阴、阳离子交换膜各一个，由于离子交换膜具有选择透过性，即阳离子交换膜只允许阳离子自由通过，阴离子交换膜只允许阴离子通过，随着离子的定向迁移，离子迁移至靠近电极的阴、阳离子的浓缩室，使中间的淡化室内盐的浓度降低，从而达到脱盐的目的。实际应用中，一台电渗析器并非由一对阴、阳离子交换膜所组成，而是采用一百对，甚至几百对交换膜，以此提高效率。电渗析法不需要酸碱再生，只要有电能即可运行，但该法的除盐率较低，且不能除去水中的非电解质类物质。

（4）蒸馏法　蒸馏是将原水加热蒸发，使其变成水蒸气，而后将水蒸气冷却凝结，即可得到蒸馏水。瓶装饮用蒸馏水的核心工艺即蒸馏纯化。为保证产品水的纯度要求，至少采取两次以上的蒸馏处理，即二次蒸馏或三次蒸馏，可有效地除去水中残留的微粒杂质和溶解性无机物，同时对水也起到极好的杀菌作用。缺点是能耗大、成本高。

3. 超滤

自 20 世纪 20 年代问世后，特别是 20 世纪 60 年代以来，超滤技术很快从实验规模的分离手段发展成为重要的工业单元操作技术。该技术具有设备简单、操作方便、无相变、无化学变化、分离效率高、节省能源等许多优点，广泛用于水处理、食品工业、化学工业、生物技术等诸多领域。

超过滤技术是一种运用机械阻隔原理分离液体与大分子物质的膜析法，在透过水通过膜时，透过小分子物质，截留大分子溶质。目前用于纯净水超滤的膜主要是一种由高分子材料经特殊加工制成的中空纤维聚砜膜（Ps），该膜呈中空毛细管状，管壁有无数微孔，原水在一定的压力下通过膜，其中纯水和小分子物质可透过膜，高分子物质及胶体物质则被截留在膜的表面，被循环的原液冲走形成浓缩液。

4. 灭菌

为了达到水质的微生物指标的要求，需要用紫外线消毒和臭氧消毒等方法对水进行消毒。紫外线消毒是利用波长在 $200\sim295nm$ 的紫外线下进行连续的水消毒处理，市场上有专用的紫外线水消毒器供选用。臭氧消毒的效果好，常用在瓶装水的消毒处理上。

（1）紫外线消毒　微生物受紫外线照射后，营养细胞中的蛋白质和核酸吸收了紫外线光谱的能量，导致蛋白质变性，使微生物死亡。紫外线对清洁透明的水有一定的穿透能力，所以能对水进行消毒。目前使用的紫外线饮水消毒装置大多数是低压灯管，管外套以紫外线透过率极高的石英玻璃管。

紫外线消毒时间短，杀菌能力强，设备简单，操作管理方便；但它没有持续杀菌作用，灯管使用寿命较短，成本略高。

（2）臭氧消毒　臭氧是一种不稳定的气态物质，在水中易分解成氧气和一个原子的氧。原子氧是一种很强的氧化剂，能与水中的细菌以及其他微生物或有机物作用，使其失去活性。由臭氧发生器通过高频高压电极放电产生臭氧，将臭氧泵入氧化塔，通过布气系统与需要进行处理的水充分接触、混合，当达到一定浓度后，即可起到消毒的作用。臭氧灭菌设备具有高效、快速、安全等特点，可消除水中细菌、异味及有害物质，是纯净水较为理想的灭菌方式。

三、加工中的注意事项

1. 水处理

水处理车间应为封闭间，灌装车间应封闭并设空气净化装置，空气清洁度应达到1000级。

2. 过滤

（1）砂滤棒过滤　砂滤棒使用时要注意及时清洗或更换。

① 清洗。砂滤棒在使用过一段时间以后，就会发现过滤量逐渐减少，这时砂滤棒的外壁孔隙已大部分被杂质堵塞，应及时将砂滤棒卸下来，用一个合适的胶塞堵住出水嘴，避免污水浸入。然后将砂滤棒放在水盆内，用水砂纸轻轻摩擦砂滤棒外壁，当砂滤棒恢复原来的色泽时，即可再次使用。用到一定时间以后，可更换新棒。

② 消毒。用砂滤棒可以除去水中的微生物，但需注意在使用前、清洗后及安装时，对其进行消毒处理。用75%的酒精（或其他消毒液）注入砂滤棒，堵住口部，震荡，使酒精完全浸泡内壁。装入过滤器后，凡是与滤水接触的部分，均应涂到酒精。

（2）微孔过滤　应根据水质情况及水处理的能力的要求，选择不同规格型号的微孔过滤器。使用PE过滤管过滤器时，当其过滤管上的污垢增多，滤阻增大时，可利用压缩空气反吹或清水反冲洗的方法清洗过滤管。通过此步精滤能有效去除水中杂质、沉淀和悬浮物。

（3）活性炭过滤　活性炭的吸附能力与水温、水质及与水接触时间等有一定关系。水温越高，活性炭的吸附能力就越强；若水温高达30℃以上时，吸附能力达到极限，并有逐渐降低的可能。当水质呈酸性时，活性炭对阴离子物质的吸附能力便相对减弱；当水质呈碱性时，活性炭对阳离子物质的吸附能力减弱。活性炭的吸附能力和与水接触的时间成正比，接触时间越长，过滤后的水质越佳。过滤时，水应缓慢地流出过滤层。

活性炭颗粒的大小对吸附能力也有影响。一般来说，活性炭颗粒越小，过滤面积就越大，粉末状的活性炭总面积最大，吸附效果最佳，但粉末状的活性炭很容易随水流出，难以控制，因此很少采用。颗粒状的活性炭因颗粒成形不易流动，水中有机物等杂质在活性炭过滤层中也不易阻塞，其吸附能力强，携带、更换方便。水净化常采用颗粒在1.5～3.0mm的活性炭。新的活性炭在第一次使用前应洗涤洁净，否则可能有墨黑色水流出，活性炭使用一段时间以后，如果过滤效果下降就应调换新的活性炭。

活性炭过滤器在使用过一段时间后，由于截污过多，活性炭表面及内部的微孔被杂质堵塞，活性丧失，造成压降增大和出水水质变差，这时应对它进行反冲洗与再生。反冲洗的操作步骤如下：

① 反洗。用强度为 $8\sim10L/(m^2\cdot s)$ 的水进行反洗，时间为 $15\sim20min$。

② 吹洗。打开过滤器的放气阀及进气阀门，用 0.3MPa 的饱和蒸汽吹 $15\sim20min$。

③ 淋洗。在温度 40℃下，用滤料层体积 $1.2\sim1.5$ 倍的 $6\%\sim8\%$ 的 NaOH 溶液进行淋洗。

④ 正洗。用原水顺流清洗，直至出水的水质符合规定要求，方可正式投入运行。

原水的预处理工序包括砂罐过滤、砂滤棒过滤、活性炭过滤。当原水浊度大于 5 度时，必须先用砂罐过滤；当原水含铁、锰量大于 0.3g/L 时用锰砂过滤，以除去铁、锰离子。活性炭具有吸附和脱色能力，用于反渗透和离子交换的前处理，可有效地保护膜材料及树脂不被有机物污染。

3. 去除盐类物质

（1）离子交换法的注意事项

① 应根据生产的实际需要正确选择离子交换树脂，所选的树脂应具有容量大、强度高等性质特点。为了获得高度纯净的水，通常将阴、阳离子交换树脂按比例配制后放入同一交换柱进行混床式处理，该操作可同时除去水中的金属离子和酸根离子。

② 当离子交换树脂发生破损时，其中的粉末或有机胺类杂质会释放出来，这些物质对人体有害，可使用具有高效吸附能力的碳纤维过滤器将水中的树脂粉末和其他杂质除去。精滤时，可选择孔径为 $0.45\mu m$ 的微孔过滤器，以滤除水中可能含有的碳纤维，而后经灭菌即可得到高品质的纯净水。

③ 新的离子交换树脂需经转型后才能正常使用。

a. 阳离子交换树脂的处理和转型。新的阳离子交换树脂用自来水浸泡 $1\sim2d$，使它充分吸水膨胀，而后用自来水反复冲洗，去除其中的可溶物，直至洗出水无色为止。沥干水，用等量 7%盐酸溶液浸泡 1h 左右，搅拌，除去酸液，用水洗至洗液的 pH＝3～4 为止。沥干，再用等量 8%氢氧化钠溶液浸泡 1h 左右，去除碱液，用水洗至洗液的 pH＝8.0～9.0，沥干。最后加入 $3\sim5$ 倍量的 7%盐酸溶液浸泡 2h 左右，使阳离子转为 H 型，倾去酸液，用去离子水洗至 pH＝3～4 即可。

b. 阴离子交换树脂处理和转型。新的阴离子交换树脂用自来水浸泡，反复洗涤，洗至无色、无臭。用等量 8%氢氧化钠溶液浸泡 1h，并随时搅拌，去除碱液。再通过水洗至 pH＝8.0～9.0，沥干，用等量 7%盐酸溶液浸泡 1h 左右。然后用水洗涤至 pH＝3.0～4.0。最后加入 $3\sim5$ 倍量 8%氢氧化钠溶液浸泡 2h 左右，并搅拌，使阴离子交换树脂转为 OH型，倾去碱液，用去离子水洗至 pH＝8～9 即可。

将处理和转型后的阳、阴离子交换树脂装柱，要求树脂间没有气泡。

④ 离子交换树脂处理一定量的水后，其交换能力会下降，即树脂"老化"，应分别用树脂质量 2～3 倍的 6%左右的盐酸溶液或 7%左右的氢氧化钠溶液处理阳离子树脂或阴离子树脂，然后用去离子水洗至 pH 值分别为 3.0～4.0 和 8.0～9.0，使树脂重新转变为 H型和 OH 型，以使树脂再生。为达到较好的再生效果，再生液即去离子水的温度不超过 50℃。

（2）反渗透法　反渗透膜按材质的不同有聚酰胺膜、聚砜膜、醋酸纤维膜、复合膜等，按其结构有中空式和卷式等类型。在生产中，反渗透膜对于水质也有一定的要求（见表 7-1）。

表 7-1　国产和进口卷式复合膜对于水质的要求

类　别		污染指数	水温/℃	pH 值	游离氯/(mg/kg)	浊　度
卷式复合膜	国产	<4	15～35	4～11	<0.1	<0.5
	进口	<5	10～40	2～11	<0.1	<1

反渗透作业时，如果一次操作达不到浓缩和淡化的要求效果，可将其产品水送到另一个反渗透单元进行再次淡化。

在反渗透装置启动前，进水水质必须满足进水指标的要求，否则将缩短反透装置的使用寿命。实际生产中，应根据各种原水水质分析报告，确定原水预处理方案，合理选用反渗透设备。

（3）电渗析

① 为了提高水净化效果，电渗析后需使用孔径为 $0.001\sim0.01\mu m$ 的微孔过滤器进行超滤，以去除水中的细小杂质和有机物等，而后经紫外线杀菌即可。

② 电渗析器的主要组成部件包括离子交换膜、隔板、隔网和电极是电渗析器，为避免电渗析器内部结垢，延长使用寿命和酸洗周期，电渗析器应有频繁倒极装置，为避免手动倒极不能严格地长期按时操作，宜采用自动频繁倒极装置。

③ 如果原水中悬浮物较多，沉淀结垢会增加隔板中阻力，降低流量，因此电渗析对原水的水质也有一定的要求（见表 7-2）。

表 7-2　电渗析处理水时对原水的要求

项　目	要　求	项　目	要　求
浊度	<2mg/L	含铁锰总量	<0.3mg/L
色度	<20	有机物耗氧量	2～3mg/L

④ 电渗析器的出水包括淡水、浓水和极水三部分，为保持膜两侧浓淡室压力一致，浓水流量宜与淡水流量相同，为节水可略低于淡水流量；极水流量太高会造成浪费，太低则影响膜的寿命。

⑤ 电渗析器极水要流畅，以便排出反应物。

4. 超滤

若原水中含有大分子物质，则超滤时会影响小分子物质在膜中的透过率，因此应在除盐作业后进行超滤，以保证超滤膜的透过率。

超滤作业在较低压力（0.2～0.5MPa）下即可进行工作，一般提高压力不能加快流速，但对于浓度极低的溶液进行过滤分离时，可适当地提高压力以提高水的流通量。

5. 灭菌

（1）紫外线辐射灭菌　紫外线对于含杂质多、颜色深、浊度大的水穿透能力稍差，因此应在超滤后、灌装前，利用紫外线辐射灭菌，可取得较好的效果。

紫外线灭菌的灯管使用一定时间后，紫外线发射能力会降低，因此使用至接近于灯管的平均寿命时（一般低压灯管约为3000h），应加强水质的检验，发现问题，应立即更换灯管。

臭氧灭菌后，应立即进行灌装。因为经灭菌后水中含有残留的臭氧，不仅对灌装中使用的瓶盖等起到杀菌作用，而且带入产品中可抑制细菌及其芽孢的生长繁殖，保证产品的质量。

（2）臭氧灭菌

① 臭氧具有不稳定性，臭氧在常温下可以自行还原为氧气，不会污染环境。在纯水、矿泉水、无盐水的生产中，臭氧可起到消毒、灭菌、增氧、净化和改善口感的作用；在一定浓度下5～10min内，臭氧对各种菌类都可以达到杀灭的程度。

② 臭氧混合器是为加强臭氧杀菌而特设的设备，在里面臭氧与水充分混合。

③ 臭氧浓度达到2mg/L时，作用1min，可将大肠杆菌、金黄色葡萄球菌、细菌的芽孢、黑曲霉、酵母等微生物杀死。实际上，只要臭氧浓度达到阈值，可在极短间内将微生物杀灭。当水中浓度达到 0.5mg/L 时，作用5min可将水中细菌全部杀死。而水中的锶、偏

硅酸、重碳酸盐、总矿度、总碱度不受高浓度臭氧的影响。

④ 国家规定臭氧水的出口浓度应在 $0.4\mu L/L$ 以上。

6. 灌装

① 臭氧灭菌后，应立即进行灌装。经灭菌后水中含有残留的臭氧，对灌装中使用的瓶盖等起到杀菌作用，而且可抑制带入产品中的细菌及其芽孢的生长繁殖，保证产品的质量。

② 洗瓶灌装封口机集洗瓶、灌装、套盖、压盖、成品送出于一体，整个生产过程都采用封闭式运行，加上紫外线杀菌、臭氧消毒保鲜，保证了整个洗瓶灌装过程完全达到国家卫生部门的有关标准和规定，有效防止了饮用水在灌装过程中可能发生的二次污染，做到无菌生产。

第五节　生产中常见问题及防止方法

一、常见质量问题

1. 水变质

瓶装饮用纯净水系指以符合饮用水卫生标准的水为原料，通过电渗析法、离子交换法、反渗透法、蒸馏法及其他适当的加工方法，以去除水中的矿物质、有机和无机成分、有害物质及微生物等制得的，供消费者直接饮用的产品。目前纯净水发展很快，一些企业在生产过程中，存在着这样或那样的问题，造成产品受到微生物的污染。由于纯净水和矿泉水一样都不允许添加任何防腐剂和抑菌剂，受污染的纯净水中微生物迅速增殖，造成产品中微生物含量严重超标，有的还出现肉眼可见的沉淀物（菌丝生长团），不但危害消费者的身体健康，也使企业受到重大的经济损失。

2. 水变质的原因

饮用纯净水变质的主要原因是水受到微生物污染，经加工处理的纯净水受微生物污染的因素是多方面的，但主要因素有如下三方面：

（1）技术因素　目前采用臭氧处理纯净水的基本原理是臭氧与水混合，并使其最终在水中浓度达到 $0.5mg/L$ 以满足杀菌要求，根据此参数，企业应根据生产时实际的用量来推算臭氧发生器的应产臭氧量。另外，还必须考虑实际生产时设备的实际可操作产量，如长时间使用后设备性能下降，应适当调节，并通过有效的测定；臭氧与水混合是否完全，最终是否能达到杀菌要求的剂量以及能维持的时间等，是能否达到杀菌强度的最基本因素。

（2）生产工艺、设施因素　目前采用的纯净水工艺流程，经臭氧杀菌后，水中含有残余臭氧，有利于将灌装工序中可能含有的少量微生物杀灭，包装后带入产品中，也可抑制产品中细菌、芽孢的生长，从而保证产品无菌。有些厂家由于设备不完善或经过臭氧消毒后不直接灌装，而是通过贮水罐停留一段时间后再灌装，通过检验可发现有细菌存在。实验发现，水灌装入瓶前停留 $0.5\sim2h$，臭氧大约过了 $2\sim8$ 个衰期，水中臭氧浓度会急剧下降。此外，在灌装时，对于包装物或灌装室空气灭菌不彻底，残留有细菌，会使水再次污染，造成产品质量不合格。

（3）卫生因素　尽管生产商制定了有关的操作规程和制度，但由于监督的力度不够，造成生产中各项规程和制度没有得到落实和实施。有的厂虽然具有现代化的厂房、先进的生产和空气净化以及消毒设备，但其生产的水产品质量不稳定，有时检验结果菌落总数每毫升为零，有时检出几个甚至几十个，调查发现其原因是停产两天后开始生产前，没有按规定严格消毒。此外，水处理终端过滤器和灌装工人手是瓶装矿泉水生产过程中微生物的关键污染环节。在纯净水生产的流程中，各个环节都有可能污染微生物，应提高生产人员的卫生意识，严格执行各项操作规程。

二、防止措施

纯净水是一种特殊的产品，一旦受到少数微生物污染，就可能超标，甚至出现絮状沉淀等后果。因此，控制微生物污染是生产企业一项非常重要的工作。生产过程中任何一个环节受到污染，都会影响产品的质量，因此控制纯净水微生物污染应全方面地考虑。

① 根据水源的特点，设计出合理的生产流程，且为了便于对产品卫生质量的控制，所设计的生产工艺流程应尽量简短。而后根据流程设计配备适合的水处理和生产设备，选择符合水消毒的灭菌系统。目前，我国矿泉水和纯净水多使用紫外线、超滤和臭氧作为除菌和消毒杀菌设施。实践证明，前两种可靠性差，是造成产品不合格的主要因素，臭氧杀菌被认为是目前最好的灭菌方法。

② 定期对生产全程的管道、容器和过滤器等有关设施的清理和消毒，做好瓶、盖和灌装间的消毒工作。灌装作业时，瓶和盖及灌装间一定要保证无菌，否则产品中一定有微生物存在。实际生产中，多采用二氧化氯（ClO_2）对管道和包装物进行消毒，该药物具有很强的氧化和消毒作用，使用时应加强对消毒药物的质量监控，保证其消毒效果。

③ 加强自身卫生管理，强化食品卫生质量意识，指定专人负责卫生工作，设立专职卫生检验机构，加强对水源、包装物、灌装间空气和产品检测，制定从水源管理、杀菌、灌装、包装到个人卫生各环节的卫生管理制度，加强食品卫生知识的培训学习，掌握消毒方法和明确微生物容易污染的关键环节。

第六节　瓶装水质量标准

一、感官指标

瓶装水分为饮用矿泉水和饮用纯净水，其具体感官质量标准见表 7-3 和表 7-4。其中，饮用天然矿泉水的标准适用于其水源水及其灌装产品。

表 7-3　饮用天然矿泉水感官质量标准

项　　目	要　　求
色度/度	≤15,并不得呈现其他异色
浑浊度/NTU	≤5
臭和味	具有本矿泉水的特征性口味,不得有异臭、异味
肉眼可见物	允许含有少量的天然矿物盐沉淀,但不得含有其他异物

表 7-4　饮用纯净水感官质量标准

项　　目	要　　求	项　　目	要　　求
色度/度	≤5,并不得呈现其他异色	嗅和味	不得有异臭、异味
浑浊度/NTU	≤1	肉眼可见物	不得检出

二、理化指标

国家规定了饮用天然矿泉水中的化学元素含量的上限，其具体限量指标参见表 7-5，其具体理化标准参见表 7-6。饮用纯净水理化标准参见表 7-7。其中，饮用天然矿泉水的标准适用于其水源水及其灌装产品。

表 7-5　天然矿泉水的限量指标

项　目	指　标	项　目	指　标
硒/(mg/L)	<0.05	银/(mg/L)	<0.05
锑(mg/L)	<0.005	溴酸盐/(mg/L)	<0.01
砷/(mg/L)	<0.01	硼酸盐(以 B 计)/(mg/L)	5
铜/(mg/L)	<1.0	亚硝酸盐(以 NO_2^- 计)/(mg/L)	<0.1
钡/(mg/L)	<0.7	硝酸盐(以 NO_3^- 计)/(mg/L)	<45.0
镉/(mg/L)	<0.003	挥发物(以苯酚计)/(mg/L)	<0.002
铬/(mg/L)	<0.05	氰化物(以 CN^- 计)/(mg/L)	<0.01
铅/(mg/L)	<0.01	阴离子合成洗涤剂/(mg/L)	<0.3
汞/(mg/L)	<0.001	矿物油/(mg/L)	0.05
锰/(mg/L)	<0.4	总 β 放射性/(Bq/L)	<1.5
镍/(mg/L)	<0.02		

表 7-6　饮用天然矿泉水理化标准

项　目		指　标
锂/(mg/L)	≥	0.20
锶/(mg/L)	≥	0.20 (含量在 0.20～0.40mg/L 范围时,水温必须在 25℃以上)
锌/(mg/L)	≥	0.20
碘化物/(mg/L)	≥	0.20
偏硅酸/(mg/L)	≥	25.0 (含量在 25.0～30.0mg/L 范围时,水温必须在 25℃以上)
硒/(mg/L)	≥	0.010
游离二氧化碳/(mg/L)	≥	250
溶解性总固体/(mg/L)	≥	1000

表 7-7　饮用纯净水理化标准

项　目	指　标	项　目	指　标
铅(以 Pb 计)/(mg/L)	≤ 0.01	溴酸盐/(mg/L)	≤ 0.01
砷(以 As 计)/(mg/L)	≤ 0.01	挥发酚(以苯酚计)/(mg/L)	≤ 0.002
镉(以 Cd 计)/(mg/L)	≤ 0.05	氰化物(以 CN^- 计)/(mg/L)	≤ 0.05
游离氯/(mg/L)	≤ 0.05	亚硝酸盐(以 NO_2^- 计)/(mg/L)	≤ 0.002
四氯化碳/(mg/L)	≤ 0.002	阴离子合成洗涤剂/(mg/L)	≤ 0.3
三氯甲烷/(mg/L)	≤ 0.02	总 α 放射性/(Bq/L)	≤ 0.5
耗氧量(以 O_2 计)/(mg/L)	≤ 2.0	总 β 放射性/(Bq/L)	≤ 1

三、微生物指标

具体微生物质量标准参见表 7-8 和表 7-9。

表 7-8　饮用天然矿泉水微生物指标

项　目	要　求	项　目	要　求
大肠菌群/(MPN/100mL)	0	铜绿假单胞菌/(CFU/250mL)	0
粪链球菌/(CFU/250mL)	0	产气荚膜梭菌/(CFU/50mL)	0

表 7-9　饮用纯净水微生物指标

项　目	采样方案[①]及限量			检验方法
	n	c	m	
大肠菌群/(CFU/mL)	5	0	0	GB 4789.3 平板计数法
铜绿假单胞菌/(CFU/250mL)	5	0	0	GB/T 8538

① 样品的采样及处理按 GB 4789.1 执行。

177

第七节　瓶装水加工技能综合实训

一、实训内容

【实训目的】

1. 了解瓶装纯净水所选用的主要原料性质和成分；掌握纯净水的生产工艺流程。
2. 写出书面实训报告。

【实训要求】

4～5 人为一小组，以小组为单位，从选择、购买原料及选用必要的加工机械设备开始，让学生掌握操作过程中的品质控制点，抓住关键操作步骤，利用各种原辅材料的特性及加工中的各种反应，使最终的产品质量达到要求。

【材料设备与试剂】

（1）主要仪器　原水泵、微孔过滤器、贮水罐、电渗析设备、活性炭过滤器、中间罐、反渗透装置、增压泵、臭氧旋流混合器、臭氧发生器、洗瓶灌装封口机。

（2）主要原料　原水。

【工艺流程示意图】

原水→精滤→电渗析→活性炭过滤→反渗透→臭氧灭菌→灌装→质检→包装→成品

【操作要点】

1. 取天然矿泉水、井水或自来水作为原水，打开原水泵将水泵入微孔过滤器中进行精滤。

2. 精滤后通过电渗析设备，调整电渗析器的出水包括淡水、浓水和极水三部分的水流量，根据所选用设备的淡水流量来调整浓水和极水两部分的水流量。电渗析器是利用离子交换膜的选择透过性进行工作，最终达到一部分水除盐，一部分水被浓缩的目的。所得滤液引入中间罐。

3. 电渗析后使水缓慢通过活性炭过滤器，该设备能去除水中的余氯，异味及金属物质、高分子有机化合物，降低水中浓度、色度。一般作为前级处理，提高后续系统的使用寿命和出水水质，能去除清水中异色、异味和金属物质、高分子有机化合物。

4. 反渗透又称逆渗透（RO），用足够的压力使溶液中的溶剂（通常指水）通过反渗透膜（或称半透膜）分离出来，它的孔径很小，能去除滤液中的离子范围和分子量很小的有机物，如细菌、病毒、热原等。反渗透后将水引入贮水罐中。

5. 通过增压泵将水泵入臭氧机进行灭菌处理。臭氧混合器是为加强臭氧杀菌特设的设备在里面，可促使臭氧与水充分混合。控制臭氧量使出口臭氧水浓度达到国家规定的 0.4mg/L 标准。

6. 臭氧灭菌后，使用洗瓶灌装封口机进行灌装。

【注意事项】

1. 水处理车间应为封闭间，灌装车间应封闭并设空气净化装置，空气清洁度应达到1000 级。

2. **精滤**

应根据水质情况及水处理的能力的要求，选择不同规格型号的微孔过滤器。使用 PE 过滤管过滤器时，当其过滤管上的污垢增多，滤阻增大时，可利用压缩空气反吹或清水反冲洗的方法清洗过滤管。通过此步精滤能有效去除水中杂质、沉淀和悬浮物。

3. 电渗析

（1）电渗析器的主要组成部件包括离子交换膜、隔板、隔网和电极。为避免电渗析器内部结垢，延长使用寿命和酸洗周期，电渗析器应有频繁倒极装置，为避免手动倒极不能严格地长期按时操作，宜采用自动频繁倒极装置。

（2）电渗析器的出水包括淡水、浓水和极水三部分。为保持膜两侧浓淡室压力一致，浓水流量宜与淡水流量相同；为节水可略低于淡水流量。极水流量太高会造成浪费，太低则影响膜的寿命。

（3）电渗析器极水要流畅，以便排出反应物。

4. 活性炭过滤

（1）活性炭的吸附能力与水温、水质及与水接触时间等的关系。

（2）活性炭颗粒的大小对吸附能力有影响水净化常采用颗粒 1.5～3.0mm 的活性炭。

（3）新的活性炭在第一次使用前应洗涤洁净，否则可能有墨黑色水流出。

5. 反渗透

（1）在反渗透装置起动前，进水水质必须满足进水指标的要求，否则将缩短反渗透装置的使用寿命。实际生产中，应根据各种原水水质分析报告，确定原水预处理方案，合理选用反渗透设备。

（2）反渗透作业时，如果一次操作达不到浓缩和淡化的要求效果，可将其产品水送到另一个反渗透单元进行再次淡化。

6. 臭氧灭菌后，应立即进行灌装。

二、实训质量标准

质量标准参考表 7-10。

表 7-10　质量标准参考表

实训程序	工作内容	技能标准	相关知识	单项分值	满分值
一、准备工作	（一）清洁卫生	能发现并解决卫生问题	操作场所卫生要求	3	10
	（二）准备并检查工器具	（1）准备本次实训所需所有仪器和容器 （2）仪器和容器的清洗和控干 （3）检查设备运行是否正常	（1）本次实训内容整体了解和把握 （2）清洗方法 （3）不同设备操作常识	7	
二、备料	原水的选择	按照产品类型选择原水	引用原水的质量标准	15	15
三、水的净化	（一）精滤	根据原水情况选择精滤设备型号并能使用精滤设备	使用精滤设备的注意事项	10	40
	（二）电渗析	对电渗析设备进行正确选型并能使用电渗析设备	使用电渗析的注意事项	10	
	（三）活性炭过滤	对活性炭设备及活性炭粒径进行正确选型并能使用活性炭过滤设备	使用活性炭过滤器的注意事项	10	
	（四）反渗透	根据水质分析选择反渗透设备并能使用反渗透设备	使用反渗透设备的注意事项	10	
四、灭菌	水的灭菌	掌握瓶装水灭菌的方法	选用适当的灭菌方法	10	10

实训程序	工作内容	技能标准	相关知识	单项分值	满分值
五、封口与灌装	灌装、封口	能使用灌装封口一体机	使用灌装封口一体机的注意事项	10	10
六、实训报告	(一)实训内容	实训完毕能够写出实训具体的工艺操作		5	15
	(二)注意事项	能够对操作中需注意的问题进行分析比较	—	5	
	(三)结果讨论	能够对实训产品做客观的分析评价探讨	—	5	

三、考核要点及参考评分

（一）考核内容（表7-11）

表7-11　考核内容及参考评分

考核内容	满分值	水平/分值		
		及格	中等	优秀
清洁卫生	3	1	2	3
准备并检查工器具	7	4	5	7
原水的选择	15	8	12	15
精滤	10	6	8	10
电渗析	10	6	8	10
活性炭过滤	10	6	8	10
反渗透	10	6	8	10
水的灭菌	10	6	8	10
灌装、封口	10	6	8	10
实训内容	5	3	4	5
注意事项	5	3	4	5
结果讨论	5	3	4	5

（二）考核方式

实训地现场操作。

四、实训习题

1. 瓶装水的分类

答：瓶装水一般分为饮用天然矿泉水、饮用人工矿泉水和饮用纯净水三种。

（1）饮用天然矿泉水　从地下深处自然涌出的或经钻井采集的，含有一定的矿物盐、微量元素或其他成分，在一定区域未受污染并采取预防措施避免污染的水；在通常情况下，其化学成分、流量、水温等天然动态指标在天然周期波动范围内相对稳定。根据产品中二氧化碳含量分为含气天然矿泉水、充气天然矿泉水、无气天然矿泉水和脱气天然矿泉水。

（2）饮用人工矿泉水　饮用人工矿泉水指的是用地下井、泉水或自来水经过人工矿化处理而制得的与天然矿泉水水质相接近的能饮用的水。

（3）饮用纯净水　饮用纯净水是以符合生活饮用水卫生标准的水为水源，采用蒸馏法、电渗析法、离子交换法、反渗透法及其他适当的加工方法，去除水中的矿物质、有机成分、有害物质及微生物等加工制成的水。

（4）其他饮用水　其他饮用水是由符合生活饮用水卫生标准的采自地下形成流至地表的泉水或高于自然水位的天然蓄水层喷出的泉水或深井水等为水源加工制得的水。

2. 饮用矿泉水加工工艺流程有几种？

答：（1）不含气体矿泉水的生产工艺流程

$$空瓶 \rightarrow 洗涤 \rightarrow 冲洗 \rightarrow 灭菌$$
$$\downarrow$$
水源 → 抽水 → 贮存 → 沉淀 → 粗滤 → 精滤 → 灭菌 → 超滤 → 灌装 → 压盖 → 贴标 → 喷码 → 质检 → 包装 → 成品

（2）含二氧化碳矿泉水的生产工艺流程

$$CO_2 \rightarrow 净化 \rightarrow 压缩 \rightarrow 贮气$$
$$\downarrow$$
水源 → 抽水 → 水、气分离 → 沉淀 → 粗滤 → 精滤 → 灭菌 → 超滤 → 水、气混合 → 灌装 → 压盖 → 贴标 → 喷码
$$空瓶 \rightarrow 洗涤 \rightarrow 冲洗 \rightarrow 灭菌 \qquad\qquad 成品 \leftarrow 包装 \leftarrow 质检$$

3. 实训中涉及两次过滤，分别使用何种过滤器，两种过滤器主要可以滤除水中的何种杂质？

答：微孔过滤器：有效去除水中杂质，沉淀和悬浮物。

活性炭过滤器：去除水中的余氯，异味及金属物质、高分子有机化合物，降低水中浓度、色度。

4. 使用反渗透设备有哪些注意事项？

答：（1）在反渗透装置起动前，进水水质必须满足进水指标的要求，否则将缩短反渗透装置的使用寿命。实际生产中，应根据各种原水水质分析报告，确定原水预处理方案，合理选用反渗透设备。

（2）反渗透作业时，如果一次操作达不到浓缩和淡化的要求效果，可将其产品水送到另一个反渗透单元进行再次淡化。

（3）反渗透膜按材质的不同又聚酰胺膜、聚砜膜、醋酸纤维膜、复合膜等，按其结构分有中空式和卷式等类型。在生产中，反渗透膜对于水质也有一定的要求

5. 为什么臭氧灭菌后应立即进行灌装？

答：经灭菌后水中含有残留的臭氧，对灌装中使用的瓶盖等起到杀菌作用，而且可抑制带入产品中细菌及其芽孢的生长繁殖，保证产品的质量。

思 考 题

1. 天然矿泉水概念。
2. 简述饮用矿泉水的生产工艺及操作要点。
3. 纯净水的概念及其生产要点。
4. 人工矿泉水的生产方法。

第八章 其他饮料加工技术

【学习目标】

1. 掌握固体饮料脱水的处理及功能性饮料的生产方法。
2. 理解生产固体饮料和功能性饮料所用的主要原料性质、用量、作用。
3. 了解其包装的重要性。

第一节 固体饮料加工工艺

固体饮料是指以果汁、植物抽提物、糖或食品添加剂等为原料,加工制成粉末状、颗粒状或块状的制品。其成品水分不高于 7.0%(质量分数),必须经过冲溶后才能饮用。相对于液体饮料来说,固体饮料有体积小、饮用方便、包装简易、运输方便和易于保持卫生等优点。

固体饮料根据其组分不同,可以分为三类:果香型固体饮料、蛋白型固体饮料以及其他固体饮料。按存在的状态分类又可以分为:粉末状固体饮料、粒状固体饮料和块状固体饮料。按成品特性分为营养型固体饮料、清凉型固体饮料和嗜好型固体饮料。根据 GB/T 29602—2013《固体饮料》可以分为以下七类:

(1)风味固体饮料 以食用香精(料)、糖(包括食糖和淀粉糖)、甜味剂、酸味剂、植脂末等一种或几种物质作为调整风味主要手段,添加或不添加其他食品原辅料和食品添加剂,经加工制成的固体饮料。如:果味固体饮料、乳味固体饮料、茶味固体饮料、咖啡味固体饮料、发酵风味固体饮料等。

(2)果蔬固体饮料 以水果和(或)蔬菜(包括可食的根、茎、叶、花、果)或其制品等为主要原料,添加或不添加其他食品原辅料和食品添加剂,经加工制成的固体饮料。

① 水果(果汁)粉 以水果或其汁液为原料,不添加其他食品原辅料,可添加食品添加剂,经加工制成的固体饮料。

② 蔬菜(蔬菜汁)粉 以蔬菜或其汁液为原料,不添加其他食品原辅料,可添加食品添加剂,经加工制成的固体饮料。

③ 果汁固体饮料 以水果或其汁液、水果粉为主要原料,可添加糖(包括食糖和淀粉糖)和(或)甜味剂等一种或几种其他食品原辅料和食品添加剂,经加工制成的固体饮料。

④ 蔬菜汁固体饮料 以蔬菜或其汁液、蔬菜粉为主要原料,可添加糖(包括食糖和淀粉糖)和(或)甜味剂、食盐等一种或几种其他食品原辅料和食品添加剂,经加工制成的固体饮料。

⑤ 复合果蔬粉 两种或两种以上的水果粉、蔬菜粉或果汁粉和蔬菜汁粉复合而成的固体饮料。

⑥ 复合果蔬固体饮料 两种或两种以上的水果粉、蔬菜粉或果汁粉和蔬菜汁粉为原料,可添加糖(包括食糖和淀粉糖)和(或)甜味剂、食盐等一种或几种其他食品原辅料和食品添加剂,经加工复合而成的固体饮料。

（3）蛋白固体饮料 以乳和（或）乳制品，或其他动物来源的可食用蛋白，或含有一定量蛋白质的植物果实、种子或果仁或其制品等为原料，添加或不添加其他食品原辅料和食品添加剂，经加工制成的固体饮料。

① 含乳蛋白固体饮料 以乳和（或）乳制品为原料，可添加糖（包括食糖和淀粉糖）和（或）甜味剂等一种或几种其他食品原辅料和食品添加剂，经加工制成的固体饮料。

② 植物蛋白固体饮料 以含有一定蛋白质含量的植物果实、种子或果仁或其制品为原料，可添加糖（包括食糖和淀粉糖）和（或）甜味剂等一种或几种其他食品原辅料和食品添加剂，经加工制成的固体饮料。

③ 复合蛋白固体饮料 以乳和（或）乳制品，或其他动物来源的可食用蛋白，或含有一定蛋白质含量的植物果实、种子或果仁或其制品等中的两种或两种以上为主要原料，可添加糖（包括食糖和淀粉糖）和（或）甜味剂等一种或几种其他食品原辅料和食品添加剂，经加工制成的固体饮料。

（4）茶固体饮料 以茶叶的提取液或其提取物或直接以茶粉（包括速溶茶粉、研磨茶粉）为原料，添加或不添加其他食品原辅料和食品添加剂，经加工制成的固体饮料。

① 速溶茶（速溶茶粉） 以茶叶的提取液为主要原料，或采用茶鲜叶榨汁，不添加其他食品原辅料，可添加食品添加剂，经加工制成的固体饮料。

② 研磨茶粉 以茶叶或茶鲜叶为原料，经干燥、研磨或粉碎等物理方法制得的粉末状固体饮料，如抹茶、超微茶粉。

③ 调味茶固体饮料 以茶叶的提取液或其提取物或直接以茶粉（包括速溶茶粉、研磨茶粉）为原料，添加其他食品原辅料和添加剂，经加工制成的固体饮料。

a. 果汁茶固体饮料 以茶叶的提取液或其提取物或直接以茶粉、果汁（水果粉）为原料，可添加糖（包括食糖和淀粉糖）和（或）甜味剂等一种或几种其他食品原辅料和食品添加剂，经加工制成的固体饮料。

b. 奶茶固体饮料 以茶叶的提取液或其提取物或直接以茶粉、乳或乳制品为原料，可添加糖（包括食糖和淀粉糖）和（或）甜味剂等一种或几种其他食品原辅料和食品添加剂，经加工制成的固体饮料。

（5）咖啡固体饮料 以咖啡豆及咖啡制品（研磨咖啡粉、咖啡的提取液或其浓缩液，速溶咖啡等）为原料，添加或不添加其他食品原辅料和食品添加剂，经加工制成的固体饮料。

① 速溶咖啡 以咖啡豆及咖啡制品（研磨咖啡粉、咖啡的提取液或其浓缩液，速溶咖啡等）为原料，不添加其他食品原辅料，可添加食品添加剂，经加工制成的固体饮料。

② 研磨咖啡（烘焙咖啡） 以茶咖啡豆为原料，经干燥、烘焙和研磨制成粉末状固体饮料。

③ 速溶/即溶咖啡饮料 以咖啡豆及咖啡制品（研磨咖啡粉、咖啡的提取液或其浓缩液、速溶咖啡等）为原料，可添加糖（包括食糖和淀粉糖）和（或）甜味剂、乳或乳制品、植物末等一种或几种其他食品原辅料和食品添加剂，经加工制成的固体饮料。

（6）植物固体饮料 以植物及其提取物（水果、蔬菜、茶、咖啡除外）为主要原料，添加或不添加其他食品原辅料和食品添加剂，经加工制成的固体饮料。

① 谷物固体饮料 以谷物为主要原料，添加或不添加原辅料和食品添加剂，经加工制成的固体饮料。

② 草本固体饮料 以药食同源或国家允许使用的植物（包括可食的根、茎、叶、花、果）或其制品的一种或几种为主要原料，添加或不添加原辅料和食品添加剂，经加工制成的固体饮料。如凉茶固体饮料、花卉固体饮料。

③ 可可固体饮料 以可可为主要原料，添加或不添加原辅料和食品添加剂，经加工制

成的固体饮料。如可可粉、巧克力固体饮料。

(7) 特殊用途固体饮料 通过调整饮料中营养成分的种类及其含量，或加入具有特殊功能成分适应人体需要的固体饮料。如运动固体饮料、营养固体饮料、能量固体饮料、电解固体饮料等。

目前，固体饮料正朝着组分营养化、品种多样化、包装优雅化、携带方便化的方向发展。

一、果香型固体饮料加工工艺

果香型固体饮料是指以糖、果汁（或不加果汁）、营养强化剂、食用香精或着色剂等为原料，加工制成的用水冲溶后具有色、香、味与品名相符的制品。果香型固体饮料可以分为果味型固体饮料和果汁型固体饮料。果味型固体饮料的原果汁含量通常在 2.5％ 以下，或不含原果汁。而果汁型固体饮料的原果汁含量通常在 2.5％ 以上，甚至全部由原果汁制造而成。

1. 主要原料

果香型固体饮料的主要原料有甜味料、酸味料、香料、果汁、食用色素、麦芽糊精等。

(1) 果汁 果汁是果汁型固体饮料的主要原料。它除了使产品具有相应鲜果的色、香、味外，还提供人体必需的营养素，如糖、维生素、无机盐等。苹果、广柑、橘子、杨梅、猕猴桃、刺梨、葡萄等鲜果，经过破碎、压榨、过滤、浓缩，均可制成高浓度的果汁。果汁在生产过程中，要注意避免和铜、铁等金属容器接触，操作要快速，浓缩温度要尽可能低，尽量不接触空气，以保证果汁中的营养成分特别是维生素 C 少受破坏。果汁浓度的高低，需根据固体饮料的生产工艺而定。若采用喷雾干燥法或浆料真空干燥法，则果汁浓度可低些，否则果汁浓度应尽可能高，一般要求达到波美度 40°Bé 左右，以便饮料能尽量多含一些果汁成分。产品中鲜汁含量一般为 20％ 左右。

(2) 甜味料 甜味料是果香型饮料的主要原料之一，是该类产品甜味的主要来源。蔗糖、葡萄糖、果糖、麦芽糖等均可作为甜味原料，但一般都采用蔗糖，因为蔗糖比较便宜，保管比较容易，工艺性能较好，使用时一般通过加热配成 60％～65％ 的糖液。蔗糖来自甘蔗，也可取之于甜菜，在外观上，要求洁白、干爽，晶体大小基本一致，无杂质，无异常气味，应该保存于干燥处。

(3) 酸味料 酸味料是果味型饮料的主要原料。它使产品具有酸味，起到调味、促进食欲的作用。柠檬酸、苹果酸、酒石酸等均可作为酸味料，其中最常用的是柠檬酸，因为其酸味比较纯和。柠檬酸一般为白色结晶，容易受潮和风化。一般用量为 0.7％～1.0％。使用时一般通过加热配成 50％ 的溶液。宜存放于阴凉干燥处，注意加盖，避免受潮。

(4) 香精香料 香精香料使产品有各种鲜果的香气和滋味。甜橙、橘子、柠檬、香蕉、杨梅、樱桃等均可作为果味型食用香精，但必须溶解于水，并且香气浓郁而不刺激，一般用量为 0.5％～0.8％。应存放于阴凉干燥处，避免日晒和靠近热源。

(5) 食用色素 食用色素使产品具有与鲜果相应的色泽和鲜果的真实感，从而提高其商品价值。一般使用的食用色素有胭脂红、苋菜红、柠檬黄、亮蓝、姜黄、甜菜红、红花黄色素、虫胶色素、叶绿素铜钠盐、焦糖色等。近年来，天然色素正在被广泛研究，它优于人工合成色素，是目前的发展趋势。无论何种色素，其用量都不能超过国家食品卫生标准的规定。各种食用色素都必须存放于阴凉干燥处，封盖完好。

(6) 麦芽糊精 麦芽糊精是白色粉状物，由淀粉经低度水解而制成，为 D-葡萄糖的一种聚合物，其组成主要是糊精。它可以用来提高饮料的黏稠性和降低饮料的甜度。如果饮料需要较高甜度或需保持透明清晰时，则可不必添加麦芽糊精。

2. 果香型固体饮料的加工工艺流程

配料→成型→烘干→过筛→检验→包装→成品

3. 主要工艺说明

（1）配料　在此工序中，各种成分被粉碎得很细，按照配方混合后，成为一种粉状产品。粉碎所使用的设备一般为筛片式磨粉机。这种干燥的条件下，混合得很彻底。此操作中要注意以下问题：

① 配料时必须按照配方投料。合料的设备有很多种，一般多采用单浆槽型混合机。其主要部件是盛槽，槽内有电动搅拌浆，槽外面有齿轮联动的把手，还有料槽的支架等，使得各种原料能在料槽内充分混合，并在混合完毕后机动倒出。

果味固体饮料一般的配方是砂糖97%、柠檬酸或其他食用酸1%、各种香精0.8%，食用色素控制在国家食品卫生标准以内。果汁型固体饮料的配方基本上与果味型相同，不同之处在于以浓缩果汁取代全部或绝大部分香精。柠檬酸和食用色素也可以不用或少用。两者均可在上述配方的基础上加进糊精，以减少甜度。

② 砂糖需先粉碎为能通过80～100目的细粉，得到的糖粉在投料之前必须经过60目筛，以免粗糖粉或其结块混入合料机，有利于糖粉能充分地与其他各种原料混合，更有效地吸收其他成分，以保证合料均匀，不出色点和白点。

③ 若需投入麦芽糊精，同样需先经筛子筛出，然后继糖粉之后投料。

④ 食用色素和柠檬酸在投料前需先用水溶解，投料时搅拌混合。

⑤ 投入混合机的全部用水，以保持在全部投料量的5%～7%为宜。全部用水包括果汁中的含水量和用以溶解食用色素和溶解柠檬酸的水，也包括了香精。若用水过多，则成型机不好操作，并且颗粒坚硬，影响质量；若用水过少，则产品不能形成颗粒，只能形成粉状，不合乎质量要求。若使用果汁取代香精，则果汁浓度必须尽量高，并且绝对不能加水合料。

（2）成型　将配料混合均匀、干湿适当的坯料放进颗粒成型机造型，使之成为颗粒状。成型设备一般采用摇摆式颗粒成型机，主要部件是加料槽，反正旋转的带有刮板和筛网的圆筒、网夹管、减速装置和支架等。通过旋转滚筒，将混合好了的坯料从筛网挤压而出。筛网可随时更换，一般为6目。颗粒大小与成型机筛网孔眼大小有直接关系，必须合理选用。一般以6～8目筛网为宜。造型后成颗粒状的坯料由成型机出料口进入盛料盘。

（3）烘干　颗粒状的坯料放进干燥箱进行干燥。通常采用蒸汽真空干燥法，主要设备是在箱体内装上蒸汽管或蒸汽薄板，供蒸汽进入进行加热，并供冷水进行冷却。另外还可采用远红外干燥法，其主要设备是在干燥箱内装上远红外电热板以取代蒸汽管。也可以采用热风沸腾干燥法，其主要原理是吹风通过靠近干燥箱前面的蒸汽排管，然后将热风吹入长方形的干燥箱。此法能源消耗较少，便于较大规模生产，但颗粒较难控制。烘烤温度应保持80～85℃，以取得产品较好的色、香、味。

（4）过筛　将完成烘烤的产品通过6～8目筛子进行筛选，以除掉较大颗粒或少量结块，使产品颗粒大小一致。

（5）包装　将通过检验合格的产品，冷却至室温之后进行包装。若不及时冷却，在较高温度下包装时，则产品容易回潮，引起一系列质变。包装必须紧密，防止污染。

4. 加工中注意事项

① 原料（如果汁）的质量十分重要，要选择尽量新鲜的原料。

② 香味剂的添加要适度。有的产品存在不良风味就是添加超量的香精造成的，使得饮料产生怪味，这是不可取的。只要工艺配方正确，可以不添加香精或尽可能少添加香精。

二、蛋白型固体饮料加工技术

蛋白型固体饮料是指以糖、乳制品、蛋粉、植物蛋白或营养强化剂等为原料，加工制成的制品。在这些共性原料外再加入麦精和可可粉，则可成为可可麦乳精；若另外加入麦精和各种维生素，则成为强化型麦乳精；若另外加入人参浸膏、银耳奶晶等，则成为各种类型的奶晶。麦乳晶和奶晶最大的区别是前者具有较浓的麦芽香和奶香，蛋白质和脂肪含量较高，后者则蛋白质和脂肪含量较低，有添加物的独特滋味。

蛋白型固体饮料具有较好的冲溶性、分散性和稳定性，用 8～10 倍的开水冲饮时，即成为具有独特风味的饮料。它们都具有增加热量和滋补营养的功效，适宜于老弱病人饮用，但不宜作婴幼儿的代用乳。

1. 主要原料

(1) 白砂糖　它是各种蛋白型固体饮料的主要原料。从甘蔗或甜菜取汁，经净化、浓缩、结晶、分蜜、干燥而制成的洁净、干燥的结晶蔗糖。纯度达到 99.6% 以上，水分在 0.5% 以内，呈中性。使用时将白砂糖经加热、过滤配成 60%～65% 的糖液。

(2) 乳制品

① 甜炼乳。它是以新鲜全脂牛奶加糖，经真空浓缩制成，呈淡黄色，无杂质沉渣，无异味及酸败现象，不得有霉斑及病原菌。一般要求水分少于 26.5%，脂肪不低于 8.5%，蛋白质不低于 7%，蔗糖含量 40%～44%，酸度低于 48°T。

② 奶粉。以鲜奶喷雾制成的全脂奶粉，淡黄色粉状，无结块及发霉现象。有显著鲜奶味，无不正常气味。脂肪含量不低于 26%，水分不高于 4%，酸度应低于 19°T。

③ 奶油。它是由新鲜牛奶脱脂所得的乳脂肪加工制成，呈淡黄色，无异味，无霉斑。水分少于 16%，酸度低于 20°T，脂肪大于 80%。

(3) 蛋黄粉　以新鲜蛋黄或与冰蛋黄混合均匀后，经喷雾干燥制成，为黄色粉状，气味正常，无苦味及其他异味，溶解度良好。脂肪不低于 42%，游离脂肪酸少于 5.6%。

(4) 可可粉　以新鲜可可豆发酵干燥后，经烘炒、去壳、榨油、干燥等工序加工制成，呈深棕色，有天然可可香，无受潮、发霉、虫蛀、变色等不正常气味。水分少于 3%，脂肪 16%～18%，细度以能通过 100～120 目为准。

(5) 麦精　呈棕黄色，有显著麦芽香味，无发酵味、焦苦味及其他不正常气味，酸度不超过 0.8%，水分少于 22%，浓度大于 41.5°Bé (20℃)。

(6) 柠檬酸　可以帮助形成奶油芳香，并有利于乳的稳定性。一般用量为 0.002%。它是白色晶体，容易受潮和风化，应存放于阴凉干燥处。

(7) 小苏打（碳酸氢钠）　用以中和原料带来的酸度，以避免蛋白质受酸的作用而产生沉淀和上浮现象。可采用药用级或食用级产品。

(8) 维生素　作为强化剂，用来生产强化麦乳精。经常采用的是维生素 A (VA)、维生素 D (VD) 和维生素 B_1 (VB$_1$)。其中 VA 和 VD 是脂溶性维生素，而 VB$_1$ 是水溶性维生素，都应该符合药用要求。

(9) 麦芽糊精　用于生产具有特殊风味的奶晶，如人参奶晶、银耳奶晶等以降低其甜度并增加其黏稠性。

(10) 其他添加物　主要是指用以生产具有特殊风味的奶晶饮料所需要的添加物，如人参浸膏、银耳浓浆等。这些添加物的采用，必须符合食品卫生法的规定。

2. 蛋白型固体饮料的加工工艺流程

目前，蛋白型饮料的生产主要采用间歇式浆料真空干燥工艺。其主要生产工艺如下：

化糖及配料→混合→乳化→贮存→脱气→贮存→装盘→干燥→粉碎→贮存→检验→包装→检验→成品

3. 主要工艺说明

（1）化糖及配料　化糖是在化糖锅中进行的。化糖锅为夹层，通入蒸汽加热。内壁为不锈钢，有搅拌桨叶，便于搅匀各种糖料，加速溶化操作。先在化糖锅中加入一定量水，然后按照配方加入砂糖、葡萄糖、麦精及其他添加物如人参浸膏、银耳浓浆等，在 90～95℃ 条件下搅拌溶化，使全部溶解。然后用 40～60 目的筛网过滤，进入混合锅。待温度降至 70～80℃ 时，在搅拌情况下加入适量碳酸氢钠，以中和各种原料可能引入的酸度，从而避免随后与之混合的奶质引起的凝结现象。碳酸氢钠的加入量，随各种原料酸度高低而定，一般加进为原料总投放量的 0.2% 左右。

先在配浆锅中，加入适量的水，然后按照配方加入炼奶、蛋粉、奶粉、可可粉、奶油，使温度升高至 70℃，搅拌混合。蛋粉、奶粉、可可粉等需先经 40～60 目的筛子，避免硬块进入锅中而影响产品质量。奶油应先经熔化，然后投料。浆料混合均匀后，经 40～60 目筛网进入混合锅。

各种原料具体的配比是根据原料的成分情况和产品的质量要求计算决定的。例如：一般麦乳精的配比是：奶粉，4.8%；葡萄糖粉，2.7%；炼奶，42.9%；奶油，2.1%；蛋粉，0.7%；柠檬酸，0.002%；麦精，18.9%；小苏打，0.2%；可可粉，7.6%；砂糖，20.1%。

（2）混合　在混合锅中，使糖液与奶浆充分混合，并加入适量的柠檬酸以突出奶香并提高奶的热稳定性。柠檬酸用量一般为全部投料量的 0.002%（对料重），以突出乳香。

（3）乳化　可用均质机、胶体磨、超声波乳化机等进行两道以上的乳化。这一过程的主要作用是使浆料中的脂肪滴破碎成尽量小的微液滴，增大脂肪滴的总面积，改变蛋白质的物理状态，减缓或防止脂肪分离，从而大大地提高和改善产品的乳化性能。

（4）脱气　浆料在乳化过程中混进了大量的空气，如不加以排除，则浆料在干燥时势必发生气泡翻滚现象，使浆料从烘盘中逸出，造成损失。因此必须将乳化后的浆料在浓缩锅中脱气，以防止不良现象的产生。浓缩脱气所需的真空度为 96kPa（720mmHg），蒸汽压力控制在 0.1～0.2MPa。当浆料不再有气泡翻滚时，则说明脱气已经完成。浓缩脱气还有调整浆料水分的作用，一般应使完成脱气的浆料水分控制在 28% 左右，以待分盘干燥。

（5）装盘　装盘就是将脱气完毕并且水分含量合适的浆料分装于烘盘中。每盘数量需根据烘箱具体性能及其他实际操作条件而定，每盘浆料厚度一般为 7～10mm。

（6）干燥　将已装料的烘盘放在干燥箱内的蒸汽排管上或蒸汽薄板上，加热干燥。干燥初期，真空度保持在 90.7～93.3kPa，随后提高到 96.0～98.7kPa，蒸汽压力控制在 0.15～0.20MPa。通气干燥时间为 90～100min。干燥完毕后，不能立即消除真空，必须先停止蒸汽，然后放进冷却水进行冷却约 30min。待料温度下降以后，才消除真空，再卸料。全过程约为 120～130min。

（7）粉碎　将干燥完成的蜂窝状的整块产品，放进轧碎机中轧碎，使产品基本上保持均匀一致的鳞片状。在此过程中，要特别重视卫生要求，所有接触产品的机件、容器及工具等均需保持洁净，工作场所要有空调设备，以保持温度在 20℃ 左右，相对湿度 40%～45%，避免产品吸潮而影响产品质量，并有利于正常进行包装操作。

（8）检验　产品轧碎后，在包装前必须按照质量要求抽样检验。包装后，则着重检验成品包装质量。

（9）包装　检验合格的产品，可在有空调的条件下进行包装，包装一般应保持温度在 20℃ 左右，相对湿度 40%～45%。包装过程是通过包装机完成的。根据不同的包装材料

（如：塑料袋、玻璃瓶、铁听等），而采用不同的封装设备。一般采用电热压封机以封闭预先制好的袋子。另外，还有一种自动称量和自动封口的塑料封袋机。铁听封口则与罐头封盖一样，可以采用多种形式和不同自动化程度的封盖机。玻璃瓶装的产品，一般都靠手工拧紧，亦可考虑采用机械代替手工。

4. 加工中注意事项

① 注意 VA、VD 及 VB$_1$ 的投料问题。生产强化麦乳精时，需加入 VA、VD 及 VB$_1$ 以达到产品质量要求。由于 VA、VD 不溶于水而溶于油，因此应先将其溶于奶油中，然后投料。VB$_1$ 溶于水，可在混合锅中投入。

② 如果蛋白型固体饮料中加入了人参浸膏、银耳浓浆等添加物，则一般不再加麦精，以便显示这些添加物的独特香味。此类产品的脂肪和蛋白质含量较低，一般只为 4%～5%。为降低其甜度并增加其黏稠性，可加进 10%～20% 的麦芽糊精。

三、其他类型固体饮料加工技术

前面两节分别介绍了果香型固体饮料和蛋白型固体饮料，除此以外，其他类型固体饮料也是种类繁多，包罗万象。

其他类型固体饮料是指以植物的根、茎、叶、花、果为主要原料，经抽提（或不抽提）、浓缩（或不浓缩）、干燥等工序而制成的制品。它包括冲溶后产生气体的固体饮料，如产气固体饮料；具有一定疗效的固体饮料，如菊花晶和何首乌等；具有补血效果的固体饮料，如补血乐等；以及具有特定疗效的固体饮料，如生柿液饮料粉等。另外还有功能性固体饮料、固体速溶茶饮料、方便粥、方便糊固体饮料、粉末酒精饮料、固体葡萄糖、固体蜂蜜粉、花粉晶、可可、咖啡固体饮料、蔬菜型固体饮料、速溶营养麦片、片剂饮料等。

按照生产方法，可以分为两大类：第一类是将各种原料进行配料、成型、烘干、筛分、包装或先干燥、粉碎然后混合、包装。此法简单，只要控制好原料的质量，就可以得到较好的产品；第二类是采用混合、均质、脱气、干燥等工序进行加工，与生产蛋白固体饮料相似。此法适合于生产质量较高的产品。对于一些高档饮料还可以采取萃取工艺和造粒工艺。

1. 固体汽水

固体汽水是一种用水冲溶时能产生 1～2 倍气体的固体饮料，所产生的气体是二氧化碳气体，含气量已接近瓶装或听装果汁汽水的含气量。生产工艺中采用高精度的粉碎机可将各种原料磨得很细，细度可以达到几分之一微米以内；然后采用高精度的混合机使原料得到彻底充分的混合；再加入甜味料、酸味料、着香料和产气物料等基本原料，最后进行产品包装。产品经过较长时间保存后，仍能在冲饮时产生较多气体，并且饮料清晰，味道纯正。有的产品采用独特的方法制备能够产气的原料，如碳酸钙、碳酸氢钠等；有的是在基本配方中加入某些原料，如纤维素、磷酸钙、甘露糖醇等；有的是在产品中另加分子筛以吸附二氧化碳。

2. 菊花晶

首乌晶、麦冬酸梅晶等均属此类。其特点是采用既可以食用，又有一定疗效的植物性的花、果、根等作为原料，用水或其他无毒的溶剂浸出其有用成分，除去残渣，将浸液中的溶剂蒸馏回收，再将除掉溶剂的溶液浓缩至一定浓度，最后将此浸渍浓汁作为原料与糖粉混合，再经成型、烘干、包装等工序，即成为成品。

生产时要注意以下问题：

① 要选择既可以食用，又有一定特点，并且当地比较丰富的资源作为原料。例如菊花，

是一种传统饮料，有独特、浓郁、稳定的芳香，有疏风、清热、明目、解毒的功能，有较多的资源，因此被普遍采用。

② 要选用合适的溶剂来浸提植物中的有用成分，一是无毒无害，二是不影响产品的味道，三是要有较好的浸提效果，四是要有货源和比较便宜，五是容易回收。例如在浸提菊花时，一般都采用35％左右的酒精溶液。

③ 浸提工艺的选择要从实际出发，从原料的粉碎度、溶媒的pH值、浸提温度、浸提时间以及浸提的方法（包括浸渍、煎煮、渗滤、回流等）等方面加以研究。

3. 补血固体饮料

此种饮料是在富含维生素C（VC）的果汁饮料中，适量加入铁盐和半胱氨酸制成的。铁盐的加入量控制在冲溶后每毫升饮料中含铁 $7\mu g$ 左右。由于铁的加入，会使果汁中的VC受到破坏，因此必须同时加进适量半胱氨酸，不仅可以克服铁对VC的破坏作用，同时还可扼制VC使果汁逐渐褪色的作用。半胱氨酸的最佳加入量是VC重量的 $0.3\%\sim0.9\%$。

4. 山楂原粉

山楂原粉的生产工艺如下：

鲜山楂→去核、去杂质→浸提→过滤→浓缩→添加干燥助剂→保温→喷雾→山楂原粉→不吸湿包装

主要工艺说明如下。

（1）山楂汁的浸提　采用不锈钢夹层锅保温浸提三次，加水量为山楂汁：水＝1：（1～2），时间分别为12h、8h、6h，直至山楂果色发白，味不酸、口尝乏味为止。保温为50～60℃。浸提得率为14％左右。

（2）浓缩　使用单效真空浓缩设备，真空度为650mmHg，进料浓度4～5°Bx，浓缩后出料浓度15°Bx以上，浓缩得率可达95％以上，浓缩后山楂汁色泽、风味皆佳。

（3）喷雾干燥　采用高压喷雾设备。进料温度50～60℃，山楂汁浓度15°Bx，高压泵工作压力为16.7MPa，干燥助剂糊精粉加量0.5％。进风温度120℃，出风温度75～78℃。

（4）不吸湿包装　干燥的山楂原粉迅速冷却后，以不吸湿包装为佳。其成分中水分2％～3％，总糖50％，总酸13.8％，果胶7.2％，维生素E 50mg/100g。

5. 生柿液饮料粉

生柿中含有大量的单宁，对高血压、动脉硬化症有很好的疗效。但是生柿液有强烈的涩味，制成的饮料很难喝。为了消除涩味，如将生柿液稀释，则不能保持药效，而且液态的生柿液携带、保存都很不方便。为了克服此缺点，现已找到了制取粉剂的方法。

（1）生柿液饮料粉的加工工艺流程

生柿→粉碎→自然发酵→过滤→生柿液→加糖、酸等→混合→干燥（成品）→加成型剂→片剂

（2）配比　砂糖80g；葡萄糖20g；酒石酸0.2g；5％单宁生柿液20mL。（注：将5％单宁生柿液20mL，均匀地溶解在上述混合物中，真空干燥、粉碎，得到含单宁1％的粉末饮料。）本产品取5g，溶解在100mL水中，就成为口味清爽的略带涩味的柿饮料。

（3）主要工艺说明　本饮料是将生柿子粉碎，在自然发酵后得到的生柿液中所含的造成异味的挥发性酸，既清除了强烈的涩味和异味，又便于携带、保存。

具体操作是将小粒生柿磨碎，放在室内充分发酵7d以上，过滤得到澄清液体。其中单宁含量为4.5％～6％。适用的糖类包括蔗糖、果糖、葡萄糖、乳糖等，以葡萄糖最理想。因为与其他糖类相比，葡萄糖不易吸湿，并且更容易溶于水。酸味剂可以选用柠檬酸、酒石酸、苹果酸等，此外还可以添加香精、稳定剂。

由上述混合物制造饮料干粉的方法有喷雾干燥法、真空干燥法、冷冻干燥法及加糖类干燥的方法。其中以真空干燥或喷雾干燥最好。

固体饮料产品含水 1%～3%，单宁含量 0.5%～5%，溶解于水后即能饮用，还可以在粉末中加入成型剂，制成更便于携带的片剂。

四、常见质量问题及其预防方法

1. 变味、变色

固体饮料产品出现变味主要是氧化导致的。例如，产品中的脂肪氧化使产品有一种脂肪氧化味。防止措施如下：

① 严格控制各项工艺参数，尤其是杀菌温度和保温时间，必须使解脂酶和过氧化物酶的活性丧失。

② 严格控制产品的水分含量。

③ 保证产品包装的密封性。

④ 产品贮存在阴凉、干燥的环境中。

2. 杂质

固体饮料产品出现杂质度过高的现象，原因如下：

① 原料净化不彻底。

② 生产过程中，受到二次污染。

③ 干燥室热风温度过高导致风筒周围产生焦粉。

④ 分风箱热风调节不当，产生涡流，使乳粉局部受热过度而产生焦粉。

3. 速溶性差

固体饮料产品出现速溶性差，可以采取以下措施：

① 将产品颗粒喷涂卵磷脂。

② 适当增大颗粒直径，尽量使产品颗粒直径均一。这可以通过附聚的办法来解决，当产品颗粒还没有完全干燥时，它们会粘在一起。利用这一特点，我们可以让湿粉粒相互碰撞，然后发生附聚，附聚颗粒的直径通常可以达到 1mm，此时乳粉间的空隙也会变大。附聚的产品颗粒可以很快地在水中分散，然后慢慢溶解，但是经过附聚的颗粒必须能够承受加工过程中的机械性损伤。

4. 结块

固体饮料的包装在开封以后，内容物很容易结块。这是由于一般的固体饮料含水量都比较低，对于果香型固体饮料来说，颗粒状的含水量不大于 2%，粉末状的含水量不大于 5%，麦乳精的含水量不大于 2.5%。这样低的含水量，在外界环境湿度稍高时，就会吸收水分。在某一温度下，各种食品物料与外界环境的相对湿度都有一个平衡时的水分含量。当低于该水分含量时，即发生吸湿导致结块。所以固体饮料在从生产到包装、运输、贮存时，都要注意防止其吸湿。一般包装间的相对湿度应控制在 45% 以下；应选用阻气性好的材料或复合材料来制作包装物；在配料中使用酸时，应选用无水柠檬酸或酒石酸。

五、固体饮料质量标准

1. 感官指标

（1）果香型固体饮料感官标准

① 色泽。冲溶前不应有色素颗粒，冲溶后应具有该品种特有的色泽。

② 颗粒状：疏松、均匀小颗粒、无结块。粉末状：疏松的粉末、无颗粒、无结块，冲溶后呈澄清或均匀浑浊液。

③ 香气和滋味。具有该品种应有的香气及滋味，无刺激、焦煳、酸败及其他异味。

④ 杂质。无肉眼可见的外观杂质。

包装美观完整，清洁无污染，封口严密，重量准确。

感官检验的方法：取 5g 左右均匀混合的被测样品置于一洁净的白色搪瓷皿中，在自然光线下用肉眼观察其色泽和外观形态，按标签上所述的食用方法于透明的玻璃烧杯内用 80℃ 左右蒸馏水冲溶稀释后，立即嗅其香气，辨其滋味，静置 2min 后，看烧杯底部有无杂质。

（2）蛋白型固体饮料感官标准

① 色泽。应基本均匀一致，带有光泽。可可型呈棕红色或棕褐色。强化型呈乳白色到乳黄色。

② 组织状态。颗粒疏松，多孔状，无结块。

③ 冲调性。溶解较快，呈均匀乳浊液，无上浮物。可可型允许有少量可可粉沉淀。

④ 滋气味。可可型具有牛奶、麦精、可可等复合的滋气味；强化型应具有牛奶、麦精和维生素添加物的滋味。甜度适中，无其他异味。

2. 基本技术指标

按照标签标示的冲调或冲泡方法稀释后应符合表 8-1 的规定。

表 8-1 基本技术指标

分类			项目	指标或要求
果蔬固体饮料	水果粉		按原始配料计算 果汁(浆)含量(质量分数)/%	100
	蔬菜粉		蔬菜汁(浆)含量(质量分数)/%	
	果汁固体饮料		果汁(浆)含量(质量分数)/%	≥10
	蔬菜汁固体饮料		蔬菜汁(浆)含量(质量分数)/%	≥5
	复合水果粉、复合蔬菜粉、复合果蔬粉		果汁(浆)或蔬菜汁(浆)含量(质量分数)/%	100
			不同果汁(浆)和蔬菜汁(浆)的比例	符合标签标示
	复合果汁固体饮料、复合蔬菜汁固体饮料、复合果蔬汁固体饮料		果汁(浆)或蔬菜汁(浆)含量(质量分数)/%	100
			不同果汁(浆)和蔬菜汁(浆)的比例	符合标签标示
蛋白固体饮料	含乳固体饮料		乳蛋白含量(质量分数)/%	≥1
	植物蛋白固体饮料		蛋白质含量(质量分数)/%	≥0.5
	复合蛋白固体饮料		蛋白质含量(质量分数)/%	≥0.7
			不同来源蛋白质含量的比例	符合标签标示
	其他蛋白固体饮料		蛋白质含量(质量分数)/%	≥0.7
茶固体饮料	速溶茶粉、研磨茶粉	绿茶	茶多酚含量/(mg/kg)	≥500
		青茶		≥400
		其他茶		≥300
	调味茶固体饮料		茶多酚含量/(mg/kg)	≥200
			果汁含量(质量分数)/%(仅限于果汁茶)	≥5
			乳蛋白质含量(质量分数)/%(仅限于奶茶)	≥0.5
咖啡固体饮料①	速溶咖啡		咖啡因含量/(mg/kg)	≥200
	研磨咖啡			
	速溶/即溶咖啡饮料			
	风味固体饮料 植物固体饮料 特殊用途固体饮料 其他固体饮料		—	

① 声称低咖啡因的产品，咖啡因含量因小于 50mg/kg。

3. 理化指标

理化指标应符合表 8-2 的规定。

表 8-2　理化指标

项　目		指　标	检验方法
水分/%		≤7.0	GB 5009.3
铅/(mg/kg)		≤1.0	GB 5009.12
锡/(mg/kg)		≤150	GB 5009.16
赭曲霉毒素/(μg/kg)	研磨咖啡(烘焙咖啡)	≤5.0	GB5009.96
	速溶咖啡	≤10.0	

4. 微生物指标

微生物指标应符合表 8-3 的规定。

表 8-3　微生物指标

项　目		采样方案[①] 及限量				检验方法
		n	c	m	M	
菌落总数[②]/(CFU/g)		5	2	10^3	$5×10^4$	GB 4789.2
大肠菌落/(CFU/g)		5	2	10	10^2	GB 4789.3 中的平板计数法
霉菌/(CFU/g)		≤50				GB 4789.15
致病菌	沙门菌/(CFU/g)	5	0	0	—	GB 4789.4
	金黄色葡萄球菌/(CFU/g)	5	1	10^2	10^3	GB 4789.10 第二法

① 样品的采样及处理按 GB 4789.1 和 GB/T 4789.21 执行。

② 不适用于活菌（未杀菌）型乳酸菌饮料。

注：豆奶粉、可可固体饮料菌落总数的 $m=10^4$ CFU/g。

第二节　功能性饮料加工技术

一、概况

1. 功能性饮料的定义

功能性饮料是指除营养（一次功能）和感觉（二次功能）之外，还具有调节生理活动（三次功能）的食品。功能性饮料是功能性食品中的一大分支。随着人们对健康的日益关注，功能性保健饮料也日益得到消费者的认同，为饮料工业提供了新的发展方向，它已经成为一种消费新趋向。人们对饮料的需求，不再单纯为解渴，随着保健食品观的兴起，营养、保健型植物蛋白饮料将异军突起，以顺应饮品消费新趋势（纯天然、健康）。

2. 功能性饮料的分类

（1）按原料分类　功能性饮料范围很广，若按原料来分类，可以把它分为两大类。一是利用生物技术开发的新品种饮料，二是传统食品类功能性饮料。利用生物技术开发的新品种饮料目前无论是在品种还是数量上都比较少。而传统食品类功能性饮料占功能饮料的绝大多数，按其性能可分为以下三类：

① 利用普通食品加工的功能性饮料。例如动物类的乌骨鸡、蛇等；植物类的无花果、南瓜、核桃肉、黑色食品（如黑芝麻、黑大豆、黑木耳、黑米）等。由这些原料制得的饮料，营养丰富，大多含有人体必需的氨基酸、维生素、微量元素，各具不同功能。

② 添加"药食两用"物品和营养强化剂的饮料。由卫生部、中医药管理局颁布的共有

68 种。

③ 添加新资源食品的饮料。这类新资源食品在调节人体生理功能方面作用较强，对防治某些疾病效果较好，如绞股蓝、珍珠、芦笋、王浆、银杏叶等。

（2）按功能作用分类

① 疗效饮料。长期饮用对某些常见病具有一定的疗效，例如长期饮用含有银杏黄酮的保健饮料，可对心血管疾病患者有一定的疗效作用。

② 运动饮料。含有维生素、纤维素、氨基酸、矿物质等多种抗疲劳因子的饮料。

③ 健康饮料。含有较多能促进人体有"亚健康状态"向健康状态转变的功能因子，如卵磷脂、益生菌、多酚类等。

④ 兴奋性饮料。含有咖啡因、L-肉碱、牛磺酸等物质的饮料。

（3）按功能成分分类

① 营养素饮料。人们需要的营养素很多，数量也不相同，并不是摄入的营养素越多越好。可以根据不同生理状态下的人对营养素的不同需求，有针对性地设计出营养素饮料，来改善营养素的平衡关系，提高机体的抵抗能力和免疫能力。同时不改变饮料原有的色香味，使强化剂的色调、风味与饮料原有的色调、风味相协调。例如，"高铬水解动物蛋白"饮料是一种保健食品新品种，它对有补铬需求的长期电脑作业者、近视患者和 II 型糖尿病缺铬人群有益、糖耐量异常缺铬人群、老中青缺铬及预防缺铬人群有益。其功效成分为三价铬营养素和胶原蛋白。它是一种"多种营养素补充剂"。

② 纤维饮料。膳食纤维是那些不能被人体消化吸收的多糖类碳水化合物和木质素。这类物质是由许多具有相同物性的多糖组分组成的复合物。按照其对人体的作用，纤维素可以分为水不溶性纤维素和水溶性纤维素。它是天然的抗致癌剂和抗诱变剂，且无副作用，还可以刺激肠壁，加强肠的蠕动，防止便秘。它还可促进肠道内有益的好气性微生物的增殖，预防大肠癌。膳食纤维饮料包括麸皮饮料、带果皮的高纤维饮料、高纤维豆奶、玉米纤维饮料等。目前新型的功能性纤维饮料，其中以葡聚糖为主流。葡聚糖是一种低热量食品原料，它是难以消化的多糖，其黏度不高，容易使用。纤维可以添加到汽水、果汁、矿泉水、乳饮料中，添加量为 $2.5\sim5g/100mL$。

③ 低热量饮料。饮料中广泛使用的蔗糖是一种高热能的甜味剂，摄入过多会导致肥胖、龋齿、糖尿病、冠心病等。因此功能性甜味剂在饮料中起到了越来越重要的作用。功能性甜味剂包括功能性低聚糖、果糖、L-糖、糖醇、强力甜味剂等。使用功能性甜味剂代替蔗糖制成的低能量饮料可以有效地防止以上由于过量摄入高能食品带来的问题。

④ 抗衰老饮料。目前主要指强化了自由基清除剂的一类饮料。

⑤ 保健茶饮料。以茶为主的饮料。茶叶中含有茶多酚、脂多糖、氨基酸、微量元素以及咖啡碱等对人体有特殊的保健作用。

3. 功能性成分

功能性饮料中的功能性成分主要有以下几种：

① 碳水化合物。

② 功能性油脂成分。

③ 活性蛋白质与肽。

④ 微量活性元素。

⑤ 维生素。

⑥ 自由基清除剂（SOD）。

⑦ 其他功能成分：如茶多酚、核酸或其他一些天然植物提取物。

二、发展趋势

近年来，中国饮料工业发展迅速，以年均20％的速度增长，饮料的品种花样不断翻新，并涌现出许多新型的饮料类型。其中的功能性饮料市场正处于明显的加速阶段。有两个重要指标：一是产品的种类明显增多，目前，无论是运动饮料、能量饮料还是保健饮料都有新的产品出现，在很多超市有单独的区域；二是顾客的认知显著增强，消费者调查显示，消费者基本上接受功能饮料和运动饮料的概念，并能大致说出不同功能饮料和运动饮料的区别，因此也形成了坚实的消费基础。

今后，在软饮料行业中，增添某些功能成分的不充气饮料仍然是软饮料市场的主流产品。特别流行的是运动饮料以及新低热量产品，如：添有某种风味的矿泉水等。随着体育运动的兴起、消费者保健意识的加强和日常消费需求的上升，中国运动饮料市场进入了新的发展阶段，上市品种不断增加，品类进一步丰富，消费者认可度稳步提升，销售迅速增长，中国运动饮料产业也成为中国饮料行业的一个亮点。根据Dohler配料生产商的统计，在2003年至2004年，西欧运动饮料的销售量增长4.6％，而功能饮料同期增长11.9％。与2000年比较，增长率甚至更高，运动饮料增长了67.9％，而能量饮料增长了50.3％。

许多新型的功能性饮料产品被开发出来。例如：绞股蓝、刺梨、沙棘和黑加仑饮料；补充钙、铁及微量元素的保健饮料；食用菌保健饮料；蜂王浆、螺旋藻和皂苷饮料以及黄酮、磷脂、壳素、SOD、双歧杆菌、醋、蛋、奶和鱼饮料等。

由于北京2008年奥运会的召开，中国的食品工业获得了独一无二的机遇，即倡导体育运动的重要性并提供积极生活方式所必需的食物和饮料。食品工业的社会责任是帮助普通大众和我们的运动员变得更健康、更强壮。功能性饮料有着广阔的发展前景。

三、功能性饮料加工实例

功能性饮料的基本生产工艺和相同类型的一般饮料的基本工艺过程大致相同。其一般的加工工艺为：

功能性原料的提取→调配→定容→加香→杀菌→灌装→冷却→包装

由于功能性饮料的原料众多，特性各异，所以提取、调制、后处理等工艺过程也就各不相同。

1. 一种维生素强化饮料的生产工艺

水处理→配料→UHT杀菌→瓶、盖的预处理→灌装→旋盖→检验1→倾瓶→喷码→冷却→检验2→风干→套、缩标→检验3→装箱

其主要工艺操作说明如下：

(1) 水处理　生产中工艺用水应符合饮料用水的水质要求。其主要指标符合表8-4的要求。

表8-4　饮料用水水质要求

项　目	标　准	项　目	标　准
浊度/度	<2	细菌总数/(个/mL)	≤100
色度/度	<5	大肠菌数/(个/L)	≤3
总硬度(以$CaCO_3$计)/(mg/L)	<100	致病菌	不得检出

(2) 配料

① 称量。按照配料表确定每罐的各种原辅材料用量。称量之前须检查所用原料，禁止用超过保质期、质量出现异常的原料。液态物料（香精）称量之前须摇均匀。称量料要准

确，做好标识，不得误称（量）、漏称（量）。称量后剩余的原辅料要包扎密封。需要冷藏（冻）贮存的，应及时送回冷库。及时记录好每罐所用原辅料的投放量、生产厂家、型号、生产日期及批号。

② 溶糖。生产中选用的是白砂糖。在溶糖缸内加入 85～90℃ 的工艺热水，启动溶糖缸搅拌。按要求加入白砂糖，保持搅拌 10min 至物料完全溶解。停止溶糖缸搅拌，通过板框过滤器、换热器将糖液冷却至 30℃ 以下全部泵入糖浆贮罐。用至少 500kg 工艺用水冲洗溶糖罐及管道，冲洗用水通过板框过滤器泵入糖浆贮罐。通过 300 目过滤器将糖浆贮罐中糖浆全部泵入调和罐。用至少 500kg 工艺用水冲洗糖浆贮罐及管道，冲洗用水通过 300 目过滤器泵入调和罐。溶糖罐、糖浆储罐、过滤器及管道一定要冲顶干净，不得有糖液残留。

③ 浓缩苹果汁的加入。先在调配车中加入 100kg 左右工艺热水，在搅拌情况下缓慢加入浓缩苹果汁，搅拌至完全均匀。称料桶用工艺用水完全清洗干净，洗液倒入调配车。经 200 目管道过滤网过滤，泵入调和罐。用工艺用水清洗调配车，洗液泵入调和罐。

④ 溶解功能物料。在 2～3 个溶料桶内分别加入 1/2 桶 40～50℃ 工艺热水。在搅拌情况下分次缓慢加入各种物料，搅拌至完全溶解。经 200 目管道过滤，泵入调和罐。溶料桶用工艺用水至少清洗 2 次，洗液经 200 目管道过滤，泵入调和罐。

⑤ 溶解酸物料。生产中的酸物料主要包括柠檬酸和食用白醋。在溶料桶内加入 1/2 桶 40～50℃ 工艺热水。在搅拌情况下分次缓慢加入所有物料，搅拌至完全溶解。经 200 目管道过滤，泵入调和罐。溶料桶用工艺用水至少清洗 2 次，洗液经 200 目管道过滤，泵入调和罐。

⑥ 溶解维生素 C。维生素 C 用 30～40℃ 的工艺用水完全溶解后加入调和罐。溶料桶用工艺用水至少清洗 2 次，洗液并入调和罐。

⑦ 加香精。将香精缓慢加入调和罐。盛香精的容器用工艺用水至少清洗 2 次，洗液并入调和罐，保持搅拌。

⑧ 定容。停止调和罐搅拌，加水进行定容。最终定容到要求的体积，料液温度不高于 30℃。启动调和罐搅拌，保持搅拌 10min。灌装过程中保持搅拌。

⑨ 料液检验。搅拌均匀后，用洁净透明 PET 瓶装取样品，冷却至 20～25℃，在光线明亮处观察其颜色和组织状态，应与标准样一致。倒入洁净烧杯中，先闻其味，再口试品尝，应具有活力维生素饮料的香气及滋味，香气柔和协调，口感酸甜适中、爽口无异味，与标准样一致。

理化指标检查，要求符合以下要求：可溶性固形物（20℃）5.1%±0.2%；总酸（以柠檬酸计）1.05g/L±0.05g/L。若以上检验全部合格，则进入下道工序，否则，经调整重新检验合格后方可进入下道工序。

（3）UHT 杀菌　料液经 0.5μm 过滤后进行杀菌。若料液在调和罐贮存 1.5h 以上，重新检验合格后再进行 UHT 杀菌。若采用 115℃±2℃，3～5s 进行高温瞬时杀菌，灌装温度设定为 80℃。杀菌后经 300 目过滤进入灌装。杀菌过程中，要严格按 UHT 操作规程，将灌装前管道残留水排尽。

（4）瓶、盖的预处理　所用瓶、盖须与生产的规格品种相配套。瓶子在成型后 24h 内用完，避免污染。瓶子灌装前须经过工艺用水冲洗，余水沥尽。每箱瓶盖使用前须抽检，要求：无黑点、无霉迹、无异物。瓶盖须经过预消毒。

（5）灌装　可采用热灌装法，PET 瓶包装。灌装前先用工艺用水灌瓶检查，须达到清澈透明、无杂质、无异味。灌装温度 80℃，灌注后瓶中心料液温度不低于 75℃。灌注后瓶内液面控制在瓶颈附近，以容量符合标准为准。若因故暂时停机，控制物料进入循环杀菌状态。

（6）旋盖　封盖前须用60℃以上工艺热水冲洗瓶口，将灌装时溢出残留的料液冲洗干净。灌封好的饮料瓶盖须完整、无划伤、松紧合适，倒瓶不漏，不得有浮盖、断环等封盖不良现象。

（7）检验　检验1中主要检查封口是否完好、瓶内是否有异物、灌装量是否正确。

检验2除了检出检验1漏检的不合格品外，还要检查瓶子是否变形、喷码是否正确。

检验3除了检出检验1、检验2漏检的不合格品外，还要将缩标不符合要求的产品检出。

（8）倾瓶　倾瓶前瓶中心料液温度不低于75℃，倾瓶时间控制在30～50s。

（9）喷码　喷码要求字迹要清晰易认，不得模糊。

（10）冷却　采用喷淋逐级冷却，防止骤冷或冷却不均匀引起瓶子变形。冷却后瓶中心料液温度小于40℃。

（11）风干　瓶子外表无水迹、污迹。

（12）套、缩标　选用相应规格品种的商标。套标位置正确，不得颠倒。商标收缩要均匀、平整、无起皱和胀气现象。

2. 一种高能饮料的生产工艺

高能饮料除了含有容易被人体吸收的果糖、葡萄糖及电解质外，还加入了人体所必需的维生素和健体强身的中药成分，其突出的功能是迅速消除疲劳、恢复体力，主要是对人在疲劳时作针对性的养料补充。

（1）原料配方（按100kg成品）见表8-5。

表8-5　一种高能饮料的原料配方表

名　称	加入量	名　称	加入量
果葡糖浆	8kg	铁盐	15g
柠檬酸	100g	维生素B_1、维生素B_2	1.6g
甜菊苷	10g	钠盐	12g
柠檬油	60g	磷酸盐	5g
钾盐	10g	人参花浓缩汁	适量
维生素C	12g		

（2）生产工艺流程

消毒饮用水→配料→冷冻→过滤→二氧化碳混合→装瓶→成品

（3）主要工艺说明

① 水的处理。我国北方地区由于地下水（井水）的硬度较大，需考虑用电渗析法进行除盐处理。饮料用水的质量标准，要求硬度在100mg/kg以下为宜（以$CaCO_3$计）。饮料用水需经过消毒和杀菌处理。

② 冷冻和CO_2混合。将饮料冷却至4～5℃，然后在碳酸混合机内与CO_2充分混合。为了适应运动员的特点，CO_2含量可适当降低，以2～3倍体积之间为宜。

③ 灌装。采用易拉罐生产线进行灌装。如用玻璃瓶包装，则采取二次灌装法，即处理水先经冷冻，充入CO_2成为碳酸水，然后分两步灌装。先往瓶内注入定量糖浆，再注入碳酸水，压盖而成。而一次灌装法是在配料之后，进行澄清处理，然后在配料缸中加入饮用水，再经冷冻和混合CO_2，进行灌装，压盖。

3. 一种灵芝保健饮料的生产工艺

灵芝自古以来被认为是有"返老还童"作用的"仙草"。灵芝保健饮料是以灵芝为主要原料，通过热浸提工艺将灵芝里面的功能性成分——灵芝多糖和其他有效成分充分提取出来，经现代工艺制成的饮料。灵芝多糖具有抗衰老、扶正固本的作用，对人体各系统的退化过程有阻止能力，不仅可以促进蛋白质的合成，改善造血功能，维持抗体稳定，而且能提高人体免疫力，并显示出以抗癌作用为主的各种生理活性作用。对人类三大死因的癌症、脑溢血、心脏病有较好的预防和治疗作用。

由于灵芝提取液中含有苦味成分，且苦味十分明显，因此，在生产过程中还需进行必要的调配，控制灵芝的用量，并添加 β-环糊精、甜味剂等降低成品的苦味，使成品具有较好的口感。

（1）灵芝保健饮料的生产工艺流程

灵芝→切片→热浸提→过滤→浸提液Ⅰ
↓
滤渣→热浸提→过滤→浸提液Ⅱ
↓
滤渣

浸提液Ⅰ、Ⅱ混合→调味→过滤→装瓶→压盖→杀菌→冷却→贴标→成品

（2）灵芝保健饮料的主要工艺说明

① 切片。将灵芝切成厚度为 3～5mm 的片状，以增大浸出表面积，缩短浸出时间，提高浸出效率。

② 热浸提。采用热水浸提法，将灵芝薄片投入 70℃热水中浸提，5kg 灵芝加水 25kg。浸提结束后，滤出灵芝薄片，得浸提液Ⅰ，将灵芝薄片再次投入 25kg，70℃热水中浸提 2h，滤出浸提液Ⅱ，将两次浸提液混合，得浸出液 50kg。其浓度为每 5kg 灵芝提取浸出液 50kg。热水浸提，有利于灵芝中有效成分尽快提取出来，采用二次浸提，则可保证灵芝中大部分有效成分均被提取出来。

③ 过滤。工艺中有两次过滤操作，第一次过滤主要是为了滤出浸出液中的灵芝残渣，包括灵芝菌体上的孢子粉末，以使浸出液澄清、透明；第二次过滤，则是采用超滤，滤出由各种调味剂、苦味遮盖剂产生的各种悬浮杂质及微生物，以保证产品的质量。

④ 调味。根据需要添加适量的甜味剂（如蔗糖或蜂蜜等）和酸味剂（柠檬酸或天然果汁等），使产品酸甜适中，并加入 3％～3.5％的 β-环糊精，搅拌均匀，以掩盖部分苦味，保证成品有良好的口感。

⑤ 杀菌。采用 100℃的沸水杀菌，杀菌时间 5min，确保饮料饮用安全。最后，迅速冷却贴标即成成品。

4. 一种纤维饮料的生产工艺

膳食纤维是一种重要的生理活性物质，具有多种生理功能。营养医学表明，长期食用精米面会使人体食物纤维摄入量大幅度减少，影响健康。许多专家学者已将其列为第七大营养素，对人体的生理功能主要表现在防治结肠癌和便秘，预防和改善冠状动脉硬化造成的心脏病，调节糖尿病人的血糖，以及预防肥胖和胆结石等。红小豆是我国人民喜爱的食药兼用的副食品，含有丰富营养及诸多保健作用。红小豆中食物纤维的含量为 5.6％～18.6％，主要集中在豆皮内，豆皮往往作为加工中的废物或杂质而被人们废弃掉，影响了其作为食物纤维这一功能性食品基料的使用。

本节以红小豆纤维饮料来说明纤维饮料生产工艺。红小豆纤维饮料是以红小豆为主要原料，配以适当食品添加剂加工而成，主要是利用红小豆豆皮内含有的丰富的食用纤维，发挥其生理功能，对肥胖病人、胆结石病人、糖尿病病人有一定的辅助治疗作用。本产品呈淡红色，状态稳定、流动性好，口感柔和滑爽。不同产地的红小豆，其营养成分也不完全相同（见表 8-6）。

表 8-6　红小豆的蛋白质组成（每 100g 中含量）

成　分	红小豆 1（北京）	红小豆 2（北京）	红小豆（浙江）
总蛋白质/%	20.1	21.1	20.3
异亮氨酸/mg	818	857	999
亮氨酸/mg	1422	1526	1890
赖氨酸/mg	1267	1443	1617
蛋氨酸/mg	—	349	229
胱氨酸/mg	—	182	210
苯丙氨酸/mg	1029	1077	1391
酪氨酸/mg	418	634	722
苏氨酸/mg	583	670	863
色氨酸/mg	198	185	156
缬氨酸/mg	986	998	1062
精氨酸/mg	1230	1502	1581
组氨酸/mg	486	560	713
丙氨酸/mg	788	880	988
天冬氨酸/mg	1969	2073	2651
谷氨酸/mg	3098	3292	4270
甘氨酸/mg	648	747	899
脯氨酸/mg	480	703	735
丝氨酸/mg	742	987	1172

（1）配方　见表 8-7。

表 8-7　一种纤维饮料的原料配方表

名　称	加入量	名　称	加入量
红小豆干豆皮	8%～12%	海藻酸钠	0.075%
柠檬酸	0.2%	琼脂	0.075%
白砂糖	10%	硬脂酸单甘酯	0.2%

注：若为湿豆皮，则加入量为 15%～20%。

（2）红小豆纤维饮料的生产工艺流程

豆胚乳

红小豆→清洗→浸泡→分离豆皮→碱处理→过滤（保留）→离心干燥→磨细→混合调配→均质→成品

（3）红小豆纤维饮料的主要工艺说明

① 原料清洗。将红小豆中混有的杂物清除，用清水漂洗 2～3 次。

② 原料浸泡。将清洗后的红小豆用清水浸泡 24h 左右，浸泡后用热水冲洗。

③ 分离豆皮。将上述处理好的红小豆放入搅拌机中，用中低速搅拌对原料进行破碎，时间要合理掌握，以使豆皮和豆胚乳能最大程度地分离。搅拌完毕，用清水冲洗丝网过滤，将豆皮分离出。收集豆胚乳和少量豆皮的混合物另作他用。

④ 碱处理。将分离后的湿豆皮组织放入捣碎机，按湿豆皮∶水＝（15～25）∶80 的比例加入清水，高速搅拌 5～10min，用一层纱布过滤。残渣放入 70 倍水中搅拌，缓缓加入 5 倍的 0.1%～1%NaHCO$_3$ 水溶液，于 50℃ 条件下高速搅拌 5min，最后用 0.1%～1%HCl 调节匀浆液 pH 值至 4.8。

⑤ 离心干燥。将上述匀浆液转入离心机内高速离心，沉淀物经烘干后即成红小豆豆皮纤维。上述匀浆液也可不经离心干燥，经部分浓缩后直接进入胶体磨精磨，再按配方要求加入辅料，进行混合调配。

⑥ 磨细。取干燥后的豆皮纤维于细磨中磨细，使颗粒大小能过 40 目标准筛。

⑦ 混合配料。按下述配方将原辅料混合调匀，加热至沸，并保持 5min。干豆皮纤维 8%～12% 或湿豆皮 15%～20%，柠檬酸 0.2%，白糖 10%，稳定剂 0.15%（0.075% 海藻酸钠＋0.075% 琼脂），单甘酯 0.2%。

⑧ 均质。采用二次均质（第一次均质压力 20～25MPa，第二次均质压力 35～40MPa），即可制成一种颜色淡红，状态稳定，流动性好，口感柔和和滑爽的新型功能性纤维饮料。

作为一种功能性饮料，红小豆纤维饮料的主要成分是食用纤维，而人体所必需的其他营养素，如维生素和无机盐等还显不足。若用作减肥饮料，需强化一些维生素和无机盐，以避免因减肥饮料本身缺乏某些营养素而导致人体对这些营养素的不足。

第三节 固体饮料加工技能综合实训

一、实训内容

【实训目的】

1. 本实训重点在于学会制备固体饮料的基本工艺流程，并且正确使用各种原辅料，同时注意各种原辅料主要作用及质量要求，观察每一步发生的现象并记录，要求对产品质量进行检测。

2. 写出书面实训报告。

【实训要求】

4～5 人为一小组，以小组为单位，从选择、购买原料及选用必要的加工机械设备开始，让学生掌握操作过程中的品质控制点，抓住关键操作步骤，利用各种原辅材料的特性及加工中的各种反应，使最终的产品质量达到应有的要求。

【材料设备与试剂】

1. 猕猴桃晶

（1）原料 猕猴桃果实、蔗糖粉、适量柠檬酸及香料

（2）设备 天平、大锅、漂洗池、打浆机或破碎机、螺旋压榨机、造粒机、糖量计、小尼龙食品袋以及烘干房。

2. 麦乳精

（1）原料 砂糖、麦芽糖、葡萄糖、小苏打、奶油、可可脂、甜炼乳、蛋粉、奶粉、可可粉及柠檬酸

（2）设备 夹层锅、纱布、60 目/in² 筛、均质机、真空脱气锅、铝盘、真空干燥箱及篮式搅拌离心粉碎机

【参考配方】

麦乳精配方见表 8-8。

表 8-8 麦乳精参考配方（按照 10kg 投料计）

原料名称	含量/%	配方用量/kg
甜炼乳	27	2.7
奶粉	4.5	0.45

原料名称	含量/%	配方用量/kg
奶油	1.8	0.18
干全蛋粉	0.72	0.072
麦芽糖	22.6	2.26
液体葡萄糖	1.8	0.18
砂糖	36	3.6
可可粉	4.5	0.45
可可脂	0.9	0.09
食用小苏打	0.045	0.0045

备注：同学们可根据个人喜好，调节个别原料的含量，并将做出来产品的质地、口感以及风味等与本配方产品作比较。

【工艺流程示意图】

1. 猕猴桃晶

猕猴桃→挑选→漂洗→破碎→榨汁→浓缩→加糖粉→搅拌→造粒→烘干→包装

2. 麦乳精

制备混合糖浆→加食用小苏打→浆料混合→均质→脱气→分盘→干燥→粉碎→检查→包装→入库

【操作要点】

（一）果香型固体饮料——猕猴桃晶

1. 选料

选用新鲜饱满、汁多、香气浓、成熟度高、无虫伤和发霉变质的猕猴桃果实。

2. 清洗

用流动清水漂洗，洗净果实表面的泥沙和污物后再用清水冲干净。

3. 破碎

采用打浆机打成浆状，也可用木棒捣碎。为防止果汁和空气接触时间过长而氧化，破碎要迅速。

4. 榨汁

可用螺旋压榨机或手工杠杆式压汁机榨汁。预先将破碎的果肉装入洗净、热水煮过的口袋中，扎紧袋口，然后缓慢加压，使果汁逐渐外流。第一次压榨后，可将果渣取出，加入10%清水搅匀再装袋重压一次，也可将破碎果汁加热到65℃趁热压榨，以增加出汁率。一般出汁率可达65%～70%，果汁要用纱布粗滤一遍。

5. 浓缩

一般采用常压浓缩。所用设备为不锈钢锅，如无不锈钢锅，也可在不锈钢夹层锅内浓缩。蒸汽压力控制在0.245MPa。在浓缩过程中，应不断搅拌以防止焦煳，并尽量缩短浓缩时间。为此，应适当控制每锅的投料量，使每锅浓缩时间不超过40min。当用手持糖量计测得的固形物含量为58%～59%时便可出锅。

6. 加蔗糖粉

按照15kg浓缩汁加入35kg白糖粉的比例加入，然后搅拌均匀。为提高风味，可加适量柠檬酸及香料。

7. 造粒

一般用颗粒成型机拌成米粒大小。若没有颗粒成型机，可用手轻轻揉搓，使粉团松散，再用孔径为 2.5mm 和 0.9mm 的尼龙筛或金属筛过筛成粒。

8. 烘干

将造粒好的猕猴桃粉颗粒均匀铺放在烘盘中，厚度约 1.5～2cm，然后送入烘房。一般控制烘房的温度在 65℃左右，时间约为 3h。在此期间，应上下倒换烘盘一次，并将盘内猕猴桃晶上下翻动一遍，使其受热均匀，加速干燥。

9. 包装

干燥后的成品待冷凉后立即包装。为冲饮方便，一般用小尼龙食品袋包装，每袋装 20g。

10. 质量要求

成品黄绿色，米粒大小，无杂质，冲化后的饮料呈黄绿色，味酸甜，具有猕猴桃汁的风味。不同厂家的猕猴桃晶产品营养成分不完全相同。

（二）麦乳精

1. 混合糖浆制备

在夹层锅内放入适量的水，待水温达 60～70℃时，然后按照配方将砂糖、麦芽糖、葡萄糖倒入锅内，不断搅拌，将糖浆加热到 90～95℃后保温 5～10min。制成的糖浆应不含蔗糖结晶。

2. 中和糖浆

麦芽糖中含乳酸及其他有机酸较多，遇奶类时，易使其中蛋白质凝固变性而产生沉淀，所以加乳制品前，要先中和糖浆。具体操作是将糖浆用多层纱布滤去黑点等杂质，将其冷却到 70℃以下，然后加入适量的小苏打，充分搅拌均匀。

3. 配料

先按照配方将奶油、可可脂、炼乳等投入糖浆中，奶油应先经熔化，然后投料。再将蛋粉、奶粉、可可粉、酱色等经 60 目/in^2 过筛、混合后加入锅内，避免硬块进入锅中而影响产品质量。边加边搅拌，以免结块。然后加入适量柠檬酸。各种原料具体的配比是根据原料的成分情况和产品的质量要求计算决定的。

4. 均质

均质机在工作前先用热水循环消毒 10min，并调节好压力表指针，以防中断。均质的浓度不宜过高，一般规定固形物的浓度不得低于 65%～70%，浓度 27°Bé 左右，温度在 50～60℃之间。均质机启动后，逐渐将压力调整到 6.86MPa。待压力稳定后，再让混合浆料输出。使浆料破裂成微细的状态，以增加麦乳晶的稳定性与均一性，也可采用胶体磨。

5. 脱气

在浆料配制过程中，混入大量的空气，为了防止浆料在干燥时溢出烘盘，造成浪费，并有利于提高干燥速度。均质后的浆料应于真空度 720mmHg 以上的真空脱气锅内脱气，压力为 19.6kPa。

6. 装盘

每盘平铺装入乳化后的成浆 1.5kg 左右，送入真空干燥箱烘干。

7. 干燥

将铝盘放妥后关闭箱门，开好蒸汽阀门及供高位冷凝器的冷凝水，并启动真空泵。待真空度达到 600mmHg 时，应注意视镜，微开放气阀门，防止沸腾时浆料外溢。沸腾结束后，真空度应尽快地上升到 720mmHg 以上，越高越好。一般干燥时间约在 100～120min。真空干燥时应严格控制蒸汽压力，一般维持在 49～196kPa，快要结束前 10min，关闭蒸汽阀门，通入冷水冷却到 35℃以下出锅。

8. 粉碎包装

干燥后的麦乳精在室温 20℃左右，相对湿度 40％～50％的情况下于篮式搅拌离心粉碎机内进行粉碎，然后检验包装。

9. 产品标准

(1) 感官指标

① 粉状　形态结构疏松多孔，颗粒大小整齐，允许有少量细粉但不应结块凝结。

② 颜色　棕色略带光泽。

③ 香味　可可奶香味。

④ 冲溶性　用沸水冲调搅拌约 2～3min 后，无僵硬颗粒存在。

(2) 理化指标见表 8-9。

表 8-9　麦乳精的理化指标

项目	指标	项目	指标
水分	<2.5%	灰分	1%～2.5%
脂肪	10%～14%	磷脂	0.3%～0.6%
蛋白质	7%～9%	杂菌	<10 个/g
总糖	60%～70%	大肠杆菌	不得检出

【注意事项】

1. 要选择新鲜的原料。

2. 配制溶液要使用蒸馏水或冷开水，尽可能不用金属器皿。特别是果汁在生产过程中，要注意避免和铜、铁等金属容器接触，操作要快速，浓缩温度要尽可能低，尽量不接触空气，以保证果汁中的营养成分特别是维生素 C 少受破坏。

3. 柠檬酸一般为白色结晶，容易受潮和风化。一般用量为 0.7％～1.0％。使用时一般通过加热配成 50％的溶液。

4. 干燥完毕后，必须先停止蒸汽，然后放进冷却水进行冷却约 30min。待料温度下降以后，再消除真空，再卸料。

5. 由于维生素 A、维生素 D 不溶于水而溶于油，因此应先将其溶于奶油中，然后投料。维生素 B_1 溶于水，可在混合锅中投入。

6. 凡接触产品的器具、机件、容器，必须消毒、清洗、干燥。生产人员操作时必须戴口罩及手套。

二、质量标准

表 8-10、表 8-11 为质量标准参考表。

表 8-10 猕猴桃晶质量标准参考表

实训程序	工作内容	技能标准	相关知识	单项分值	满分值
一、准备工作	(一)清洁卫生	能发现并解决卫生问题	操作场所卫生要求	3	10
	(二)准备并检查工器具	(1)准备本次实训所需所有仪器和容器 (2)仪器和容器的清洗和控干 (3)检查设备运行是否正常	(1)本次实训内容整体了解和把握 (2)清洗方法 (3)不同设备操作常识	7	
二、选料和清洗	(一)原料的选择	按照要求选择	猕猴桃果实的选择标准	5	10
	(二)原料的清洗	按要求选择对猕猴桃果实进行清洗	果实清洗方法及注意事项	5	
三、破碎	猕猴桃果实的破碎	采用打浆机打成浆状,同时防止果汁和空气接触时间过长而氧化	(1)打浆机的使用方法 (2)破碎的注意事项	10	10
四、榨汁	(一)一次压榨	掌握一次压榨的操作方法	螺旋压榨机的使用方法	5	15
	(二)二次压榨	掌握二次压榨的操作方法	压榨的注意事项	5	
	(三)粗滤	掌握粗滤的操作方法	粗滤的操作方法	5	
五、浓缩	常压浓缩	掌握常压浓缩的方法及注意事项	(1)浓缩工艺条件的控制 (2)浓缩操作的注意事项 (3)糖量计的使用方法	10	10
六、加蔗糖粉	加蔗糖粉	掌握蔗糖粉加入方式与加入量	蔗糖粉加入量的计算	10	10
七、造粒	造粒	掌握颗粒成型的方法	颗粒成型机的使用方法	10	10
八、烘干	烘干	能进行烘干操作	烘干的工艺条件及注意事项	10	10
九、实训报告	(一)实训内容	实训完毕能够写出实训具体的工艺操作	—	5	15
	(二)注意事项	能够对操作中需注意的问题进行分析比较	—	5	
	(三)结果讨论	能够对实训产品做出客观的分析评价探讨	—	5	

表 8-11 麦乳精质量标准参考表

实训程序	工作内容	技能标准	相关知识	单项分值	满分值
一、准备工作	(一)清洁卫生	能发现并解决卫生问题	操作场所卫生要求	3	10
	(二)准备并检查工器具	(1)准备本次实训所需所有仪器和容器 (2)仪器和容器的清洗和控干 (3)检查设备运行是否正常	(1)本次实训内容整体了解和把握 (2)清洗方法 (3)不同设备操作常识	7	
二、混合糖浆制备	(一)砂糖的选择	按照要求等级选择	砂糖的质量标准	4	15
	(二)麦芽糖的选择	按照要求等级选择	麦芽糖的质量标准	3	
	(三)葡萄糖的选择	按照要求等级选择	葡萄糖的质量标准	3	
	(四)混合糖浆制备	掌握混合糖浆制备方法	混合糖浆制备的注意事项	5	
三、中和糖浆	(一)用多层纱布滤去杂质	能解释本步骤的意义	原料中的各种成分	5	10
	(二)冷却后加入适量的小苏打,充分搅拌均匀	掌握中和糖浆的方法	中和糖浆的注意事项	5	
四、配料	(一)添加辅料	能根据配方确定经预处理辅料的加入量和加入顺序	(1)各种原料加入量确定方法 (2)加入顺序对产品的影响	5	10
	(二)搅拌	能解决搅拌过程中出现的一般问题	搅拌的注意事项	5	
五、均质	(一)均质机的消毒	掌握均质机的消毒方法	均质机的消毒参数	5	10
	(二)均质	掌握均质的方法	均质的参数	5	

实训程序	工作内容	技能标准	相关知识	单项分值	满分值
六、脱气	脱气	能使用真空脱气锅对浆料进行脱气	真空脱气锅的使用方法	5	5
七、装盘	装盘	掌握装盘的操作	装盘的注意事项	5	5
八、干燥	真空干燥	能使用真空干燥机对物料进行干燥	真空干燥机的注意事项	10	10
九、粉碎包装	粉碎	篮式搅拌离心粉碎机的使用	篮式搅拌离心粉碎机的注意事项	5	10
	包装	(1)器具、机件、容器的消毒、清洗、干燥 (2)产品的检验包装	(1)消毒、清洗、干燥的方法 (2)产品的包装方法	5	
十、实训报告	(一)实训内容	实训完毕能够写出实训具体的工艺操作	—	5	15
	(二)注意事项	能够对操作中需注意的问题进行分析比较	—	5	
	(三)结果讨论	能够对实训产品做客观的分析评价探讨	—	5	

三、考核要点及参考评分

(一)考核内容（表8-12、表8-13）

表8-12　猕猴桃晶的加工考核内容及参考评分

考核内容	满分值	水平/分值		
		及格	中等	优秀
清洁卫生	3	1	2	3
准备并检查工器具	7	4	5	7
原料的选择	5	3	4	5
原料的清洗	5	3	4	5
猕猴桃果实的破碎	10	7	8	10
一次压榨	5	3	4	5
二次压榨	5	3	4	5
粗滤	5	3	4	5
常压浓缩	10	7	8	10
加蔗糖粉	10	7	8	10
造粒	10	7	8	10
烘干	10	7	8	10
实训内容	5	3	4	5
注意事项	5	3	4	5
结果讨论	5	3	4	5

表8-13　麦乳精的加工考核内容及参考评分

考核内容	满分值	水平/分值		
		及格	中等	优秀
清洁卫生	3	1	2	3
准备并检查工器具	7	4	5	7
砂糖的选择	4	1	2	4
麦芽糖的选择	3	1	2	3
葡萄糖的选择	3	1	2	3
混合糖浆制备	5	3	4	5

考核内容	满分值	水平/分值		
		及格	中等	优秀
用多层纱布滤去杂质	5	3	4	5
冷却后加入适量的小苏打,搅拌	5	3	4	5
添加辅料	5	3	4	5
搅拌	5	3	4	5
均质机的消毒	5	3	4	5
均质	5	3	4	5
脱气	5	3	4	5
装盘	5	3	4	5
真空干燥	10	7	8	10
粉碎	5	3	4	5
包装	5	3	4	5
实训内容	5	3	4	5
注意事项	5	3	4	5
结果讨论	5	3	4	5

（二）考核方式

实训地现场操作。

四、实训习题

1. 果香型固体饮料与蛋白型固体饮料的区别?

答：果香型固体饮料是指以糖、果汁（或不加果汁）、营养强化剂、食用香精或着色剂等为原料，加工制成的用水冲溶后具有色、香、味与品名相符的制品。

蛋白型固体饮料是指以糖、乳制品、蛋粉、植物蛋白或营养强化剂等为原料，加工制成的制品。

2. 在麦乳精生产中，成品在冲调时，出现粘棒、僵粒上浮、分层、蜂窝等质量问题，如何解决?

答：① 在进行原料配料时，应严格根据配方中各种原辅料的比例进行投料。

② 在投料时，应注意水溶性原料、脂溶性原料的投料顺序。水溶性原料可在冷热缸中直接混合。脂溶性原料一般先溶在奶油中，然后再投入冷热缸中混合。掌握好个别原料的投料顺序。

思 考 题

1. 什么是固体饮料？它有什么特点？
2. 固体饮料有哪些类型？
3. 果汁型固体饮料是怎样生产出来的？
4. 果味型固体饮料是怎样生产出来的？
5. 蛋白型固体饮料是怎样生产出来的？
6. 固体饮料结块的原因是什么？
7. 什么是功能性饮料？它有什么特点？

第九章　高新技术在软饮料加工中的应用

随着国民经济的发展和人类生活水平的日益提高，我国饮料工业发展迅猛，特别是软饮料方面，已经由 20 世纪 70 年代以前单一的汽水发展到碳酸饮料、果蔬汁、茶饮料、瓶装水、功能饮料等百花争艳的局面。

软饮料中的功能性饮料已成为越来越多消费者的需求，要制成能满足消费者需求的这类新型的功能性食品，单凭传统的分离重组工程技术往往不能奏效，传统分离重组的方法、系统和设备不能完全保证分离重组的效率和保留原料的生物活性，因此。需要依靠现代化的高新工程技术才能有效完成这一任务。食品工程高新技术在软饮料加工中正在得到前所未有的推广和应用。

目前应用于软饮料加工的食品加工高新技术主要有冷冻粉碎技术、微胶囊造粒技术、冷冻干燥技术、微波真空干燥技术、固膜分离技术、超临界流体萃取技术、超高压杀菌技术等。

一、冷冻粉碎技术

冷冻粉碎技术是利用冷冻与粉碎两种技术相结合，使食品原料在冻结状态下进行粉碎制成干粉的技术。冷冻粉碎突破了常规粉碎工艺的局限性，使得粉体加工食品的制造技术得到了重大改进。冷冻粉碎技术可最大程度地保留原料的品质和香气香味，加工出的饮料具有较高的品质和优美香味。

冷冻粉碎技术具有可以粉碎常温下难以粉碎的物质；可以制成比常温粉粒体流动性更好，粒度分布更理想的产品；不会发生常温粉碎时因发热、氧化等造成的变质现象；粉碎时不会产生气味逸出，粉尘爆炸、噪声等特点。该技术特别适用于由于油、水分等缘故很难在常温中微粉碎的食品或者在常温粉碎时很难保持香味成分的软饮料加工原料。

二、微胶囊造粒技术

微胶囊造粒技术就是将固体、液体或气体物质包埋、封存在一种微型胶囊中成为一种固体微粒产品的技术。微胶囊技术能够保护被包裹的物料，使之与外界不宜环境相隔绝，达到最大限度地保持原有的色香味、性能和生物活性，防止营养物质的破坏与损失。此外，有些物料经胶囊化后可掩盖自身的异味，或由原先不易加工贮存的气体、液体转化成较稳定的固体形式，从而大大地防止或延缓了产品裂变的发生。

经微胶囊化后，可改变物质的色泽、形状、质量、体积、溶解性、反应性、耐热性和贮藏性等性质，能够贮存微细状态的心材物质并在需要时释放出。由于这些特性，使得微胶囊技术在食品工业上能够发挥许多重要的作用。微胶囊技术可以改变物料的存在状态、物料的质量与体积；隔离物料间的相互作用，保护敏感性物料；掩盖不良风味，降低挥发性；控制释放等。

三、冷冻干燥技术

冷冻干燥又称真空冷冻干燥、冷冻升华干燥、分子干燥等。它是将含水物质先冻结至冰点以下，使水分变为固态冰，然后在较高的真空度下，将冰直接转化为蒸汽而除去，物料即被干燥。冷冻干燥是在低于水的三相点压力下进行的干燥。其对应的相平衡温度低，因而物

206

料干燥时的温度低，且处于真空的状态之下。所以，冷冻干燥技术特别适用于热敏食品以及易氧化食品的干燥，可以保留新鲜食品的色、香、味及维生素C等营养物质；由于物料中水分存在的空间，在水分升华以后基本维持不变，故干燥后制品不失原有的固体框架结构，保持原有的形状；冷冻干燥制品复水后易于恢复原有的性质和形状。

冷冻干燥技术具有其他干燥方法无可比拟的优点，因此越来越受到人们的青睐。目前，随着研究工作的深入，加工材料及制造技术不断改进，冷冻干燥技术在食品方面的应用日益广泛，在食品工业中，常用于果蔬、水产、咖啡、茶和调味品等的干燥。例如咖啡与茶，均为大宗饮料，为国内外人们所喜爱。采用常规干燥方法，产品在色泽、风味、口味及速溶性等方面均不如冷冻干燥产品的品质。

采用冷冻干燥时，大致的工艺操作过程如下：

（1）咖啡　将含可溶性固形物 45％ 的咖啡液预热至 60℃ 左右，进入喷雾冻结装置中，咖啡液喷入压力 34.3kPa，同时蒸汽以 205.8kPa 的压力喷入。在上述条件下，雾化的液滴粒径在 300～500pm。喷雾塔内绝对压力维持在 13.3kPa，咖啡液滴在下落的 0.5～1.5s 之间即被冻结呈固态。然后从塔中排出进入冷冻干燥箱中干燥。干燥后的成品具有诱人的颜色和气味，密度为 190kg/m³，速溶性极佳。

（2）茶　将茶溶液预热至 55℃，然后进入喷雾冻结装置。茶溶液以 20.6kPa 的压力进入，同时蒸汽以 68.6kPa 的压力进入。塔内绝对压力维持在 24kPa。为了调节干制品的密度，采用在料液中混入少量惰性气体的方法，以提高成品的速溶性。冻结后的料液雾滴再进入冷冻干燥箱中被干燥至成品要求。采用冷冻干燥生产的速溶茶外观为絮状物，颜色诱人，易溶于水，产品的风味优于常规喷雾干燥法生产的制品。

四、微波真空干燥技术

微波加热是内部加热，因此用微波加热干燥物品时，物品的最内层首先干燥，最内层水分蒸发迁移至次内层或次内层的外层，这样就使得外层的水分越来越多，因此随着干燥过程的进行，其外层的传热系数不仅没有下降，反而有所提高。因此，在微波干燥过程中，水分由内层向外层的迁移速度很快，即干燥速度比一般的干燥速度快得多，特别是在物料的后续干燥阶段，微波干燥显示出其无与伦比的优势。

与一般的干燥方法相比，微波干燥有以下优点：

① 厂房利用率高。同样的厂房面积，微波干燥器的生产能力是传统干燥器的 3～4 倍。

② 干燥速度快，时间短。

③ 产品质量好。干燥时表面温度不很高，对表面无损害。另外，不对大量空气加热，因此表面氧化少，这样产品的色泽有较大的改善。此外，采用微波干燥，其产品的含菌率比传统干燥方法小许多，因为微波具有杀菌作用。同时产品的表面容易形成多孔性结构，因此产品的复水性较好。

④ 卫生条件好。

⑤ 节能，采用微波干燥可节能 20％～25％。

对于一些热敏性的材料（如果汁），为了保证其品质，宜在低温下干燥，采用微波真空干燥不仅可以降低干燥温度，而且还可大大缩短干燥时间。有利于产品质量的进一步提高。微波真空干燥是以微波加热为加热方式的真空干燥。在果汁、谷物和种子的干燥中用得较多。已采用微波真空干燥的果汁有：橙汁、柠檬汁、草莓汁、木莓汁等。另外还有茶汁和香草提取液。

法国的一家工厂用 48kW、2450MHz 的微波真空干燥速溶橘子粉和葡萄粉。其工艺为先用一般方法将果汁浓缩至 63°Bx，然后用微波真空干燥（真空度为 10.67～13.33kPa）至含水率小于 2%，干燥时间为 40min，生产能力为 49kg/h。其产品的质量很好，其维生素 C 的保存率高于喷雾干燥。在进行木莓和草莓的微波真空干燥时，其维生素 C 的保存率均高于 90%。对于果汁中挥发性风味物质的保存情况，微波真空干燥的结果均好于冷冻干燥和喷雾干燥，因为冷冻干燥的时间长，喷雾干燥的温度高。

五、固膜分离技术

用天然或人工合成的高分子膜，以外界能量或化学位差为推动力，对双组分或多组分的溶质和溶剂进行分离、分级、提纯和浓缩的方法，统称为膜分离法。包括膜浓缩和膜分离。

根据分离过程中推动力的不同，膜分离技术可分为两类：一类是以压力为推动力的膜分离，如反渗透和超滤；另一类是以电力为推动力的分离过程，所用的是一种特殊的半透膜，称为离子交换膜，这种分离技术叫做离子交换，如电渗析。

1. 反渗透

反渗透是利用反渗透膜只能选择性地透过溶剂（通常是水）的性质，对溶液施加压力以克服溶液的渗透压，使溶剂透过反渗透膜而从溶液中分离出来，使产品得以浓缩的过程。

反渗透可用于果汁预浓缩中，反渗透得到的果汁，芳香成分及维生素的保存都比加热蒸发浓缩的高。但反渗透只用于果汁的预浓缩，而不能完全取代加热蒸发浓缩。因为：果汁的渗透压随浓度升高而迅速升高；浓度高达 35% 以上时，醋酸纤维膜对风味物质保持的选择性降低，因而风味物质保留较少。

2. 超滤

应用孔径为 1.0～0.1μm 或更大的超滤膜来过滤含有大分子或微细粒子的溶液，使大分子或微细粒子从溶液中分离的过程叫做超滤。

超滤分离是分子级的，截留溶液中溶解的大分子溶质，允许小分子溶质和溶剂通过，而将大分子和小分子物质分开。与反渗透相类似，超滤的推动力也是压差，在溶液侧加压，使溶剂透过膜而得到分离。与反渗透不同的是，在超滤过程中，小分子溶质将同溶剂一起透过超滤膜。

葡萄、苹果、柑橘和猕猴桃等果汁中含有果胶和水溶性半纤维素等物质，会引起混浊甚至产生沉淀。目前，一般用果胶酶在 40～45℃ 温度下作用 3～5h，再经过滤即可使果汁变清，此法所需时间长，且易受微生物污染，若用超滤法分离出果胶及可能存在的浆料物，就可达到快速澄清果汁的目的。为提高澄清效果，目前正在研究使用温度范围为 100℃，pH＝0～4 和性能优良的超滤膜。日本生产的清酒类似于中国的黄酒，清酒通常是加热到 65℃ 后装瓶的。在加热过程中会蒸发或破坏部分香味物质，引起酒质下降；未经加热的生酒风味很好，但易酸败产生白色沉淀。最近，日本有用超滤法除去混浊物和菌体，加上无菌瓶装工艺形成了完全不加热生产清酒的新技术，现已投入工业化生产。

纯水的制造，一般都采用了反渗透、超滤技术，以去除原水中的胶体、有机物、颗粒和细菌等杂质；然后再采用电渗析技术，以去除其中的离子。

3. 电渗析

电渗析是在外电场的作用下，利用一种特殊膜（离子交换膜）对离子具有不同的选择透过性，而使溶液中的阴、阳离子与其溶剂分离。用电渗析脱盐时，在外界电场的作用下，阳离子透过阳离子交换膜向负极方向运动，阴离子透过阴离子交换膜向正极方向运动。这样就形成了淡水室（去除离子的区间）和浓水室（浓聚离子的区间）。同时，在靠近电极的附近，则形成了极水室。水经过淡水室引出，便得到脱盐的水。

在苹果汁生产中，未澄清的苹果汁口味好、营养丰富，但苹果汁中含有大量的易氧化化合物，生产高质量的果汁难度较大，刚生产出来的果汁很快会发生酶催化反应使口味变差，颜色变成褐色，不利于生产销售。因为果汁的悬浮物中含有大量的多酚和多酚氧化酶，多酚氧化酶导致多酚化合物氧化并聚合产生了暗色色素，使果汁变为褐色。现在工业生产中所采取的措施有热处理、快速热处理和添加抗氧化剂，同时还要添加防腐剂保持果汁的稳定性，这样会破坏果汁的口味和营养，长期贮存还会引起其他反应影响果汁质量。

Zemel 等发现，加盐酸暂时把 pH 值降到 2.0，就能不可逆地抑制多酚氧化酶的活力，使果汁不会变褐色；为保持果汁的原味，再加入 NaOH 把 pH 值调到初始值 3.5。该方法虽能有效抑制果汁变褐色，保持果汁稳定性，但添加酸和碱会稀释果汁，而且会生产盐影响其口味。近来 Tronc 在 Zemel 研究的基础上，用双极性膜电渗析技术解决了这一问题。因为双极性膜的阳膜有 H^+ 生成，让苹果汁在阳膜外循环，控制 pH 值由 3.5 降到 2.0；酸化后，苹果汁再到阴膜外循环，与阴膜层产生的 OH^- 接触，控制 pH 值回到初始值 3.5。双极性膜电渗析方法不影响果汁口味、使果汁稳定性更好、颜色更佳，是简单有效的方法。

六、超临界流体萃取技术

超临界流体萃取技术是利用流体（溶剂）在临界点附近某一区域（超临界区）内，与待分离混合物中的溶质具有异常相平衡行为和传递性能，且针对溶质溶解能力随压力和温度改变而在相当宽的范围内变动这一特性而达到溶质分离的一项技术。利用超临界流体作为溶剂，可从多种液态或固态混合物中萃取出待分离的组分。

超临界流体特别是超临界 CO_2 萃取技术以其提取率高、产品纯度好、过程能耗低、后处理简单和无毒、无"三废"、无易燃易爆危险等诸多传统分离技术不可比拟的优势，近年来得到了广泛的应用，在食品工业中的应用正在不断扩展，它既有从原料中提取和纯化少量有效成分的功能，还可以去除一些影响食品的风味和有碍人体健康的物质，主要应用如下：

① 食品中某些特定物质的萃取。例如沙棘果中的沙棘油、月见草中的 γ-亚麻酸，奶油与鸡蛋中的胆固醇，咖啡豆中的咖啡碱，茶叶中的儿茶酚，烟草中的尼古丁等。

② 食品中风味物质及功能调味料的萃取。香辛料、鲜花中的芳香物质，啤酒中的呈味物质，果皮中的精油，果蔬汁的芳香成分等。

③ 食品的脱色和脱臭。辣椒红色素的提取、羊肉去膻味、豆制品中去豆腥味、柑橘汁的脱苦等。

④ 动物油脂（鱼油、肝油等）和植物油脂（大豆、棕榈、可可豆、咖啡豆）的萃取等。其中，超临界二氧化碳萃取技术在提取各种天然产物中的生理活性物质方面，显示出许多独特的优越性，这对在功能性软饮料加工中的推广应用有着重要的意义。也是近几年超临界流体技术的研究热点。

七、软饮料杀菌新技术

赋予人类营养的食物对许多腐败菌都很敏感。任何一种抑制微生物生长或使微生物失活，并防止随后的食物污染的工艺都可以用于饮料等食品的保藏。消费者越来越迫切要求食品保持新鲜的品质，尽量避免加热引起的营养和感官质量的下降。传统的热加工杀菌的同时也改变了食品的味道、风味及食品特有的其他特色，更有甚者，食品中的营养成分如维生素会遭到大量破坏或流失。多年来，科学家一直在寻找和研究好的食品加工方法，且开发新食品业需要新一代非高温杀菌技术，随着高科技的产生和发展，多种新的食品加工和贮藏方法得以发明和发展，如化学杀菌法、物理杀菌法（如辐射、微波、高压电场等），这些技术与传统食品杀菌技术相比，不仅避免了高温，而且还增强了杀菌保鲜效果，从而提高了食品质量。

1. 超高压杀菌技术

所谓"加压食品"与加热食品同样是将食品密封于弹性容器或无菌泵系统中，以水或其他流体作为传递压力的媒介物，在高压（100MPa以上）下和在常温或较低温度下（一般指在100℃以下）作用一段时间，以达到加工保藏的目的，而食品味道、风味和营养价值不受或很少受影响的一种加工方法，即以加压取代加热而成。

高压技术在我国还处于起步、理论研究阶段，国内超高压杀菌技术的研究报道仅局限在果汁及果汁饮料的灭酶及杀菌中，还未投入实际生产应用之中，目前尚无高压食品商品问世。因此，加快开展超高压食品研究，特别是加强超高压加工调味品、中药材、保健食品以及其他价值高但对热较敏感的食品或药品的研究，对我国参与国际竞争有着极为重要的意义。

利用压力处理柑橘果汁可以获得接近新鲜果汁香味，并使产生维生素C的保持及品质保存期达到17个月以上。果汁的pH值低，它经过高压处理后可以使耐压细菌芽孢被抑制，使得它们最适合以高压杀菌处理达到保藏的目的。此乃基于耐压性的细菌孢子生长受到抑制所致。

2. 电阻加热杀菌

电阻加热技术（又称为欧姆加热）近年来在国外食品加工领域中，受到广泛的重视。它针对的是含颗粒流体食品的无菌加工，减少液体和固体颗粒间的加热杀菌程度不均匀。

电阻加热技术是以交流电电流通过食物，因食物中所含的盐分或有机酸均为电解质，无论流体或固体电流均可通过。热由食品内部产生，其原理是利用食品本身的导电性，以及不良导体产生大的电阻抗特性来产生热能。

电阻加热具有下列优点：

① 产品连续生产且直接加热不需借助热交换表面，与传统热交换方式比较，减少了热交换表现的黏附问题，延长系统运转周期。

② 快速、均匀加热液体和颗粒，使两者的热破坏和滞留时间的差异减少，能保留较高的产品营养和颗粒完整性，比其他加热方式更具有新鲜、美味的品质。

③ 系统没有机械搅拌部分，产品流速较慢，适合易磨损的产品。

④ 系统可处理较高固/液比的产品，使用范围广，投资成本回收快。

⑤ 配合无菌包装技术可生产高档的保健食品。

3. 高压脉冲电场杀菌

高压脉冲技术用于食品灭酶杀菌，主要原理是基于细胞结构和液态食品体系间的电学特性差异。当把液态食品作为电介质置于电场中时，食品中微生物的细胞膜在强电场作用下被电击穿，产生不可修复的穿孔或破裂，使细胞组织受损，导致微生物失活。该技术可避免加热法引起的蛋白质变性和维生素的破坏。

高压脉冲电场杀菌主要是利用食品的非热物理性质，温升小（一般在50℃以下）、耗能低。一个35kV的处理系统每处理1mL液体食品只需20J的能量，而对超高温瞬时灭菌热处理系统来说却至少需要100J以上的能量。

研究人员使用高压脉冲电场对培养液中的酵母、各类革兰氏阴性菌、革兰氏阳性菌、细菌芽孢，以及苹果汁、香蕉汁、菠萝汁、牛奶、蛋清液等进行了大量研究，并取得了良好的结果。研究结果表明抑菌效果可达到 4～6 个对数周期，其处理时间一般在几个微秒到几个毫秒，最长不超过 1s，该处理没有对食品的感官质量造成影响，其货架期一般都可延长 4～6 周。

4. 微波杀菌

在微波的高频率变化电场作用下，食物中的极性分子（水分子、蛋白质、脂肪等）吸收了微波能以后，改变其原有的分子结构，亦以同样的速度作电场极性运动，致使彼此间频繁碰撞而产生了大量的摩擦热，从而使食品在短时间内迅速加热或熟化，这就是微波的介电感应加热效应。

与传统的加热技术不同，微波加热克服了常规加热时先加热环境介质，再进入食品的特点，既不需要传热介质，也不利用对流。微波加热是使被加热物体本身成为发热体，食品与微波相互作用而瞬时穿透式加热，因此称之为内部加热法。微波从四面八方穿透食品物料，被加热的食品物料直接吸收微波能而立即生热，内外同时加热、物料温度同时上升。它无须预热，热效率高，使整个食品物料表里同时产生一系列热和非热生化作用来达到某种处理目的，因此加热速度快，内外受热均匀。而且内部温度反比外部温度高，因此温度梯度、湿度梯度与水分的扩散方向是一致的，有利于水分的扩散和蒸发，可节省大量能源。因此，微波加热杀菌具有如下特点：

（1）加热速度快　因为微波可以透入食品物料内部，干燥速度快，干燥时间短，仅需传统加热方法的 1/10～1/100（几分之一或几十分之一）的时间；因而提高了生产率，加速了资金周转。

（2）低温灭菌，保持营养　微波加热灭菌是通过热效应和非热效应（生物效应）共同作用灭菌，因而与常规热力灭菌比较，具有低温、短时灭菌特点。所以不仅安全、保险，而且能保持食品营养成分不流失和破坏，有利于保持产品的原有品质，色、香、味营养素损失较少，对维生素和氨基酸的保持极为有利。

（3）加热均匀　微波加热时，物体各部位不论形状如何，通常都能均匀渗透微波产生热量，因此均匀性大大改善。可避免外焦内生、外干内湿的现象；提高了产品质量，有利于食品物料品质的形成。

（4）加热干燥具有自动平衡能力　微波对不同性质的物料有不同的作用，因为水分子对微波的吸收最好，所以含水量最高的部位，吸收微波功率大于含水量较低的部位；物料中水比干物质吸收微波的能力强，故水受热高于干物质，这有利于水分温度上升，促使水分蒸发，也有利于干物质避免发生过热现象，这对减少营养和风味破坏极为有利。选择性加热的特点有：自动平衡吸收微波，避免物料加热干燥时发生焦化。

（5）节能高效　微波对不同物质有不同的作用，微波加热时，被加热物一般都是放在金属制造的加热室内，加热室对微波来说是一个封闭的空腔，微波不能外泄；外部散热损失少，只能被加热物体吸收，加热室的空气与相应的容器都不会发热，没有额外的热能损耗，所以热效率极高；同时，工作场所的环境也不会因此升高，环境条件明显改善。所以节能、省电，一般可节省 30%～50%。

国外已将微波杀菌应用于食品工业生产；瑞典、德国、丹麦和意大利等使用微波对切片面包杀菌、防霉、保鲜，已达到工业化程度；日本的蘑菇小包装，荷兰和美国的熟食品蔬菜、饮料小包装，匈牙利的方便食品，都经过了微波杀菌后在市场上流通。

第十章　软饮料加工厂质量管理

【学习目标】
　　1. 掌握软饮料生产中卫生及质量管理的重要性。
　　2. 理解生产中各工序质量管理内容。
　　3. 了解软饮料生产质量管理的意义。

第一节　概　　述

一、卫生管理概念

　　卫生管理指从饮料的生产、制造到最后消费之间，为确保食品的安全卫生而采取的所有必要措施。其目的就是防止食品污染，从而提高产品卫生质量。它不仅能保障人们的身体健康，而且关系到民族的素质与兴衰。在国际贸易交往中还直接影响到一个国家的声誉，因此食品卫生监督是富国强民的重要保证。

二、卫生管理原则

1. 预防为主的原则

　　采取各种预防性手段和措施，防止卫生问题的产生或限制在最小的程度，尽量在生产的过程中解决食品卫生问题，而不是等饮料受到污染甚至是造成食物中毒事故以后再去想办法治理。

2. 服务于民的原则

　　饮料的卫生状况直接关系着人民的身体健康和生命安全。如果不卫生就会损害人体健康，甚至危及生命和子孙后代，对饮料卫生的管理必须具有强烈的服务意识，树立起对人民高度负责的精神。

3. 实事求是的原则

　　对饮料在生产中出现的问题进行调查、了解、分析和处理时，必须实事求是。应该根据管理的目的和要求，制定相应的管理方法，在科学分析和化验的基础上全面系统地进行管理。

4. 有法可依的原则

　　应该进一步加强食品卫生法规和食品卫生标准建设，建立更加具体化的法律法规和卫生标准。使卫生管理在具体执行过程中，目的更明确，针对性更强，更加规范化。

5. 共同参与的原则

　　应该加强食品安全卫生宣传和教育工作，提高全民食品卫生意识，真正把食品卫生法规落实到生活的方方面面。

三、卫生管理范围及内容

1. 卫生管理范围

从原料采购、生产加工到包装、贮存、运输、销售，不论哪一个环节不符合卫生要求都会直接影响产品的卫生质量。饮料生产经营的所有从业人员的健康状况、个人卫生的好坏，也直接影响产品的卫生质量。要提高饮料卫生质量，保证安全，就应该采取综合治理的办法，建立食品卫生质量保证体系。

2. 卫生管理内容

① 建立完善的食品卫生法规体系。
② 建立健全食品的国家卫生管理保证体系。
③ 加强生产企业的自身管理。
④ 强化食品卫生法律意识。

四、卫生管理程序

饮料卫生管理机构和人员在对生产经营企业和个人进行管理时，应该按照以下内容进行：

① 卫生许可证、健康证和食品生产经营人员卫生知识培训情况。
② 卫生管理组织、管理制度情况。
③ 环境卫生、个人卫生、卫生设施、设备布局、工艺流程情况。
④ 饮料加工、包装、贮存、运输、销售过程的卫生及产品卫生检验情况。
⑤ 产品标志、说明书及外购食品索证情况。
⑥ 原料、半成品、成品等的感官性状及添加剂使用情况。
⑦ 对产品卫生质量进行现场快速检验，进行必要的采样或按监测计划采样。
⑧ 其他有关食品卫生情况。

应该对管理情况进行记录，由相关人员核实无误并签字确认，并且应当写明检查时间，对存在的问题要用规范语言写清楚，写准确。

第二节　软饮料厂卫生要求及管理

卫生管理是基础。饮料加工厂卫生条件、状况、管理水平与卫生质量有着密切的关系。要搞好饮料厂的卫生管理，就需要加强对原辅材料、半成品、成品、食品添加剂、食品容器、包装材料、生产用工具、设备以及环境的卫生管理。从保证卫生质量的角度，对食品工厂的选址、厂房建筑、生产流程、上下水以及污物处理规定详细的卫生要求，并严格落实。同时加强对全体员工的健康管理和卫生知识教育。要配备专职卫生管理人员进行监督管理。

一、建立健全食品卫生机构和制度

① 根据食品卫生法规和有关制度，结合本单位的实际情况，制定和完善本企业的各项卫生管理制度，并实行岗位责任制认真加以落实。
② 贯彻执行食品卫生法规和有关规章制度，组织培训本企业的工作人员。开展健康教育。
③ 对食品卫生工作进行监督检查，对违反规定的行为进行制止、批评，向上级汇报，并提出处理意见。对发生食品污染等异常情况，应立即控制局面，积极进行补救并协助

调查。

二、生产设施的卫生管理体制

① 生产设施应整齐清洁，不得对饮料造成污染。对于生产机械设备、装置、给排水系统等应安全使用，若发生污染应及时处理。主要生产设备每年至少进行一次大的维修和保养。

② 在生产过程中与饮料直接接触的机械、管道、器具、传送带等应用洗涤剂进行清洗，并用安全卫生的消毒剂进行杀菌消毒处理。

③ 饮料厂的卫生设施应齐全，如洗手间、更衣室、用具消毒室等，其位置和数量必须符合要求。工厂应为每个员工提供至少两套工作服，并定期清洗消毒。

三、饮料加工过程中有害物要求

① 有害生物包括老鼠、苍蝇、蟑螂等，这些生物对饮料加工的危害很大，带有大量病菌和寄生虫，并会伴有难闻的气味，一旦污染到饮料中，可严重影响饮料质量，必须严加控制。

② 有害的化学物质主要包括食品生产场所使用的杀虫剂、洗涤剂、消毒剂等。如果使用不当，就可能对饮料造成污染。所以，这些化学物品包装应完整、不泄漏，在贮藏地点要标明"有害有毒物"字样，并有专柜贮藏、专人管理，使用时严格按照剂量和操作方法进行。

四、饮料加工中废弃物要求

对于饮料加工过程中产生的"三废"即废水、废气和废渣的处理应严格按照国家有关规定进行，尽量减少废物排放量，积极采用科学先进的"三废"治理技术。

五、生产环境卫生要求

主要指生产车间以外的环境卫生要求。

① 环境清洁、无臭水、阴沟，远离居民区。厂区内不得有烟尘及其他污染源。厂址应选择在交通便利、水源充足的地方。

② 厂内环境应符合食品卫生法要求。生产车间、包装车间、成品库、辅助车间等建筑物要依生产工艺布局，合理安排。定期扫除，防止蚊蝇滋生。

③ 厂区内要保证绿化，道路应铺设水泥或混凝路面，不积水、平坦。

④ 室外厕所应由专人打扫卫生，保持清洁，定期消毒。

⑤ 燃烧锅炉应远离生产车间，废水、废气、废渣的排放设备系统要完备，排放标准要符合国家环保要求。

⑥ 空瓶、包装箱等要有专用场地存放，并应由专人负责管理。

第三节　质量要求及管理

一、原材料卫生管理

① 原辅用料应符合产品质量和卫生要求，附有供货单位出具的化验合格证。无虫蚀、腐烂、变质等现象。

② 食品添加剂应符合《食品添加剂使用卫生标准》；软饮料用水应符合《生活饮用水卫生标准》和饮料工业用水的有关要求。

③ 按顺序入库，保证清洁卫生；包装应完整，无污染、破损现象，保证通风；不得与非食品用料混放。

④ 新鲜的果蔬原料应存放在遮阳、通风、保鲜处，经常对原料库消毒。

做到成品坚决实行"四不"制度，即采购员不买腐败变质原料；保管验收员不收腐败变质原料；加工人员不用腐败变质原料；质量检验员不让劣变的饮料产品出厂。

二、从业人员卫生管理

1. 从业人员卫生教育

饮料企业的从业人员，特别是直接接触饮料加工的工人、销售人员的健康状况以及操作过程的规范性如何，都将直接影响饮料的卫生和安全。其污染的主要途径是通过手、呼吸、头发和体液对饮料造成污染，咳嗽和打喷嚏会传播致病性微生物。

2. 从业人员健康要求

食品卫生法规定："食品生产经营人员应当经常保持个人卫生，生产、销售食品时，必须将手洗干净，穿戴清洁的工作衣、帽；销售直接入口食品时，必须使用售货工具。""食品生产经营人员每年必须进行健康检查；新参加工作和临时参加工作的食品生产经营人员必须进行健康检查，取得健康证后方可参加工作。凡患有痢疾、伤寒、病毒性肝炎等消化道传染病（包括病原携带者）、活动性肺结核、化脓性或者渗出性皮肤病以及其他有碍食品卫生的疾病的，不得参加接触直接入口食品的工作。"患病的员工不能参与食品加工，不能接触食品以及加工食品的设备和器具。通过食品传播致病菌的人类疾病一般是呼吸道疾病（如感冒、结核、肺炎、喉咙疼痛、牙龈发炎和猩红热）、伤寒、痢疾、霍乱和病毒性肝炎等。而且，对于很多疾病来讲，即使病人已经康复，但是导致疾病的微生物仍可能存在于人体内，处于这种状态的人通常被称为病原携带者。

① 食品企业从业人员每年至少进行一次健康检查和卫生知识培训，合格者方可参加工作。

② 从业人员应保持个人卫生，做到勤洗手、勤剪指甲、勤洗澡、勤理发，不要用手经常接触鼻子、头发和擦嘴，不随地吐痰，工作服应保持清洁卫生。

③ 药品、火柴、香烟等一切非生产用品一律不准带入生产车间和原料贮存库。

④ 生产经营人员在进行操作前和接触污染物后都必须将手洗干净，并且应有一定的监督措施，防止污染食品。

⑤ 食品生产过程中，操作人员不得戴戒指、项链、手镯、手表、涂指甲油、喷香水等，不宜化浓妆，手指有破伤时应立即包扎并戴上橡胶手套以防止污染食品。

⑥ 销售时，必须做到货款分开，并且使用售货工具。

⑦ 建立一人一卡的健康检查档案，以便全面掌握食品从业人员的健康状况。

第四节 饮料工厂质量管理实例

一、生产设备卫生管理

用于饮料制造、调配、加工、包装、贮存的机器设备的设计与构造应能防止危害食品卫生，易于清洗消毒（尽可能易于拆除），并容易检查。应在使用时可避免润滑油、金属碎屑、污水或其他可能引起污染的物质混入饮料。减少饮料污垢及有机物的聚积，使微生物的生长减少至最低程度。

① 排列应有秩序，使生产作业顺畅进行，并避免引起交叉污染，而各个设备的能力必

须互相配合。

② 用于测定、控制或记录的测量或记录仪，应能适当发挥其功能且须准确，并应定期校正。

③ 以机器导入饮料或用于清洁设备的压缩空气或其他气体，应予以适当处理，以防止造成间接污染。

④ 饮料工厂所使用的生产设备，其设计、构造、材质等应是不锈钢贮存桶；不锈钢调配桶（瓶装水工厂除外）；不锈钢充填设备；不锈钢密封设备；有效的管路清洗设备。

⑤ 果蔬汁饮料厂视其设计、构造、材质实际需要，要有原料清洗及（或）消毒设备；杀青及（或）蒸煮设备；破碎及（或）榨汁设备；精滤设备、离心设备或均质设备；瞬间灭菌机或杀菌釜；冷却槽；瓶装饮料检查设备、浸水槽及灯光透视检查台等；瓶装饮料自动充填机及打盖机等生产设备。

⑥ 碳酸饮料工厂所用生产设备，其设计、构造、材质等应主要包括碳酸气混合设备（碳酸饮料工厂必备）、灭菌或细菌过滤设备、冷冻机（碳酸饮料工厂必备）。

⑦ 零售瓶装水的生产设备，其设计、构造、材质等应包括杀菌或细菌过滤设备、瓶装水的灭菌设备。

⑧ 输送带应设计成能迅速拆下清洗，且其内外表面应磨亮，没有凹穴处、裂痕，以免微生物聚积。

⑨ 轴承等驱动装置不应安装在产品暴露的上方，若无法避免应在其下方设有适当的滴盘，以盛接油滴或防护设施，防止掉落至饮料中。设计应简单，且应有易排水、易于保持干燥的构造。

⑩ 贮存、运送及制造系统的设计与制造，应使其能维持适当的卫生状况。在饮料加工或处理区，不与饮料接触的设备和用具，其构造亦应能易于保持清洁状态。

二、材料质地卫生管理

① 所有用于饮料处理区的及可能接触饮料的设备和用具，应由不会产生毒素、无臭味或异味、非吸收性、耐腐蚀，且可承受重复清洗和消毒的材料制造，同时应避免使用会发生接触腐蚀的不当材料。

② 饮料接触面原则上不可使用木质材料，除非其可证明不会成为污染源者方可使用。

三、检验设备卫生管理

① 工厂应具足够的检验设备供例行的质量检验及审核原料、半成品及成品的卫生质量的需要。必要时，可委托具权威研究所或检验机构代为检验本身无法检测的项目。

② 应依原料、材料、半成品及成品所定规格检验的需要适当设置检验仪器，包括：化学分析天平；pH 测定计；折射糖度计（包装水工厂除外）；保温箱；显微镜（倍率应为1500 倍以上）；微生物检验设备；余氯测定器；灰化炉（果蔬汁饮料工厂必备）；离心机（果蔬汁饮料工厂必备）；真空测定器（金属罐装果蔬汁饮料工厂必备）。另外，还有压力或气体容积测定器（碳酸饮料工厂必备）；氨基态氮测定装置（果蔬汁饮料工厂必备）；浊度及色度测定设备（瓶装水工厂必备）等设备。

四、原材料的品质管理

① 品质管理标准应详细制订原料及包装材料的品质规格、检验项目、验收标准、抽样计划（样品容器应予适当标识）及检验方法等，并确实施行。

② 每批原料及包装材料需经品管检验合格后，方可进厂使用，并且必须同时具备供应

厂商的证明或保证。

③ 原材料经检验符合规格者，应予准用，不合格者应予拒用，瓶装水成品的容器（含空瓶及瓶盖）应经有效的品检，必要时应经清洗消毒后方可使用，包装作业中散落在地上的空瓶或瓶盖应经彻底清洗消毒后方可再使用。

④ 非饮料用原材料，应予标识"禁用"或"可经适当处理后使用"，并分别贮放。

⑤ 食品添加剂应设专柜储放，由专人负责管理，注意领料正确及有效期限等，并以专门记录使用的种类、卫生合格证、进货量及使用量等。其使用应符合食品添加剂使用范围及用量标准的规定。

⑥ 瓶装水的原料水水质除应符合主管机关的定期查验外，每日还应定时检验原料水中总细菌数、大肠杆菌群，瓶装矿泉水应另加检验肠球菌、绿胺菌、还原性厌氧菌及可能的病原菌。

五、生产过程的品质控制

① 应找出饮料加工中重要的安全、卫生管理点，并制订检验项目、检验标准、抽样及检验方法等，并确实执行。

② 原料洗涤用水的残氯应定时检查是否足够，并作记录。

③ 杀青或蒸煮的温度、时间应定时检核，并作记录。

④ 应检查调配、混合加工的器具，设备使用前是否保持清洁、适用的状态。

⑤ 糖度计、比重计、称量计等量具，使用前应予校验确认正常后方可使用。

⑥ 调配使用的原汁、糖液、水质及其他配料、食品添加剂等应确认其外观性状、风味无异常，且无夹杂物后方可使用，其用量应依配方正确使用，并作记录。

⑦ 调配后应对半成品的外观、风味、糖度、酸度及夹杂物等作检验，以确认有无异常。

⑧ 加工中与食品直接接触的冰块，其用水应符合饮用水水质标准，并在卫生条件下制成。

⑨ 若用水的水质，在调配加工使用前需脱氯时，在脱氯后应立即检验是否去除完全。

⑩ 若有加热后再充填的作业，应检查其充填温度是否符合管制条件。

⑪ 密封作业应对包装制品加以检查，测试其封合或卷封是否完好，若有异常及时调整，在继续生产后也应定时作此项检查，确保密封的完整安全，且均应记录。

⑫ 灭菌作业应有温度、时间的记录图或表，并应定时检查是否符合设定条件。

⑬ 加工的品质管理结果发现有异常现象时，应迅速追查原因，并加以矫正。

六、成品的品质管理

品质管理标准中，应规定成品的品质规格、检验项目、检验标准、抽样及检验方法。成品应依工厂制定的"品质管制标准书"，抽取代表性样品，实施成品检验。

① 果蔬汁饮料、碳酸饮料成品应检验下列项目：内容量；糖度；酸度；pH 值；氨基态氮（限于果蔬类饮料）；灰分；风味；色泽；外来杂物；保温试验（金属罐、铝箔包装产品适用）。冷藏产品及碳酸饮料应作微生物检验。

② 瓶装水成品应检验下列项目：内容量；pH 值；风味；外来杂物；微生物检验总细菌数、大肠杆菌群、绿脓菌、肠球菌、芽孢形成亚硫酸还原性厌氧菌及可能存在的病原菌，至少每 6000L 的充填量应检验一次；浊度及色度。

③ 其他饮料成品应检验下列项目：内容量；pH 值；风味；外来杂物；保温试验（金属罐、铝箔包装品适用）；微生物检验；其他重要品质的检验（如糖度或酸度等），由工厂依据产品特性及有关法令制定的项目进行检验。

④ 每批成品应留样保存，必要时，应做成品的存性试验（如罐头保温试验），以检验其保存性，唯瓶装水成品在留样保存期间，应定期检验微生物的变化，以检测其保存性。

⑤ 每批成品经成品品质检验，不合格者，应加以适当处理。

⑥ 成品不得含有毒或有害人体健康的物质或外来杂物，并应符合现行法定产品卫生标准。

七、仓库与运输管理

1. 贮运作业与卫生管理

① 贮运方式及环境应避免日光直射、雨淋、激烈的温度或湿度变动和撞击等，以防止饮料的成分、含量、品质及纯度受到不良的影响，把饮料品质劣化保持在最低限度的情况下。

② 仓库应经常予以整理、整顿，贮存物品不得直接放置地面。如需低温贮运者，应有低温贮运设备。

③ 成品仓库应按制造日期、品名、包装形态及批号分别堆置，加以适当标记及防护，作管制记录。

④ 为确保成品在适当的温度、必要的湿度下贮存。需冷藏的瓶装或纸盒装饮料应冷藏在 7℃ 以下。

⑤ 仓贮中的物品应定期查看，如有异状应及早处理，并应有温度（必要时湿度）记录。包装破坏或经长时间贮存品质较大劣化的产品，应重新检查，确保食品未受污染及品质未劣化至不可接受的水准。

⑥ 仓库出货顺序，宜遵行先进先出的原则。

⑦ 每批成品应经严格的品质检验，确实符合产品卫生品质标准后方可出货。

⑧ 应制定以下防止物品品质受到不良环境因素影响的运输方式。

a. 需冷藏的瓶装或纸盒装饮料应备用有冷藏设备的运输车。

b. 装运卡车若非箱型，应用帆布、塑胶布等防止日晒、雨淋的遮盖物防护。

c. 易受损的瓶装、纸盒装或铝箔包装成品应有适当的防护措施，防运输的碰撞、挤压而导致影响品质安全。

d. 有造成污染原料、半成品或成品变质的物品禁止与原料、半成品或成品一起贮运。

e. 进货用的容器、车辆应检查，以免造成原料或厂区的污染。

2. 仓贮及运输记录

物品的仓贮应有存量记录，成品出厂应作出货记录，内容应包括批号、出货时间、地点、对象和数量等，以便发现问题时，可迅速回收。

第五节　废　水　处　理

饮料生产加工厂，废水的排放量较大。对废水的处理一般采用初级处理、二级处理、三级处理和污泥处理等。尽管不同的废水处理不同，但固液分离过程是必不可少的。在废水处理过程中，回收副产品的数量和质量优劣，处理流程是否经济可行，能否防止处理过程对环境的污染，往往都取决于能否快速有效地把废水中大量的细小颗粒及胶体物质分离出来，而正确地选用助凝剂对强化固液分离，合理处理废水具有十分重要的意义。

一、初级处理

利用沉降或上浮的方法除去废水中的悬浮颗粒、胶体物质和上浮物。其中胶体物质一般是通过加入具有促进沉降作用的明矾进行凝结或絮凝成大絮体后沉降除去。初级处理往往通过先调整水的 pH 值，然后加入混凝剂来增强清除的效果。

二、二级处理

通过生物氧化来分解水溶性有机物和胶体，我国广泛采用活性污泥法，经过初级处理的废水进入曝沼气池后最终生成微生物絮体——活性污泥，并在澄清槽中沉淀，然后加入混凝剂使污泥变成大絮团，进一步改善沉淀澄清效果。

三、三级处理

主要用于非生物降解的有机物、金属离子、磷、氮等营养物以及脱色除臭等。最常用的方法是混凝沉降、过滤和活性炭吸附。常用的混凝剂有硫酸铝、三氯化铁和石灰等，因为许多重金属离子在 pH＞9 时能够形成不溶性的金属化合物，比如 Hg、Cd 等在 pH＞9 时有 90％以上能生成难溶的氢氧化物而被沉淀去除。因此加入石灰可以有效地降低这些金属离子的浓度，对于除磷，石灰比铝盐和铁盐的效果要好（其得到的底流固体浓度较高），而且石灰能够抑制细菌的活性，而铝盐和铁盐只能吸附病菌以污泥形式排出。另外，还可以配合使用高分子絮凝剂，将小颗粒变为大絮体而快速沉降下来，一般在混凝反应的后阶段添加。

四、污泥处理

通过上述各种处理方法最终得到污泥，含水分一般为 90％～99％，还需要进一步脱水才能处理。污泥脱水一般采用添加无机电解质或有机高分子絮凝剂以改善污泥脱水性能，进而在加压脱水机、真空脱水机或离心脱水机等设备中进行脱水。用于污泥脱水的混凝剂主要有熟石灰、氯化铁等无机混凝剂，添加量一般为固形物的 15％～40％。一般情况下，前者多用于真空脱水机、加压脱水机，后者多用于离心脱水机。但如果加入高分子絮凝剂，其添加量一般小于 1％，时间也缩短 15％～30％，降低处理费用 20％～50％。

此外，对饮料加工厂废水的处理，可因地制宜。比如制造沼气、饲料等。废水的综合利用不仅能够变废为宝，而且大大降低了环境污染。

思 考 题

1. "四不"制度主要指什么？
2. 为了保障饮料卫生质量，生产中应该注意哪些卫生条件？
3. 结合实际，谈谈你对饮料从业人员个人卫生的看法。

附录一 蔗糖糖液的白利糖度、相对密度、波美度的比较

白利糖度或蔗糖质量分数/%	相对密度(20°/20℃)	相对密度(20°/4℃)	波美度	白利糖度或蔗糖质量分数/%	相对密度(20°/20℃)	相对密度(20°/4℃)	波美度
0.0	1.00000	0.998234	0.00	8.0	1.03176	1.029942	4.46
0.2	1.00078	0.999010	0.11	8.2	1.03258	1.030757	4.58
0.4	1.00155	0.999786	0.22	8.4	1.03340	1.031573	4.69
0.6	1.00233	1.000563	0.34	8.6	1.03422	1.032391	4.80
0.8	1.00311	1.001342	0.45	8.8	1.03504	1.033209	4.91
1.0	1.00389	1.002120	0.56	9.0	1.03586	1.034029	5.02
1.2	1.00467	1.002897	0.67	9.2	1.03668	1.034850	5.13
1.4	1.00545	1.003675	0.79	9.4	1.03750	1.035671	5.24
1.6	1.00623	1.004453	0.90	9.6	1.03833	1.036494	5.35
1.8	1.00701	1.005234	1.01	9.8	1.03915	1.037318	5.46
2.0	1.00779	1.006015	1.12	10.0	1.03998	1.038143	5.57
2.2	1.00858	1.006796	1.23	10.2	1.04081	1.038970	5.68
2.4	1.00936	1.007580	1.34	10.4	1.04164	1.039797	5.80
2.6	1.01015	1.008363	1.46	10.6	1.04247	1.040626	5.91
2.8	1.01093	1.009148	1.57	10.8	1.04330	1.041456	6.02
3.0	1.01172	1.009934	1.68	11.0	1.04413	1.042288	6.13
3.2	1.01251	1.010721	1.79	11.2	1.04497	1.043121	6.24
3.4	1.01330	1.011510	1.90	11.4	1.04580	1.043954	6.35
3.6	1.01409	1.012298	2.02	11.6	1.04664	1.044788	6.46
3.8	1.01488	1.013089	2.13	11.8	1.04747	1.045625	6.57
4.0	1.01567	1.013881	2.24	12.0	1.04831	1.046462	6.68
4.2	1.01647	1.014673	2.35	12.2	1.04915	1.047300	6.79
4.4	1.01726	1.015467	2.46	12.4	1.04999	1.048140	6.90
4.6	1.01806	1.016261	2.57	12.6	1.05084	1.048980	7.02
4.8	1.01886	1.017058	2.68	12.8	1.05168	1.049822	7.13
5.0	1.01965	1.017854	2.79	13.0	1.05252	1.050665	7.24
5.2	1.02045	1.018652	2.91	13.2	1.05337	1.051510	7.35
5.4	1.02125	1.019451	3.02	13.4	1.05422	1.052356	7.46
5.6	1.02206	1.020251	3.13	13.6	1.05506	1.053202	7.57
5.8	1.02286	1.021053	3.24	13.8	1.05591	1.054000	7.68
6.0	1.02366	1.021855	3.35	14.0	1.05677	1.054900	7.79
6.2	1.02447	1.022659	3.46	14.2	1.05762	1.055751	7.90
6.4	1.02527	1.023463	3.57	14.4	1.05847	1.056602	8.01
6.6	1.02608	1.024270	3.69	14.6	1.05933	1.057455	8.12
6.8	1.02689	1.025077	3.80	14.8	1.06018	1.058310	8.23
7.0	1.02770	1.025885	3.91	15.0	1.06104	1.059165	8.34
7.2	1.02851	1.026694	4.02	15.2	1.06190	1.060022	8.45
7.4	1.02932	1.027504	4.16	15.4	1.06276	1.060880	8.56
7.6	1.03013	1.028316	4.24	15.6	1.06362	1.061738	8.67
7.8	1.03095	1.029128	4.35	15.8	1.06448	1.062598	8.78
16.0	1.06534	1.063460	8.89	25.0	1.10551	1.103557	13.84
16.2	1.06621	1.064324	9.00	25.2	1.10643	1.104478	13.95
16.4	1.06707	1.065188	9.11	25.4	1.10736	1.105400	14.06
16.6	1.06794	1.066054	9.22	25.6	1.10828	1.106324	14.17
16.8	1.06881	1.066921	9.33	25.8	1.10921	1.107248	14.28
17.0	1.06968	1.067789	9.45	26.0	1.11014	1.108175	14.39

续表

白利糖度或蔗糖质量分数/%	相对密度（20°/20℃）	相对密度（20°/4℃）	波美度	白利糖度或蔗糖质量分数/%	相对密度（20°/20℃）	相对密度（20°/4℃）	波美度
17.2	1.07055	1.068658	9.56	26.2	1.11106	1.109103	14.49
17.4	1.07142	1.069529	9.67	26.4	1.11200	1.110033	14.60
17.6	1.07229	1.060400	9.78	26.6	1.11293	1.110963	14.71
17.8	1.07317	1.071273	9.89	26.8	1.11386	1.111895	14.82
18.0	1.07404	1.072147	10.00	27.0	1.11480	1.112828	14.93
18.2	1.07462	1.073023	10.11	27.2	1.11573	1.113763	15.04
18.4	1.07580	1.073900	10.22	27.4	1.11667	1.114697	15.15
18.6	1.07668	1.074777	10.33	27.6	1.11761	1.115635	15.26
18.8	1.07756	1.075657	10.44	27.8	1.11855	1.116572	15.37
19.0	1.07844	1.076537	10.55	28.0	1.11949	1.117512	15.48
19.2	1.07932	1.077419	10.66	28.2	1.12043	1.118453	15.59
19.4	1.08021	1.078302	10.77	28.4	1.12138	1.119395	15.69
19.6	1.08110	1.079177	10.88	28.6	1.12232	1.120339	15.80
19.8	1.08198	1.080072	10.99	28.8	1.12327	1.121284	15.91
20.0	1.08287	1.080959	11.10	29.0	1.12422	1.122231	16.02
20.2	1.08376	1.081848	11.21	29.2	1.12517	1.123179	16.13
20.4	1.08415	1.082737	11.32	29.4	1.12612	1.124128	16.24
20.6	1.08554	1.083628	11.43	29.6	1.12707	1.125079	16.35
20.8	1.08644	1.084520	11.54	29.8	1.12802	1.126030	16.46
21.0	1.08733	1.085414	11.65	30.0	1.12898	1.126984	16.57
21.2	1.08823	1.086309	11.76	30.2	1.12993	1.127939	16.67
21.4	1.08913	1.087205	11.87	30.4	1.13089	1.128896	16.78
21.6	1.09003	1.088101	11.98	30.6	1.13185	1.129853	16.89
21.8	1.09093	1.089000	12.09	30.8	1.13281	1.130812	16.00
22.0	1.09183	1.089900	12.20	31.0	1.13378	1.131773	17.11
22.2	1.09273	1.090802	12.31	31.2	1.13471	1.132735	17.22
22.4	1.09364	1.091704	12.42	31.4	1.13570	1.133698	17.33
22.6	1.09454	1.092607	12.52	31.6	1.13667	1.134663	17.43
22.8	1.09545	1.093513	12.63	31.8	1.13764	1.135628	17.54
23.0	1.09636	1.094420	12.74	32.0	1.13861	1.136596	17.65
23.2	1.09727	1.095328	12.85	32.2	1.13958	1.137565	17.76
23.4	1.09818	1.096236	12.96	32.4	1.14055	1.138534	17.87
23.6	1.09909	1.097147	13.07	32.6	1.14152	1.139506	17.98
23.8	1.00000	1.098058	13.18	32.8	1.14250	1.140479	18.08
24.0	1.10092	1.098971	13.29	33.0	1.14347	1.141453	18.19
24.2	1.10183	1.099886	13.40	33.2	1.14445	1.142429	18.30
24.4	1.10275	1.100802	13.51	33.4	1.14543	1.143405	18.41
24.6	1.10367	1.101718	13.62	33.6	1.14641	1.144384	18.52
24.8	1.10459	1.102637	13.73	33.8	1.14739	1.145363	18.63
34.0	1.14837	1.146345	18.73	43.0	1.19410	1.191993	23.57
34.2	1.14936	1.147328	18.84	43.2	1.19515	1.193041	23.68
34.4	1.15034	1.148313	18.95	43.4	1.19620	1.194090	23.78
34.6	1.15133	1.149298	19.06	43.6	1.19726	1.195141	23.89
34.8	1.15232	1.150286	19.17	43.8	1.19831	1.196193	24.00
35.0	1.15331	1.151275	19.28	44.0	1.19936	1.197247	24.10
35.2	1.15430	1.152265	19.38	44.2	1.20042	1.198303	24.21
35.4	1.15530	1.153256	19.49	44.4	1.20148	1.199360	24.32
35.6	1.15629	1.154249	19.60	44.6	1.20254	1.200420	24.42
35.8	1.15729	1.155242	19.71	44.8	1.20360	1.201480	24.53

白利糖度或蔗糖质量分数/%	相对密度(20°/20℃)	相对密度(20°/4℃)	波 美 度	白利糖度或蔗糖质量分数/%	相对密度(20°/20℃)	相对密度(20°/4℃)	波 美 度
36.0	1.15828	1.156238	19.81	45.0	1.20467	1.202540	24.63
36.2	1.15928	1.157235	19.92	45.2	1.20573	1.203603	24.74
36.4	1.16028	1.158233	20.03	45.4	1.20680	1.204663	24.85
36.6	1.16128	1.159233	20.14	45.6	1.20787	1.205733	24.95
36.8	1.16228	1.160233	20.25	45.8	1.20894	1.206801	25.06
37.0	1.16329	1.161236	20.35	46.0	1.21001	1.207870	25.17
37.2	1.16430	1.162240	20.46	46.2	1.21108	1.208940	25.27
37.4	1.16530	1.163245	20.57	46.4	1.21215	1.210013	25.38
37.6	1.16631	1.164252	20.68	46.6	1.21323	1.211086	25.48
37.8	1.16732	1.165259	20.78	46.8	1.21431	1.212162	25.59
38.0	1.16833	1.166269	20.89	47.0	1.21538	1.213238	25.70
38.2	1.16934	1.167281	21.00	47.2	1.21646	1.214317	25.80
38.4	1.17036	1.168293	21.11	47.4	1.21755	1.215395	25.91
38.6	1.17138	1.169307	21.21	47.6	1.21863	1.216476	26.01
38.8	2.17239	1.170322	21.32	47.8	1.21971	1.217559	26.12
39.0	1.17341	1.171340	21.43	48.0	1.22080	1.218643	26.23
39.2	1.17443	1.172359	21.54	48.2	1.22189	1.219729	26.33
39.4	1.17545	1.173379	21.64	48.4	1.22298	1.220815	26.44
39.6	1.17648	1.174400	21.75	48.6	1.22406	1.221904	26.54
39.8	1.17750	1.175423	21.86	48.8	1.22516	1.222995	26.65
40.0	1.17853	1.176447	21.97	49.0	1.22625	1.224086	26.75
40.2	1.17956	1.177473	22.07	49.2	1.22735	1.225180	26.86
40.4	1.18058	1.178501	22.18	49.4	1.22844	1.226274	26.96
40.6	1.18162	1.179527	22.29	49.6	1.22954	1.227371	27.07
40.8	1.18265	1.180560	22.39	49.8	1.23064	1.228469	27.18
41.0	1.18368	1.181592	22.50	50.0	1.23174	1.229567	27.28
41.2	1.18472	1.182625	22.61	50.2	1.23284	1.230668	27.39
41.4	1.18575	1.183660	22.72	50.4	1.23395	1.231770	27.49
41.6	1.18679	1.184696	22.82	50.6	1.23506	1.232874	27.60
41.8	1.18783	1.185734	22.93	50.8	1.23616	1.233979	27.70
42.0	1.18887	1.186773	23.04	51.0	1.23727	1.235085	27.81
42.2	1.18992	1.187814	23.14	51.2	1.23838	1.236194	27.91
42.4	1.19096	1.188856	23.25	51.4	1.23949	1.237303	28.02
42.6	1.19201	1.189901	23.36	51.6	1.24060	1.238414	28.12
42.8	1.19305	1.190946	23.00	51.8	1.24172	1.239527	28.23
52.0	1.24284	1.240641	28.33	61.0	1.29464	1.292354	33.00
52.2	1.24395	1.241757	28.44	61.2	1.29583	1.293539	33.10
52.4	1.24507	1.242873	28.54	61.4	1.29701	1.294725	33.20
52.6	1.24619	1.243992	28.65	61.6	1.29820	1.295911	33.31
52.8	1.24731	1.245113	28.75	61.8	1.29940	1.297100	33.41
53.0	1.24844	1.246234	28.86	62.0	1.30059	1.298291	33.51
53.2	1.24956	1.247358	28.96	62.2	1.30178	1.299483	33.61
53.4	1.25069	1.248482	29.06	62.4	1.30298	1.300677	33.72
53.6	1.25182	1.249609	29.17	62.6	1.30418	1.301871	33.82
53.8	1.25295	1.250737	29.27	62.8	1.30537	1.303068	33.92
54.0	1.25408	1.251866	29.38	63.0	1.30657	1.304267	34.02
54.2	1.25521	1.252997	29.48	63.2	1.30778	1.305467	34.12
54.4	1.25635	1.254129	29.59	63.4	1.30898	1.306669	34.23
54.6	1.25748	1.255264	29.69	63.6	1.31019	1.307872	34.33

续表

白利糖度或蔗糖质量分数/%	相对密度（20°/20℃）	相对密度（20°/4℃）	波美度	白利糖度或蔗糖质量分数/%	相对密度（20°/20℃）	相对密度（20°/4℃）	波美度
54.8	1.25862	1.256400	29.80	63.8	1.31139	1.309077	34.43
55.0	1.25976	1.257535	29.90	64.0	1.31260	1.310282	34.53
55.2	1.26090	1.258674	30.00	64.2	1.31381	1.311489	34.63
55.4	1.26204	1.259815	30.11	64.4	1.31502	1.312699	34.74
55.6	1.26319	1.260955	30.21	64.6	1.31623	1.313909	34.84
55.8	1.26433	1.262099	30.32	64.8	1.31745	1.315121	34.94
56.0	1.26548	1.263243	30.42	65.0	1.31866	1.316334	35.04
56.2	1.26663	1.264390	30.52	65.2	1.31988	1.317549	35.14
56.4	1.26778	1.265537	30.63	65.4	1.32110	1.318766	35.24
56.6	1.26893	1.266686	30.73	65.6	1.32232	1.319983	35.34
56.8	1.27008	1.267837	30.83	65.8	1.32354	1.321203	35.45
57.0	1.27123	1.268989	30.94	66.0	1.32476	1.322425	35.55
57.2	1.27239	1.270143	31.04	66.2	1.32599	1.323648	35.65
57.4	1.27355	1.271299	31.15	66.4	1.32722	1.324872	35.75
57.6	1.27471	1.272455	31.25	66.6	1.32844	1.326097	35.85
57.8	1.27587	1.273614	31.35	66.8	1.32967	1.327325	35.95
58.0	1.27703	1.274774	31.46	67.0	1.33090	1.328554	36.05
58.2	1.27819	1.275936	31.56	67.2	1.33214	1.329785	36.15
58.4	1.27936	1.277098	31.66	67.4	1.33337	1.331017	36.25
58.6	1.28052	1.278262	31.76	67.6	1.33460	1.332250	36.35
58.8	1.28169	1.279428	31.87	67.8	1.33584	1.333485	36.45
59.0	1.28286	1.280595	31.97	68.0	1.33708	1.334722	36.55
59.2	1.28404	1.281764	32.07	68.2	1.33832	1.335961	36.66
59.4	1.28520	1.282935	32.18	68.4	1.33957	1.337200	36.76
59.6	1.28638	1.294107	32.28	68.6	1.34081	1.338441	36.86
59.8	1.28755	1.285281	32.38	68.8	1.34205	1.339681	36.96
60.0	1.28873	1.286456	32.49	69.0	1.34330	1.340938	37.06
60.2	1.28991	1.287633	32.59	69.2	1.34455	1.342174	37.16
60.4	1.29109	1.288811	32.69	69.4	1.34580	1.343421	37.26
60.6	1.29227	1.289991	32.79	69.6	1.34705	1.344671	37.36
60.8	1.29346	1.291172	32.90	69.8	1.34830	1.345922	37.46
70.0	1.34956	1.347174	37.56	79.0	1.40758	1.405091	41.99
70.2	1.35081	1.348427	37.66	79.2	1.40890	1.406412	42.08
70.4	1.35204	1.349682	37.76	79.4	1.41023	1.407735	42.18
70.6	1.35333	1.350939	37.86	79.6	1.41155	1.409061	42.28
70.8	1.35458	1.352197	37.96	79.8	1.42288	1.400387	42.37
71.0	1.35585	1.353456	38.06	80.0	1.41421	1.411715	42.47
71.2	1.35711	1.354717	38.16	80.2	1.41554	1.413044	42.57
71.4	1.35838	1.355980	38.26	80.4	1.41688	1.414374	42.66
71.6	1.35964	1.357245	38.35	80.6	1.41821	1.415706	42.76
71.8	1.36091	1.358511	38.45	80.8	1.41955	1.417039	42.85
72.0	1.36218	1.359778	38.55	81.0	1.42088	1.418374	42.95
72.2	1.36346	1.361047	38.65	81.2	1.42222	1.419711	43.05
72.4	1.36473	1.362317	38.75	81.4	1.42356	1.421049	43.14
72.6	1.36600	1.363590	38.85	81.6	1.42490	1.422390	43.24
72.8	1.36728	1.364864	38.95	81.8	1.42625	1.423730	43.33
73.0	1.36856	1.366139	39.05	82.0	1.42759	1.425072	43.43
73.2	1.36983	1.367415	39.15	82.2	1.42894	1.426416	43.53
73.4	1.37111	1.368693	39.25	82.4	1.43029	1.427761	43.62

白利糖度或蔗糖质量分数/%	相对密度 (20°/20℃)	相对密度 (20°/4℃)	波美度	白利糖度或蔗糖质量分数/%	相对密度 (20°/20℃)	相对密度 (20°/4℃)	波美度
73.6	1.37240	1.369973	39.35	82.6	1.43164	1.429109	43.72
73.8	1.37368	1.371254	39.44	82.8	1.43298	1.430457	43.81
74.0	1.37496	1.372536	39.54	83.0	1.43434	1.431807	43.91
74.2	1.37625	1.373820	39.64	83.2	1.43569	1.433158	44.00
74.4	1.37754	1.375105	39.74	83.4	1.43705	1.434511	44.10
74.6	1.37883	1.376382	39.84	83.6	1.43841	1.435866	44.19
74.8	1.38012	1.377680	39.94	83.8	1.43976	1.437222	44.29
75.0	1.38141	1.378971	40.03	84.0	1.44112	1.438579	44.38
75.2	1.38270	1.380262	40.13	84.2	1.44249	1.435938	44.48
75.4	1.38400	1.381555	40.23	84.4	1.44385	1.441299	44.57
75.6	1.38530	1.382851	40.33	84.6	1.44521	1.442661	44.67
75.8	1.38660	1.384148	40.43	84.8	1.44658	1.444024	44.76
76.0	1.38790	1.385446	40.53	85.0	1.44794	1.445388	44.86
76.2	1.38920	1.386745	40.62	85.2	1.44931	1.446754	44.95
76.4	1.39050	1.388045	40.72	85.4	1.45068	1.448121	45.05
76.6	1.39180	1.389347	40.82	85.6	1.45205	1.449491	45.14
76.8	1.39311	1.390651	40.92	85.8	1.45343	1.450860	45.24
77.0	1.39442	1.391956	41.01	86.0	1.45480	1.452232	45.33
77.2	1.39573	1.393263	41.11	86.2	1.45618	1.453605	45.42
77.4	1.39704	1.394571	41.21	86.4	1.45755	1.454980	45.52
77.6	1.39835	1.395881	41.31	86.6	1.45893	1.456357	45.61
77.8	1.39966	1.397192	41.40	86.8	1.46031	1.457735	45.71
78.0	1.40098	1.398505	41.50	87.0	1.46170	1.459114	45.80
78.2	1.40230	1.399819	41.60	87.2	1.46308	1.460495	45.89
78.4	1.40361	1.401134	41.70	87.4	1.46446	1.461877	45.99
78.6	1.40493	1.402452	41.79	87.6	1.46585	1.463260	46.08
78.8	1.40625	1.403771	41.89	87.8	1.46724	1.464645	46.17
78.8	1.40625	1.403771	41.89	87.8	1.46724	1.464645	46.17
88.0	1.46862	1.466032	46.27	94.0	1.51096	1.508289	49.03
88.2	1.47002	1.467420	46.36	94.2	1.51239	1.509720	49.12
88.4	1.47141	1.468810	46.45	94.4	1.51382	1.511151	49.22
88.6	1.47280	1.470200	46.55	94.6	1.51526	1.512585	49.31
88.8	1.47420	1.471592	46.64	94.8	1.51670	1.514019	49.40
89.0	1.47559	1.472986	46.73	95.0	1.51814	1.515455	49.49
89.2	1.47699	1.474381	46.83	95.2	1.51958	1.516893	49.58
89.4	1.47839	1.475779	46.92	95.4	1.52102	1.518332	49.67
89.6	1.47979	1.477176	47.01	95.6	1.52246	1.519771	49.76
89.8	1.48119	1.478575	47.11	95.8	1.52390	1.521212	49.85
90.0	1.48259	1.479976	47.20	96.0	1.52535	1.522656	49.94
90.2	1.48400	1.481378	47.29	96.2	1.52680	1.524100	50.03
90.4	1.48540	1.482782	47.28	96.4	1.52824	1.525546	50.12
90.6	1.48681	1.484187	47.48	96.6	1.52969	1.526933	50.21
90.8	1.48822	1.485593	47.57	96.8	1.53114	1.528441	50.30
91.0	1.48963	1.487002	47.66	97.0	1.53260	1.529891	50.39
91.2	1.49104	1.488411	47.75	97.2	1.53405	1.531342	50.48
91.4	1.49246	1.489823	47.84	97.4	1.53551	1.532794	50.57
91.6	1.49387	1.491234	47.94	97.6	1.53696	1.534248	50.66
91.8	1.49529	1.492647	48.03	97.8	1.53842	1.535704	50.75
92.0	1.49671	1.494063	48.12	98.0	1.53988	1.537161	50.84

续表

白利糖度或蔗糖 质量分数/%	相对密度 (20°/20℃)	相对密度 (20°/4℃)	波 美 度	白利糖度或蔗糖 质量分数/%	相对密度 (20°/20℃)	相对密度 (20°/4℃)	波 美 度
92.2	1.49812	1.495479	48.21	98.2	1.54134	1.538618	50.93
92.4	1.49954	1.496897	48.30	98.4	1.54280	1.540076	51.02
92.6	1.50097	1.498316	48.40	98.6	1.54426	1.541536	51.10
92.8	1.50239	1.499736	48.49	98.8	1.54573	1.542998	51.19
93.0	1.50381	1.501158	48.58	99.0	1.54719	1.544462	51.28
93.2	1.50524	1.502582	48.67	99.2	1.54866	1.545926	51.37
93.4	1.50667	1.504006	48.76	99.4	1.55013	1.547392	51.46
93.6	1.50810	1.505432	48.85	99.6	1.55160	1.548861	51.55
93.8	1.50952	1.506859	48.94	99.8	1.55307	1.550379	51.64
				100.0	1.55454	1.551800	51.73

附录二　中华人民共和国国家标准-食品安全国家标准饮料生产卫生规范 GB 12695—2016

1　范围

本标准规定了饮料生产过程中原料采购、加工、包装、贮存和运输等环节的场所、设施、人员的基本要求和管理准则。

本标准适用于除包装饮用水外的饮料生产，不适用于现制现售的饮料。

2　术语和定义

GB 14881—2013 中的术语和定义适用于本标准。

3　选址及厂区环境

应符合 GB 14881—2013 中第3章的相关规定。

4　厂房和车间

4.1　应符合 GB 14881—2013 中第4章的相关规定。

4.2　厂房和车间的设计通常划分为一般作业区、准清洁作业区、清洁作业区。各区之间应有效隔离，防止交叉污染。一般作业区通常包括原料处理区、仓库、外包装区等；准清洁作业区通常包括杀菌区、配料区、包装容器清洗消毒区等；清洁作业区通常包括液体饮料的灌装防护区或固体饮料的内包装区等。具体划分时根据产品特点、生产工艺及生产过程对清洁程度的要求设定。

4.3　液体饮料企业一般应设置水处理区、配料区、灌装防护区、包装区、原辅材料及包装材料仓库、成品仓库、检测实验室等，生产食品工业用浓缩液（汁、浆）的企业还应设置原料清洗区（与后续工序有效隔离）。固体饮料企业一般应设置配料区、干燥脱水区/混合区、包装区、原辅材料及包装材料仓库、成品仓库、检测实验室等。如使用周转的容器生产，还应单独设立周转容器检查、预洗间。

4.4　清洁作业区应根据不同种类的饮料特点和工艺要求分别制定不同的空气洁净度要求。

4.5　出入清洁作业区的原料、包装容器或材料、废弃物、设备等，应有防止交叉污染的措施，如设置专用物流通道等。

4.6　作业中有排水或废水流经的地面，以及作业环境经常潮湿或以水洗方式清洁等区域的地面应耐酸、耐碱。

5　设施与设备

5.1　一般要求

应符合 GB 14881—2013 中第5章的相关规定。

5.2　设施

5.2.1　供水设施

5.2.1.1　必要时应配备储水设备（如储水槽、储水塔、储水池等），储水设备应符合国家相关标准或规定，以无毒、无异味、不导致水质污染的材料构筑，有防污染设施，并定期清洗消毒。

5.2.1.2　供水设施出入口应增设安全卫生设施，防止异物进入。

5.2.2　排水设施

5.2.2.1　排水系统内及其下方不应有食品加工用水的供水管路。

5.2.2.2 排水口应设置在易于清洁的区域，并配有相应大小的滤网等装置，防止产生异味及固体废弃物堵塞排水管道。

5.2.2.3 所有废水排放管道（包括下水道）必须能适应废水排放高峰的需要，建造方式应避免污染食品加工用水。

5.2.3 清洁消毒设施

5.2.3.1 应根据工艺需要配备包装容器清洁消毒设施，如使用周转容器生产，应配备周转容器的清洗消毒设施。

5.2.3.2 与产品接触的设备及管道的清洗消毒应配备清洗系统，鼓励使用原位清洗系统（CIP），并定期对清洗系统的清洗效果进行评估。

5.2.4 个人卫生设施

5.2.4.1 生产场所或生产车间入口处应设置更衣室，洗手、干手和消毒设施，换鞋（穿戴鞋套）设施或工作鞋靴消毒设施，必要时应设置风淋设施。

5.2.4.2 出入清洁作业区的人员应有防止交叉污染的措施，如要求更换工作服、工作鞋靴或鞋套。若采用吹瓶、灌装、封盖（封口）一体设备的灌装防护区入口可依据实际需求调整。

5.2.4.3 液体饮料清洁作业区内的灌装防护区如对空气洁净度有更高要求时，入口应设置二次更衣室，洗手和（或）消毒设施，换鞋（穿戴鞋套）设施或工作鞋靴消毒设施，必要时应设置风淋设施。符合下列条件之一的可不设置上述设施：

a) 使用自带洁净室及洁净环境自动恢复功能的灌装设备；

b) 使用灌装和封盖（封口）都在无菌密闭环境下进行的灌装设备；

c) 非直接饮用产品［如食品工业用浓缩液（汁、浆）、食品工业用饮料浓浆等］的灌装防护区入口。

5.2.4.4 固体饮料的配料区、干燥脱水区/混合区、内包装区入口处应设置洗手和（或）消毒设施，换鞋（穿戴鞋套）设施或工作鞋靴消毒设施。

5.2.4.5 如设置风淋设施，应定期对其进行清洁和维护。

5.2.5 仓储设施

5.2.5.1 应具有与所生产产品的数量、贮存要求、周转容器周转期及产品检验周期相适应的仓储设施，仓储设施包括自有仓库或外租仓库。

5.2.5.2 同一仓库贮存性质不同的物品时，应适当分离或分隔（如分类、分架、分区存放等），并有明显的标识。

5.2.5.3 必要时应具有冷藏（冻）库，冷藏（冻）库应配备可正确显示库内温、湿度的设施。

5.3 设备

5.3.1 生产设备

应配备与生产能力和实际工艺相适应的设备，液体饮料生产一般包括：水处理设备、配料设施、过滤设备（需过滤的产品）、杀菌设备（需杀菌的产品）、自动灌装封盖（封口）设备、生产日期标注设备、工器具的清洗消毒设施等。固体饮料生产一般包括：混合配料设备、焙烤设备（有焙烤工艺的）、干燥脱水设备（有湿法生产工艺的）、包装设备、生产日期标注设备等。

5.3.2 设备要求

5.3.2.1 灌装、封盖（封口）设备鼓励采用全自动设备，避免交叉污染和人员直接接触待包装食品。

5.3.2.2 生产设备应有明显的运行状态标识，并定期维护、保养和验证。设备安装、维修、保养的操作不应影响产品的质量。设备应进行验证或确认，确保各项性能满足工艺要求。无法正常使用的设备应有明显标识。

5.3.2.3　每次生产前应检查设备是否处于正常状态，防止影响产品安全的情形发生；出现故障应及时排除并记录故障发生时间、原因及可能受影响的产品批次。

5.3.2.4　设备备件应贮存在专门的区域，以便设备维修时能及时获得，并应保持备件贮存区域清洁干燥。

6　卫生管理

6.1　应符合 GB 14881—2013 中第 6 章的相关规定。

6.2　清洁作业区的空调机和净化空气口应定期维护。

7　食品原料、食品添加剂和食品相关产品

7.1　一般要求

7.1.1　应符合 GB 14881—2013 中第 7 章的相关规定。

7.1.2　企业应建立原料、食品添加剂和食品相关产品供应商管理制度，规定供应商的选择、审核、评估程序，并在与其签订的合同中明确双方应承担的安全责任。

7.1.3　应对供应商采用的工艺流程和安全措施进行评估，必要时应进行定期现场评审或对流程进行监控。

7.1.4　启封后的原料未用尽时必须密封，存放于适当场所，防止污染，在确保产品质量的前提下，在保质期内尽快使用。固体原料在进入投料间时，应先除去外包装或采用有效措施防止交叉污染。

7.1.5　应保存食品原料、食品添加剂和食品相关产品采购、验收、贮存和运输的相关记录，保存期限不得少于产品保质期满后 6 个月；没有明确保质期的，保存期限不得少于 2 年。

7.1.6　需要清洗的原料，清洗原水应符合 GB 5749 中的相关规定。再利用的清洗用水应符合工艺和卫生要求，避免交叉污染。

7.1.7　具有吸附性的原料应避免与有强烈气味的原料或其他物品共同运输、贮存。

7.2　食品添加剂包装用气体应符合相关标准或规定，并且在特定贮存和使用条件下不影响食品的安全和产品特性。

7.3　食品相关产品

7.3.1　非连线生产（外购）的包装容器、材料在运输和贮存过程中应使用清洁卫生、防水的材料包装，运输车厢和贮存库必须保持清洁，不得与有毒有害物品混合运输贮存，应有防尘、防污染措施。

7.3.2　包装容器、材料应符合相关标准或规定，并且在特定贮存和使用条件下不影响食品的安全和产品特性。食品接触的包装容器、材料用添加剂应符合 GB 9685 及相关法规要求。

7.4　菌种

使用菌种的产品，菌种必须符合国家有关标准或规定，菌种在投产使用前必须严格检验其特性，确保其活性，防止其他杂菌污染。发酵用菌种应根据菌种的特性在适宜温度下贮存，以保持菌种的活力。

8　生产过程的食品安全控制

8.1　一般要求

应符合 GB 14881—2013 中第 8 章的相关规定。

8.2　产品污染风险控制

8.2.1　应定期检测食品加工用水水质。饮料用水需脱氯时，应定期检验，确保游离余氯去除充分。

8.2.2　有水处理工艺的，应规定水处理过滤装置的清洗更换要求，制定处理后水的控制指标并监测记录。

8.2.3　有调配工艺的，需复核确认，防止投料种类和数量有误。

8.2.4　调配使用的食品工业用浓缩液（汁、浆）、原汁、糖液、水及其他配料和食品添加剂，使用前应确认其感官性状无异常。

8.2.5　溶解后的糖浆应过滤去除杂质，调好的糖浆应尽快使用。

8.2.6　半成品的贮存应严格控制温度和时间，配制好的半成品应尽快使用。因故延缓生产时，应对已调配好的半成品及时作有效处理，防止污染或腐败变质，恢复生产时应对其进行检验，不符合标准的应予以废弃。

8.2.7　杀菌工序应有相应的杀菌参数（如温度、时间、压力等）的记录或图表，并定时检查是否达到规定要求。

8.2.8　生产时应确保产品封口的密闭性。

8.3　生物污染的控制

8.3.1　清洁和消毒

8.3.1.1　清洁消毒方法应安全、卫生、有效。

8.3.1.2　清洁作业区生产前应启动空气净化系统，对车间内空气进行净化。

8.3.1.3　应保证清洁人员的数量并根据需要明确每个人的责任，所有的清洁人员均应接受良好的培训，认识污染的危害性和防止污染的重要性，确保生产车间达到卫生要求。

8.3.1.4　用于不同清洁区内的清洁工具应有明确标识，不得混用。

8.3.1.5　包装容器、材料在使用前应清洁或消毒，如果采用吹瓶、灌装、封盖（封口）一体设备，且设备自带空瓶或瓶坯除尘和瓶盖消毒功能，可不再进行空瓶和瓶盖清洗消毒。

8.3.2　食品加工过程的微生物监控

饮料加工过程的微生物监控应包括：微生物监控指标、取样点、监控频率、取样和检测方法、评判原则以及不符合情况的处理等，具体可参照附录 A 的要求，并结合生产工艺及产品特点制定监控内容。

8.4　化学污染的控制

8.4.1　使用的洗涤剂、消毒剂应符合国家相关标准和规定。

8.4.2　生产车间不应在生产过程中使用各类杀虫剂。

8.4.3　杀虫剂、清洁剂、消毒剂等化学品应在其外包装有明显警示标识，并存放于专用仓库内，设专人保管。

8.4.4　杀虫剂、清洁剂、消毒剂等化学品的采购及使用应有详细记录，包括使用人、使用目的、使用区域、使用量、使用及购买时间、配制浓度等。

8.5　物理污染的控制

应符合 GB 14881—2013 中 8.4 的规定。

9　检验

9.1　应符合 GB 14881—2013 中第 9 章的相关规定。

9.2　灌装封盖（封口）后应对产品的外观、灌装量、容器状况、封盖（封口）严密性和可见物等进行检验。

9.3　生产企业应根据生产能力配备相应数量的空瓶、空桶、成品在线检验人员。检验人员上岗前须经训练，不应有色盲，视力应能满足工作需要。根据生产线速度设定检验人员的工作时间，应定期休息或调整工作岗位。鼓励企业采用在线检验设备代替人工检验，如空瓶或成品的检验设备等。

10 产品的贮存和运输

10.1 应符合 GB 14881—2013 中第 10 章的相关规定。

10.2 仓库中的产品在贮存期间应定期检查，保证其安全和质量，必要时应有温度记录和（或）湿度记录，如有异常应及时处理。需冷藏（冻）贮存和运输的产品应按标签标示的温度进行冷藏（冻）贮存和运输。

10.3 产品的贮存和运输应有相应的记录，产品出库应遵循先进先出的原则，出入库应有详细记录。

11 产品召回管理

应符合 GB 14881—2013 中第 11 章的相关规定。

12 培训

应符合 GB14881—2013 中第 12 章的相关规定。

13 管理制度和人员

应符合 GB14881—2013 中第 13 章的相关规定。

14 记录和文件管理

应符合 GB14881—2013 中第 14 章的相关规定。

附 A 饮料加工过程的微生物监控程序指南

A.1 饮料加工过程中微生物的监控可参照表 A.1 执行。

A.2 样品的采样及处理、检验方法结合生产实际情况确定。

A.3 微生物监控指标不符合情况的处理要求：各监控点的监控结果应当符合监控指标的限值并保持稳定，当出现轻微不符合时，可通过增加取样频次等措施加强监控；当出现严重不符合时，应当立即纠正，同时查找问题原因，以确定是否需要对微生物控制程序采取相应的纠正措施。

表 A.1 饮料生产过程中微生物监控要求

监控项目		建议取样点[①]	建议监控微生物[②]	建议监控频率[③]	建议监控指标限值[④]
环境的微生物监控	食品接触表面	灌装设备的灌装头（静态）	菌落总数、大肠菌群	每周、每 2 周或每月	结合生产实际情况确定监控指标限值
	与食品或食品接触表面邻近的接触表面				
	加工区域内的环境空气	清洁作业区[固体饮料、食品工业用浓缩液（汁、浆）、饮料浓浆除外]	沉降菌（静态）	每周、每 2 周或每月	≤10 个/(ϕ90mm·0.5h)
过程产品的微生物监控		清洗、消毒后包装容器、材料（瓶、桶、盖）[吹瓶、灌装、封盖（封口）一体设备且自带空瓶或瓶坯除尘和瓶盖消毒功能、后杀菌工艺、无菌袋包装除外]	菌落总数、大肠菌群	每周、每 2 周或每月	结合生产实际情况确定监控指标限值

① 可根据食品特性以及加工过程实际情况选择取样点。

② 可根据需要选择一个或多个指示菌实施监控。

③ 可根据具体取样点的风险确定监控频率。

④ 可根据产品品种特性及生产实际情况确定监控指标限值。

附录三　饮料厂常用消毒药品和物理消毒方法（补充件）

A1　常用消毒药品

A1.1　漂白粉溶液

A1.1.1　配制方法：将漂白粉配制成10％的漂白粉乳剂。消毒时用0.2％～0.5％的澄清液（取10％乳剂澄清液200～500mL，加水稀释成10L即成）。

A1.1.2　适应范围：无油垢的工具、机器、操作台、夹层锅、墙壁、地面、贮水池、配料间等。

A1.2　氢氧化钠溶液

A1.2.1　配制方法：将氢氧化钠1kg或2kg溶于99kg或98kg水中，即成为1％或2％的氢氧化钠溶液。

A1.2.2　适应范围：有油垢或被浓糖沾污的工器具、机械、墙壁、地面、冷却池、运输车辆、洗瓶机、回收瓶、浸泡池等。

A1.3　臭药水（克利奥林）

A1.3.1　配制方法：将克利奥林5kg溶于95kg水中，即成5％的臭药水溶液。

A1.3.2　适用范围：有臭味的阴沟、下水道、垃圾箱、厕所等。

A1.4　高锰酸钾溶液

A1.4.1　配制方法：100kg水加入高锰酸钾0.1kg或0.2kg即成0.1％或0.2％溶液。

A1.4.2　适应范围：空瓶、车间消毒池等。

A1.5　乙醇溶液

A1.5.1　配制方法，配制70％～75％的乙醇溶液，吸入棉花球。

A1.5.2　适用范围：手指、皮肤、小工具等。

A2　物理消毒方法

A2.1　消毒方法：在高压蒸汽或100℃的沸水中进行。

A2.2　适用范围：玻璃瓶（装果汁）、管道、容器、工具、过滤材料、衣、帽、毛巾、口罩等。

参 考 文 献

[1] 赵晋府.食品工艺学 [M].北京:中国轻工业出版社,2005.

[2] 邵长富,赵晋府.软饮料工艺学 [M].北京:中国轻工业出版社,1996.

[3] 武建新.乳品生产技术 [M].北京:科学出版社,2004.

[4] 赵晋府,张林,阮美娟.饮料生产技术问答 [M].北京:中国轻工业出版社,1997.

[5] 黄来发.蛋白饮料加工工艺与配方 [M].北京:中国轻工业出版社,1996.

[6] 郑友军,王滨.饮料加工实用手册 [M].南宁:广西人民出版社,1986.

[7] 黄来发.软饮料实用配方800例 [M].北京:中国轻工业出版社,1996.

[8] 杨世祥.软饮料工艺学 [M].北京:中国商业出版社,1998.

[9] 徐怀德.新型饮料加工工艺与配方 [M].北京:中国农业出版社,2002.

[10] 邓舜扬.新型饮料生产工艺与配方 [M].北京:中国轻工业出版社,2000.

[11] 高愿军.软饮料工艺学 [M].北京:中国轻工业出版社,2002.

[12] 王光亚.食物成分表 [M].北京:人民卫生出版社,2003.

[13] 夏晓明,彭振山.饮料 [M].北京:化学工业出版社,2001.

[14] 方元超,赵晋府.茶饮料生产技术 [M].北京:中国轻工业出版社,2001.

[15] 白堃元.茶叶加工 [M].北京:化学工业出版社,2001.

[16] 李基洪.饮料和冷饮生产技术260问 [M].北京:中国轻工业出版社,1995.

[17] 朱珠.食品安全与卫生检测 [M].北京:高等教育出版社,2004.

[18] 刘俊英.饮料加工技术 [M].北京:中国轻工业出版社,2010.

[19] 叶敏.饮料加工技术 [M].北京:化学工业出版社,2008.

[20] 范允实.冷饮生产技术 [M].北京:中国轻工业出版社,2008.

[21] 曹喆,钟琼,王金菊.饮用水净化技术 [M].北京:化学工业出版社,2018.

[22] 崔波.饮料工艺学 [M].北京:科学出版社,2018.

[23] 曾洁,朱新荣,张明成.饮料生产工艺与配方 [M].北京:化学工业出版社,2014.

[24] 张瑞菊.软饮料加工技术 [M].北京:中国轻工业出版社,2018.

[25] 王国军.软饮料加工技术 [M].武汉:武汉理工大学出版社,2011.

[26] 将和体.软饮料工艺学 [M].重庆:西南师范大学出版社,2008.

[27] 都凤华,谢春阳.软饮料工艺学 [M].郑州:郑州大学出版社,2011.